装配式建筑技术与案例

张希舜　李明珂　主　编
荆常俊　张　磊　杨德基
樊兆鹏　刘　海　张庆功　副主编

中国建筑工业出版社

图书在版编目（CIP）数据

装配式建筑技术与案例/张希舜，李明珂主编．—北京：中国建筑工业出版社，2022．11
ISBN 978-7-112-27468-0

Ⅰ．①装…　Ⅱ．①张…②李…　Ⅲ．①装配式构件—高等学校—教材　Ⅳ．①TU3

中国版本图书馆 CIP 数据核字（2022）第 100164 号

本书共有 8 章内容，包括：装配式建筑概述，装配式钢结构技术，装配式混凝土技术，装配式木结构技术，装配式装修技术，装配式建筑相关技术，现行国家、行业装配式建筑图集、规范标准举例，装配式建筑法律法规等内容。本书收集了近年来，国内外装配式建筑方面的各类信息资料、最新技术及施工案例、特别注重装配式建筑在构配件预制加工、运输、吊装、装饰装修等方面的施工技术。

本书适合广大建筑施工管理人员、技术人员，以及高等学校相关专业的师生阅读。

责任编辑：张伯熙
责任校对：李美娜

装配式建筑技术与案例
张希舜　李明珂　主　编
荆常俊　张　磊　杨德基
樊兆鹏　刘　海　张庆功　副主编

*

中国建筑工业出版社出版、发行（北京海淀三里河路 9 号）
各地新华书店、建筑书店经销
北京龙达新润科技有限公司制版
北京云浩印刷有限责任公司印刷

*

开本：787 毫米×1092 毫米　1/16　印张：14½　字数：351 千字
2022 年 8 月第一版　2022 年 8 月第一次印刷
定价：**58.00** 元
ISBN 978-7-112-27468-0
（38833）

《装配式建筑技术与案例》编委会

主　编

张希舜　李明珂

副主编

荆常俊　张　磊　杨德基　樊兆鹏　刘　海　张庆功

技术指导

毛卫东　赵立学　孙洪斌　吕　雷　冯文杰　李秀东　李永福　邱　力　陈仲亚　张　茜
张复生　万成梅　宗惟华　魏正杰　江　华　洒国光　郭　民　潘英烈　米春荣　张凤建
侯仰志　韦安磊

参编人员

丁　霞　万富军　马乃平　马玉杰　马国锋　王文涛　王心刚　王玉娇　王　仪　王　冬
王立勇　王秀敬　王俊增　王　晓　王晓燕　王　硕　王敬武　王瑞河　毕智铭　石学源
石雪贞　卢　辰　卢景平　叶红先　叶海寅　田汝明　田　亮　田海鹏　田家宏　史　军
白建峰　成　军　吕英姿　雷平飞　吕绪亮　何子帅　朱开娣　朱红满　任延生　伊德挺
刘文玲　刘红玲　刘　闵　刘君君　刘国庆　刘　凯　刘承亮　刘　倩　刘小军　刘善华
刘静静　孙良波　孙　超　李文东　李求钰　李保华　李路华　李娜娜　李振申　李　超
杨方军　杨　旭　杨孝先　吴　岷　辛　琪　宋　兵　宋道祥　张卫怡　张世文　张庆平
张庆春　张庆莉　张庆熠　张庆鑫　张迎松　张　虎　张国强　张厚起　张思庆　张前进
张　勇　张　涛　张培铜　张志强　张照瑾　张璇璇　陈　进　周　波　周建国　周　敏
周　磊　孟淑娟　赵玉剑　赵正雅　赵　伟　赵仲和　赵　华　赵向阳　赵倩倩　侯桂芳
袁惠星　贾　甲　柴　磊　武守猛　徐世忠　徐兴振　徐艳凤　高子宇　高玉环　高　荣
郭广军　梁平原　葛　建　董仲涛　董建虎　董海生　韩中洋　韩正秀　韩学庆　谢安星
谢来芳　谢洪栋　路亚茹　薛思伟　刘贤信　王俊增　张健军　张传鑫　马小强　马秀娟
杨　帆　贺元惠　刘其贤　龚　正　曲崇杰　赵兴叶　张培铜　丛福祥　毕延慧　赵传嵩
孔祥鸣　张志强　刘　春　刘培庆　张牛芹　李树松　续聪聪　马培国　彭彬武

参编单位

山东科技咨询协会
山东省建设科技与教育协会
山东建工集团
山东土木建筑学会
济南土木建筑学会
山东建筑大学
山东明达建筑科技有限公司
山东龙源电力工程有限公司
普利置业集团股份有限公司
博敦建设有限公司
山东三箭集团有限公司
济南铁路房产建设集团有限公司

江苏驻鲁建筑业联合会
山东省水利工程局有限公司
中国建筑第三工程局有限公司
中国建筑第八工程局有限公司
山东明睿达投资集团有限公司
济南市建筑业协会
山东中达联工程咨询有限公司
山东华森建筑安装工程有限公司
上海市政工程设计研究院（集团）有限公司
济南市历下区政府项目资金服务中心
临朐正信工程质量检测有限公司
山东豪品原建设工程有限公司
万得福实业集团有限公司
长江水利水电工程建设（武汉）有限责任公司
济南工程技术职业学院
山东省科技咨询中心有限公司
山东君安注册安全工程师事务所有限公司
济宁毅德北创置业有限公司
济南土木建筑学会建筑工程质量诊治中心
济南市章丘城建档案馆
济南市城乡建设发展服务中心
山东水文水环境科技有限公司
济南四建（集团）有限责任公司
济南城市建设集团有限公司
青州市万达建筑安装有限公司
山东兴联项目管理有限公司
山东同圆项目管理有限公司
山东天拓建设有限公司
山东信达建设工程有限公司
济南轨道交通集团有限公司
山西省安装集团股份有限公司
山东宇通路桥集团有限公司
济南市全过程工程咨询有限公司
中建协（杭州）科技咨询有限公司
山东水发技术集团
中铁十四局集团有限公司
中泰安全技术（山东）服务中心
山东省建筑科学研究院有限公司
山东华益工程设计咨询有限公司
济南市历城职业中等专业学校
铭焱工程咨询有限公司
中汽迈赫（天津）工程设计研究院有限公司

作者简介

张希舜，毕业于同济大学，工学学士。已在建筑行业领域工作近60年，长期奋斗在建筑施工第一线，乃建筑行业的老兵。目前为研究员、高级科技咨询师，曾获山东省城乡建设系统劳动模范称号，获山东省暨济南市工程质量管理先进个人、科技进步先进工作者，获全省为经济建设服务先进个人、全国建筑业优秀项目管理者、济南市保泉节水十佳市民、济南市优秀提案工作者、人民信息员和九三学社山东省暨济南市双文明先进个人、十佳社员等荣誉。曾任济南市政协委员、文史委员。现为山东省暨济南市科学技术专家、评标专家，山东省科技创新人才，山东建筑大学硕士生导师。

主要著作有：

《建筑施工综合利用粉煤灰技术》

《钢筋工》

《张希舜政协提案集》

《建设者文路》

《技术论文与施工工法》

《自然科学向导-凝固的艺术（建筑卷施工部分）》

《建筑工程施工工长系列手册》

《张希舜政协提案集（二）》

《建筑者情怀》（张希舜诗文集二）

《建筑工程安全文明施工组织设计》

《钢筋工工长手册》

《建筑工程施工工法编写指导》

《建筑业科技示范工程创建指南》

《建筑精品工程创建指南》

《太阳能与建筑一体化工程施工技术》

《工程建设施工工法编制》

《建设者新歌》

并在《建筑》《施工技术》《新型建筑材料》《建筑技术开发》《城市建设理论研究》《山东建筑大学学报》等专业期刊上发表论文160余篇。编写建筑工程施工工法百余项，创建新技术应用示范工程数十项，有TQC质量成果30多项。在山东建筑大学、济南大学、山东广播电视大学、山东城建学院、山东农业干部管理学院、山东省建设管理局技师培训中心、山东建筑暨济南土木建筑学会、山东省劳动厅暨济南市劳动局技能培训中心、济南安培学校等单位兼职讲授建筑施工、工程质量、施工组织与管理、建筑安全、工程造价、体系认证、施工工法、建筑材料、科技进步、技能操作等课程。开展科技咨询，为数十家企业单位提供施工工法、示范工程、TQC、专利、论文、专著、技术中心等科技创新工作指导咨询，并取得显著成果。培养了一大批建筑行业科技创新人才！

前言

建筑产业现代化越来越受到各方的重视，而装配式建筑技术则是建筑产业化的核心内容，由于它节省能源、节省土地、节省人力及机械资源、节省原材料、节省水资源，有利于环境保护，能改变建筑业的传统落后方式，推进建设工程现代化、智能化、建造绿色建筑，而成为国家重点推广应用的新型技术。

为深入贯彻国家建设政策，落实“创新、协调、绿色、开放、共享”的发展观念和“适用、经济、绿色、美化”的建筑方针，以提升新型城镇化建设质量为导向，以工业化生产方式为核心，加快行业转型升级，加大科技研发力度，完善技术标准体系，创新体制机制，中央及各级政府制定了许多关于大力发展装配式建筑的政策、法律，使装配式建筑轰轰烈烈地发展起来，相应的技术也在不断更新、创新，涌现了许多先进技术和优秀工程。为进一步大力推广应用这些装配式建筑技术，提升建筑业及从业人员的技术素质和水平，消除对装配式建筑的模糊认识与技术盲区，特编写本书，以期更好地普及装配式建筑技术，并不断提高装配式建筑设计与施工和构配件加工、制作、运输、安装、大数据建设等水平，更好地推动装配式技术的发展。

本书在编写过程中，得到了各级建设行政主管部门领导、业内专家及大专院校、兄弟单位的大力支持与协助，在此一并表示感谢。

由于作者专业水平有限，虽长期工作在施工第一线，但毕竟资料、实例收集得不够全面，使得本书的内容可能出现错误或不足之处，敬请读者给予批评指正。

目录

1 装配式建筑概述

1.1 装配式建筑定义与特点

1.1.1 什么是装配式建筑?

装配式建筑是一个系统工程，是将预制构件、部品部件通过系统集成的方法，在工地装配，并实现主体结构、围护结构、设备管线、装饰装修一体化的建筑，主要包括装配式混凝土建筑、装配式钢结构建筑、装配式木结构建筑及装配式装饰装修等。

装配整体式混凝土结构是国内外建筑工业化最重要的生产方式之一，它具有提高建筑质量、缩短工期、节约能源、减少消耗、清洁生产等诸多优点。目前，我国的建筑体系也借鉴国外经验采用装配整体式等方式，并取得了非常好的效果。所谓装配整体式混凝土结构，是由预制混凝土构件通过可靠的方式连接，并与现场后浇混凝土、水泥基灌浆料形成整体的装配式混凝土结构。

1.1.2 装配式混凝土建筑有何特点?

装配式混凝土建筑应用广泛。现场采用大量的装配作业，而现浇湿作业工作大大减少。具有建造速度快、节约劳动力，并可以提高建筑质量的特点，符合绿色建筑的要求。

装配式建筑具有设计标准化、生产工厂化、施工装配化、装修一体化、管理信息化、应用智能化等特点，理想状态是装修可随主体施工同步进行。

1.2 装配式建筑发展历程

1.2.1 国外装配整体式混凝土结构的发展概况

预制混凝土技术起源于英国。1875 年英国人 Lascell 提出了在结构承重骨架上安装预制混凝土墙板的新型建筑方案。1891 年法国巴黎 Ed. Coigent 公司首次在 Biarritz 的俱乐部建筑中使用预制混凝土梁。第二次世界大战结束后，预制混凝土结构首先在西欧发展，然后推广到世界各国。

发达国家的装配式混凝土建筑经过几十年甚至上百年的时间，已经发展到了相对成熟、完善的阶段。但各国根据自身实际，选择了不同的道路和方式。

美国的装配式建筑起源于20世纪30年代。20世纪70年代，美国国会通过了国家工业化住宅建造及安全法案，美国城市发展部出台了一系列严格的行业规范、标准，一直沿用到今天。美国城市住宅以“钢结构＋预制外墙挂板”的高层结构体系为主，在小城镇多以轻钢结构、木结构、低层住宅体系为主。

法国、德国住宅以预制混凝土体系为主，钢、木结构体系为辅。多采用构件预制与混凝土现浇相结合的建造方式，注重保温节能特性。高层建筑主要采用混凝土装配式框架结构体系，预制装配率达到80％。

瑞典是世界上住宅装配化应用最广泛的国家，新建住宅中通用部件占到了80％。丹麦发展住宅通用体系化的方向是“产品目录设计”。

日本于1968年提出了装配式住宅的概念。1990年推出了采用部件化、工业化生产方式，追求中高层住宅的配件化生产体系。2002年，日本发布了《现浇等同型钢筋混凝土预制结构设计指针及解说》。日本普通住宅以“轻钢结构和木结构别墅”为主，城市住宅以“钢结构或预制混凝土框架＋预制外墙挂板”框架体系为主。

新加坡自20世纪90年代初开始，尝试采用预制装配式住宅，预制化率很高。其中，新加坡最著名的达土岭组屋，共50层，总高度为145m，整栋建筑的预制装配率达到94％。

1.2.2 我国装配整体式混凝土结构的发展历程

1. 我国装配整体式混凝土结构建筑物的发展历程

我国预制混凝土起源于20世纪50年代，早期受苏联预制混凝土建筑模式的影响，主要应用在工业厂房、住宅、办公楼等建筑领域。20世纪50年代后期到20世纪80年代中期，绝大部分单层工业厂房都采用预制混凝土建造。20世纪80年代中期以前，在多层住宅和办公建筑中也大量采用预制混凝土技术，主要结构形式有：装配式大板结构、盒子结构、框架轻板结构和叠合式框架结构。20世纪70年代以后，我国政府提倡建筑要实现工厂化、装配化、标准化。在这一时期，预制混凝土在我国发展迅速，在建筑领域被普遍使用，为我国建造了几十亿平方米的工业和民用建筑。

20世纪70年代末80年代初，基本建立了以标准预制构件为基础的应用技术体系，包括以空心板等为基础的砖混住宅、大板住宅、装配式框架及单层工业厂房等技术体系。

20世纪80年代中期以后，我国预制混凝土建筑因成本控制过低、整体性差、防水性能差，以及国家建设政策的改革和全国性劳动力密集型大规模基本建设的高潮出现，最终使装配式结构的比例迅速降低，自此步入衰退期。据统计，我国装配式大板建筑的竣工面积从1983年到1991年逐年下降，20世纪80年代中期以后，我国装配式大板厂相继倒闭，1992年以后就很少采用了。

进入21世纪后，预制部品构件由于其固有的一些优点在我国又重新受到重视。预制部品构件生产效率高、产品质量好，尤其是它可以改善工人劳动条件、环境影响小，有利于社会可持续发展，这些优点决定了预制混凝土是未来建筑发展的一个必然方向。

近年来，我国相继开展了一些预制混凝土节点和整体结构的研究工作。在工程应用方面采用新技术的预制混凝土建筑也逐渐增多，如南京金帝御坊工程采用了预应力预制混凝土装配整体框架结构体系，大连43层的希望大厦采用了预制混凝土叠合楼面。

2. 我国装配整体式混凝土结构的技术体系

（1）我国装配整体式混凝土结构的技术体系研究

装配整体式混凝土结构的主体结构依靠节点和拼缝，将结构连接成整体，同时满足使用阶段和施工阶段的承载力、稳固性、刚性、延性的要求。连接构造采用钢筋的连接方式有：套筒灌浆连接、搭接连接和焊接连接。配套构件如门窗、有水房间的整体性技术和安装装饰的一次性完成技术等，也属于该类建筑的技术特点。

预制构件如何传力、如何协同工作是预制钢筋混凝土结构研究的核心问题，具体来说就是钢筋的连接与混凝土界面如何处理。自2008年以来，我国广大科技人员在前期研究的基础上做了大量试验和理论研究工作，如Z形试件结合面直剪和弯剪性能单调加载试验、装配整体式混凝土框架节点抗震性能试验、预制剪力墙抗震试验和预制外挂墙板受力性能试验等，对装配整体式混凝土结构结合面的抗剪性能、预制构件的连接技术及纵向钢筋的连接性能进行了深入研究。2014年，为适应国家"十二五"规划及未来对住宅产业化发展的需求，国内学者对在装配式结构中占比较大的钢筋混凝土叠合楼板展开研究，对钢筋套筒灌浆料密实性进行研究。

装配整体式混凝土结构的预制构件（柱、梁、墙、板）在设计方面，遵循受力合理、连接可靠、施工方便、少规格、多组合原则。在满足不同地域对不同户型需求的同时，建筑结构设计尽量通用化、模块化、规范化，以便实现构件制作的通用化。结构的整体性和抗倒塌能力主要取决于预制构件之间的连接，在地震、偶然撞击等作用下，整体稳固性对装配式结构的安全性至关重要。结构设计中必须充分考虑结构的节点、拼缝等部位的连接构造的可靠性。同时，装配整体式混凝土结构设计要求装饰设计与建筑设计同步完成，构件详图的设计应表达出装饰装修工程所需预埋件和室内水电的点位。只有这样才能在装饰阶段直接利用预制构件中所预留预埋的管线，不会因后期点位变更而破坏墙体。

从我国现阶段情况看，尚未达到全部构件的标准化，建筑的个性化与构件的标准化仍存在着冲突。装配整体式混凝土结构的预制构件以设计图纸为制作及生产依据，设计的合理性直接影响项目的成本。发达国家的经验表明：固定的单元格式也可通过多样性组合拼装出丰富的外立面效果，单元拼装的特殊视觉效果也许会成为装配整体式混凝土结构设计的突破口，要通过若干年发展实践，逐步实现构件、部品设计的标准化与模数化。

目前，国内对装配整体式混凝土结构，按照等同现浇结构设计。

（2）我国装配整体式混凝土结构的技术体系种类

国内常用装配整体式建筑的结构体系有：装配整体式混凝土剪力墙结构体系、装配整体式混凝土框架结构体系、现浇混凝土框架外挂预制混凝土墙板体系（内浇外挂式框架体系）、现浇混凝土剪力墙外挂预制混凝土墙板体系（内浇外挂式剪力墙体系）、内部钢结构框架外挂混凝土墙板体系（内部钢结构外挂式框架体系）。

近些年，国内建筑产业化企业在发展装配式PC建筑时，所采用的技术结构体系均有所不同，大致有以下几种类型：

1）万科企业股份有限公司在南方侧重于预制框架或框架结构外挂板＋装配整体式剪力墙结构，采取设计一体化、土建与装修一体化、PC 窗预埋等技术；在北方侧重于装配整体式剪力墙结构。

2）长沙远大住宅工业集团股份有限公司采用装配式叠合楼盖现浇剪力墙结构体系、装配式框架体系，围护结构采用外挂墙板。在整体厨卫、成套门窗等技术方面实现了标准化设计。

3）南京大地建设集团有限责任公司采用装配式框架外挂板体系、预制预应力混凝土装配整体式框架结构体系。

4）中南集团采用全预制装配整体式剪力墙体系。

5）宝业集团股份有限公司采用叠合式剪力墙装配整体式混凝土结构体系。

6）上海城建（集团）有限公司采用预制框架剪力墙装配式住宅结构技术体系。

7）宇辉集团采用预制装配整体式混凝土剪力墙结构体系。

8）山东万斯达建筑科技股份有限公司采用 PK（拼装、快速）系列装配整体式剪力墙结构体系。

1.2.3 装配整体式混凝土结构的发展意义和展望

1. 装配整体式混凝土结构的发展意义

(1) 提高工程质量和施工效率。通过标准化设计、工厂化生产、装配化施工，减少了人工操作、降低了劳动强度，确保了构件质量和施工质量，提高了工程质量和施工效率。

(2) 减少资源、能源消耗，减少建筑垃圾，保护环境。由于实现了构件生产工厂化，材料和能源消耗均处于可控状态；建造阶段消耗建筑材料和电力较少，施工扬尘和建筑垃圾大大减少。

(3) 缩短工期，提高劳动生产率。由于构件生产和现场建造在两地同步进行，建造、装修和设备安装一次完成，相比传统建造方式大大缩短了工期，能够适应目前我国大规模的城市化建设。

(4) 转变建筑工人身份，促进社会稳定、和谐。现代建筑产业减少了施工现场临时工人的数量，并使其中一部分人进入工厂，变为产业工人，助推城镇化发展。

(5) 减少施工事故。与传统建筑相比，产业化建筑建造周期短、工序少、现场工人需求量小，可进一步降低发生施工事故的概率。

(6) 施工受气象因素影响小。大部分构配件在工厂生产，现场基本为装配作业，且施工工期短，受降雨、大风、冰雪等气象因素的影响较小。

随着新型城镇化的稳步推进，人民生活水平不断提高，全社会对建筑品质的要求也越来越高。与此同时，能源和环境压力逐渐加大，建筑行业竞争加剧。建筑产业现代化可推动建筑业产业升级和发展方式转变，促进节能减排和民生改善，推动城乡建设走上绿色、循环、低碳的科学发展轨道，实现经济社会全面、协调、可持续发展，不仅意义重大，更迫在眉睫。

2. 装配整体式混凝土结构的发展展望

我国在装配式结构的研究上已取得了一些成果，许多高校和企业为装配式结构的推广做出了贡献，同济大学、清华大学、东南大学、哈尔滨工业大学等高校均进行了装配式框架结构的相关构造研究。在万科企业股份有限公司、长沙远大住宅工业集团股份有限公司等企业的大力推动下，装配式结构也得到了一定的推广应用。但目前主要的应用还是一些非结构构件，如预制外挂墙板、预制楼梯及预制阳台等，对于承重构件的应用（如梁、柱等）还是非常少。我国装配式结构未来的发展主要体现在以下几个方面：

（1）装配整体式混凝土结构在国内研究应用得较少，也很少有完整的施工图，国内仅有少量的设计院能够做装配整体式混凝土框架结构的设计，设计技术人员少，使之难以推广。我国应根据国家出台的相关规范，运用新的构造措施和施工工艺，以支撑装配式结构在全国范围内的广泛应用。

（2）目前，我国的工业化建筑体系处在专用体系的阶段，未达到通用体系的水平。只有实现在模数化规则下的设计标准化，才能实现构件生产的通用化，有利于提高生产效率和质量，有助于住宅部品的推广应用。

实现建筑与部品模数协调、部品之间模数协调、部品的集成化和工业化生产、土建与装修的一体化，才能实现装修一次性到位。达到加快施工速度、减少建筑垃圾、实现可持续发展的目标。

（3）装配式结构在我国的发展存在间断期，使得掌握这项技术的人才也产生了断代，且随着抗震要求的不断提高，混凝土结构的设计难度也加大。我们应提高装配式结构的整体性能和抗震性能，使人们对装配式结构的认识不只停留在现浇混凝土结构，积极推广装配整体式混凝土结构，推进应用具有可改造性的长寿命住宅。

（4）装配整体式混凝土结构预制构件之间的连接技术在保证整体结构安全性、整体性的前提下，尽量简化连接构造，降低施工中不确定性对结构性能的影响。目前，我国预制构件的连接主要采用套筒灌浆与浆锚连接两种方式，开发工艺简单、性能可靠的新型连接方式是装配整体式混凝土结构发展的需要。

（5）我国建筑预制构件和部品生产单位水平参差不齐，所生产的产品良莠不一。目前，我国缺乏专门部门对其进行相关认定，这既不利于保证部品及构件的质量，也不利于企业之间展开充分竞争。我国可以学习别国的制度经验，建立优良住宅部品认定制度，形成住宅部品优胜劣汰的机制；建立这项权威制度，是推动住宅产业和住宅部品发展的一项重要措施。

（6）我国装配整体式混凝土结构处于发展初期，设计、施工、构件生产、思想观念等都在从现浇混凝土结构向预制装配转型。这一时期宜以少量工程为样板，以严格的技术要求进行控制，样板先行，再大量推广。应关注新型结构体系带来的外墙拼缝渗水、填缝材料耐久性、叠合板板底裂缝等非结构安全问题，总结经验，解决新体系下的质量常见问题。

1.2.4 装配式建筑的依据及实例

1. 装配式建筑的依据

（1）装配式建筑的主要内容

1）装配式建筑的组成（表 1-1）

装配式建筑的组成 **表 1-1**

结构系统	外围护系统	设备与管线系统	内装系统
混凝土、钢结构、木结构	外墙、屋面、外门窗及附属物	给水排水，供暖、通风、空调，电气和智能化，燃气设备及管线	楼地面、墙面、轻质隔墙、吊顶、内门窗、厨房、卫生间和套内设备管线等系统

2）装配式建筑的评价

装配式建筑统一按照装配率进行评价，其评分表见表 1-2。

装配式建筑评分表 **表 1-2**

<table>
<tr><th colspan="4">评价项</th><th>评价要求</th><th>评价分值</th><th>最低分值</th></tr>
<tr><td rowspan="5">结构系统</td><td rowspan="5">承重结构构件（50 分）</td><td rowspan="3">柱、支撑、承重墙、延性墙板等竖向承重构件</td><td rowspan="2">主要为混凝土材料</td><td>35%≤比例≤80%</td><td>20～39</td><td rowspan="2">20</td></tr>
<tr><td>比例>80%</td><td>40</td></tr>
<tr><td>主要为金属材料、木材及非水泥基复合材料等</td><td>全装配</td><td>40</td><td>40</td></tr>
<tr><td rowspan="2">楼(屋)盖构件</td><td rowspan="2">梁、板、楼梯、阳台、空调板等</td><td>70%≤比例≤80%</td><td>5～9</td><td rowspan="2">5</td></tr>
<tr><td>比例>80%</td><td>10</td></tr>
<tr><td rowspan="6">外围护系统</td><td rowspan="6">非承重构件（20 分）</td><td rowspan="3">外围护墙</td><td>非砌筑</td><td>比例>80%</td><td>5</td><td>5</td></tr>
<tr><td rowspan="2">墙体与保温(隔热)、装饰一体化</td><td>50%≤比例≤80%</td><td>2～4</td><td rowspan="2">—</td></tr>
<tr><td>比例>80%</td><td>5</td></tr>
<tr><td rowspan="3">内隔墙</td><td>非砌筑</td><td>比例>50%</td><td>5</td><td>5</td></tr>
<tr><td rowspan="2">墙体与管线、装修一体化</td><td>50%≤比例≤80%</td><td>2～4</td><td rowspan="2">—</td></tr>
<tr><td>比例>80%</td><td>5</td></tr>
<tr><td rowspan="5">设备与管线系统及内装系统</td><td rowspan="5">装修与设备管线（30 分）</td><td colspan="2">全装修</td><td>—</td><td>5</td><td>5</td></tr>
<tr><td colspan="2">干式工法楼(地)面</td><td>比例≥70%</td><td>6</td><td>—</td></tr>
<tr><td colspan="2">集成卫生间</td><td>比例≥70%</td><td>6</td><td>—</td></tr>
<tr><td colspan="2">集成厨房</td><td>比例≥70%</td><td>6</td><td>—</td></tr>
<tr><td colspan="2">管线与结构分离</td><td>比例≥70%</td><td>7</td><td>—</td></tr>
</table>

3）装配式建筑的优势

装配式建筑过程如图 1-1 所示；装配式建筑的优势如图 1-2 所示。

（2）装配式建筑技术体系

1）装配式混凝土建筑

剪力墙、梁、柱、板构件在工厂预制，现场节点拼接，装配式混凝土建筑现场拼装如图 1-3 所示。

2）装配式钢结构建筑

工厂化加工构件，结构构件符合装配式建筑发展理念。钢结构组装如图 1-4 所示。

3）装配式木（竹）结构建筑

木结构组装如图 1-5 所示。

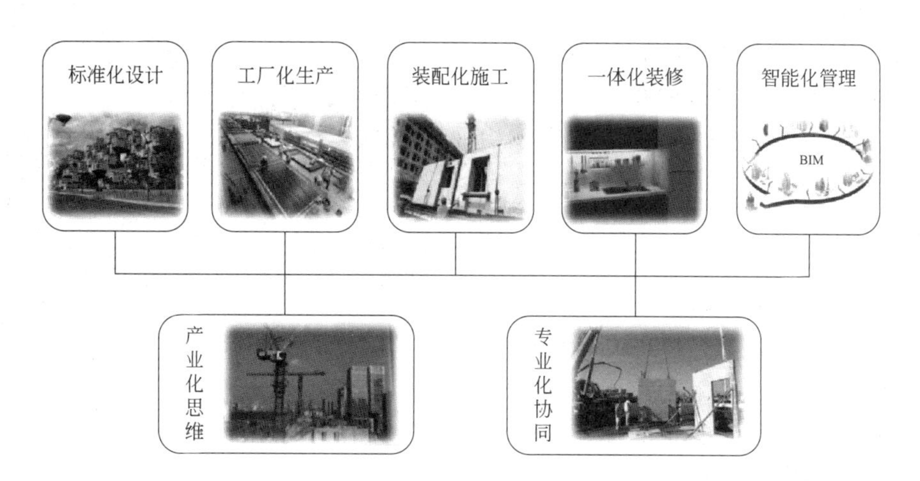

图 1-1　装配式建筑过程

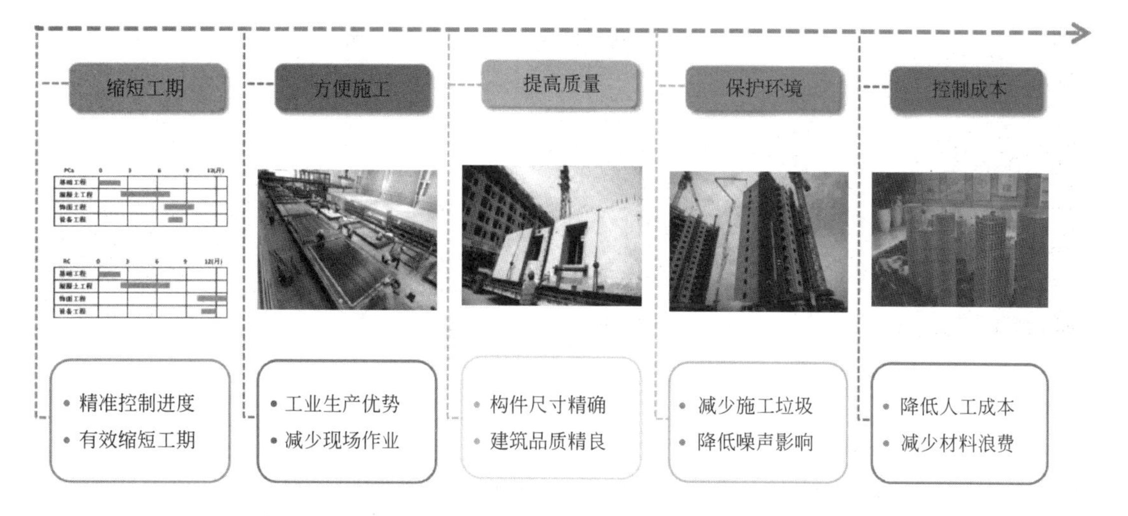

图 1-2　装配式建筑的优势

图 1-3　装配式混凝土建筑现场拼装

图 1-4　钢结构组装

4）其他类型

塑料制品、复合材料形成的结构。

2. 装配式混凝土结构体系

图 1-5　木结构组装

装配式混凝土结构是由预制混凝土构件或部件通过各种可靠的连接方式装配而成的混凝土结构，其组装现场如图 1-6 所示，连接方式如图 1-7 所示。

预制混凝土框架一般由预制柱、预制梁、预制楼板、预制楼梯、外挂墙板等构件组成。结构传力路径明确，装配效率高，现浇湿作业少是最适合进行预制装配化的结构形式。主要用于需要开敞大空间的厂房、仓库、商场、停车场、办公楼、教学楼、医务楼、商务楼等建筑，近年来也逐渐应用于居民住宅等民用建筑。预制混凝土框架连接如图 1-8 所示。

图 1-6　装配式混凝土结构组装现场

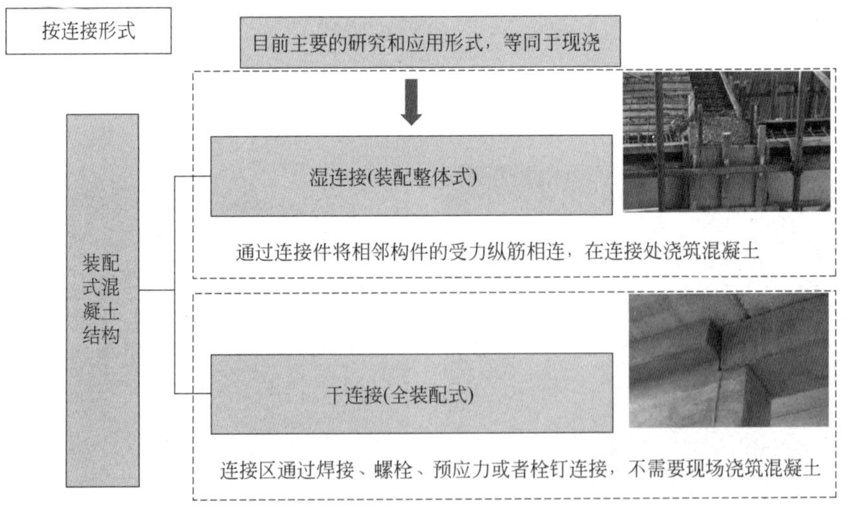

图 1-7　装配式混凝土结构连接方式

图 1-8 预制混凝土框架连接

（1）框架结构

1）装配整体式框架结构现场组装之一：柱现浇，梁、楼板、楼梯等采用预制叠合构件或预制构件，如图 1-9 所示。

图 1-9 装配整体式框架结构现场组装（一）

2）装配整体式框架结构现场组装之二：梁、柱节点与构件一同预制，在梁、柱构件上设置后浇段连接，如图 1-10 所示。

图 1-10 装配整体式框架结构现场组装（二）

基于三维构件，采用三维双 T 形和双十字形构件通过一定的方法连接，如图 1-11 所示。

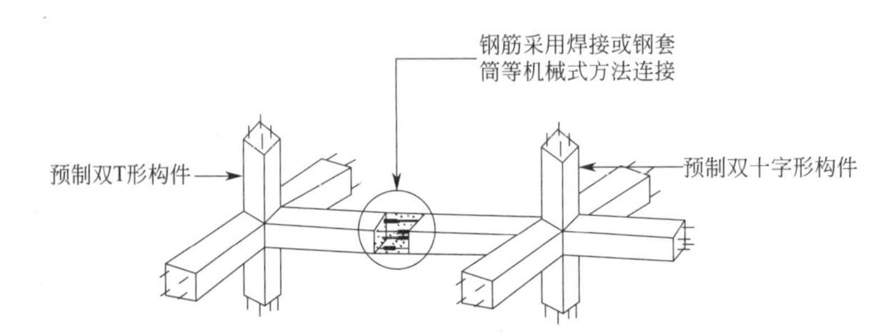

图 1-11 采用双 T 形和双十字形构件通过一定的方法连接

该连接方式能减少施工现场布筋、浇筑混凝土等工作，接头数量较少；缺点是构件是三维构件，质量大，不便于生产、运输、堆放以及安装施工。该种框架体系应用较少。

3）装配整体式框架结构之三：世构体系，其柱梁连接如图 1-12 所示。

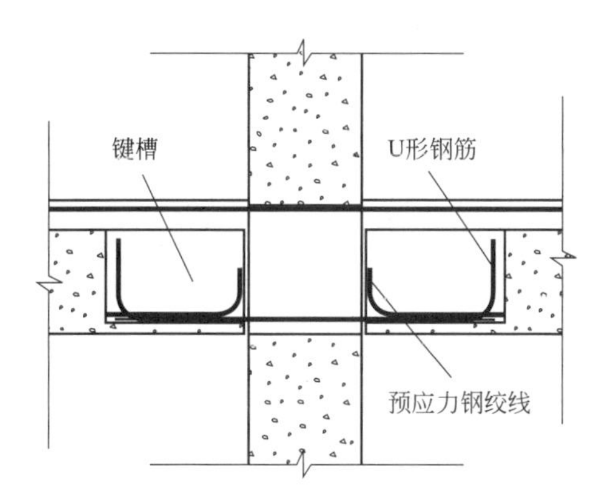

图 1-12　世构体系柱梁连接

4）装配整体式框架结构之四：型钢辅助连接，如图 1-13 所示。

（2）剪力墙结构

预制（叠合）板、预制（叠合）梁、预制外围护墙或外墙模板、预制楼梯、预制隔墙等构件，现浇剪力墙、柱等。剪力墙板如图 1-14 所示。

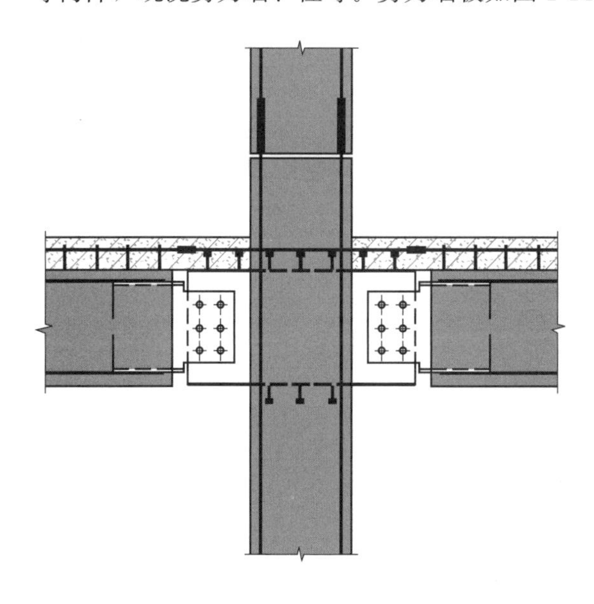

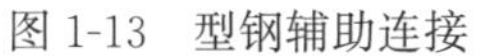
图 1-13　型钢辅助连接

图 1-14　剪力墙板

现浇剪力墙体系注重外挂墙板的设计以及安装施工（线连接、点连接）。

各种剪力墙结构见表 1-3。

在预制墙体内预留孔洞，由顶端浇筑混凝土，自上而下的灌注产生了强大的压力，确保了后浇区内混凝土的密实程度，降低了套筒的使用数量，仅在“预制腿”处应用套筒灌浆连接，降低了综合成本。实际工程如图 1-15～图 1-17 所示。

各种剪力墙结构　　表 1-3

<table>
<tr><td colspan="2"></td><td colspan="2"></td></tr>
<tr><td rowspan="3">剪力墙结构</td><td colspan="2">套筒灌浆连接的预制剪力墙</td><td rowspan="2">竖向钢筋在构件内连接</td></tr>
<tr><td colspan="2">浆锚搭接连接的预制剪力墙</td></tr>
<tr><td colspan="2">底部预留后浇区的预制剪力墙</td><td>竖向钢筋在后浇区连接</td></tr>
<tr><td></td><td colspan="2"></td><td></td></tr>
<tr><td>部分预制的套筒灌浆连接的预制剪力墙</td><td colspan="2">浆锚搭接连接的预制剪力墙</td><td>底部预留后浇区的预制剪力墙</td></tr>
</table>

图 1-15　实际工程一

图 1-16　实际工程二

图 1-17　实际工程三

日本进行过类似研究并有大量工程实践，但体系稍有不同，国内基本处于空白状态，正在开展研究。墙梁一体化体系主要形式有以下几种（见图 1-18）：

（1）墙、梁一体化预制＋连梁形式。

（2）梁柱节点现浇，预制剪力墙、预制一字形梁形式。

（3）墙、柱、梁一体化预制形式。

（4）预制柱、预制墙、预制节点、预制梁一体化构件形式。

预制楼梯：清水面，带防滑条，栏杆预埋件，两端简支，如图 1-19 所示。

外挂墙板：线支撑，物理性能好，内浇外挂体系；点支撑，缝多，抗震性能好，框架公建采用较好，如图 1-20 所示。

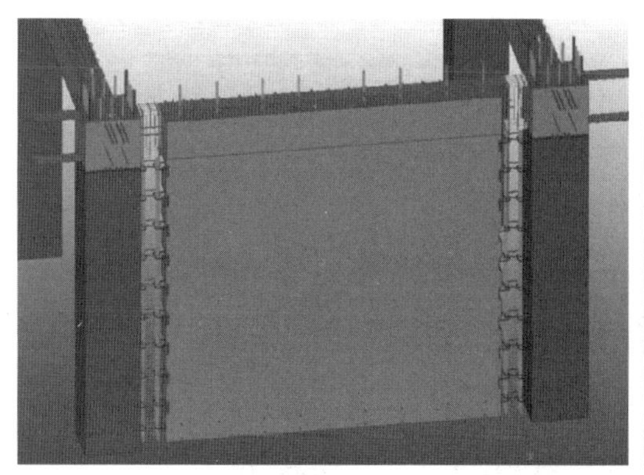

(a) 体系一

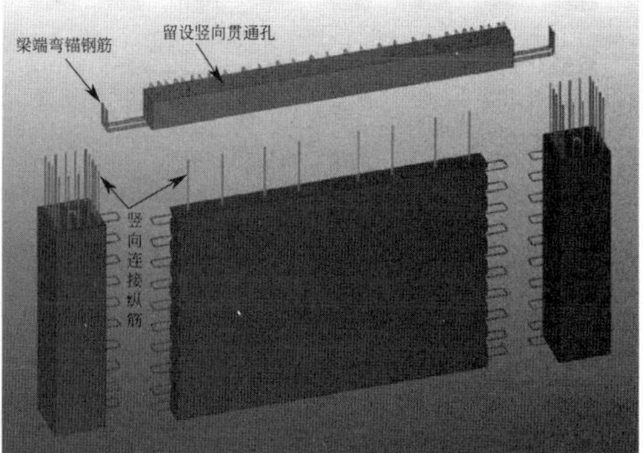

(b) 体系二

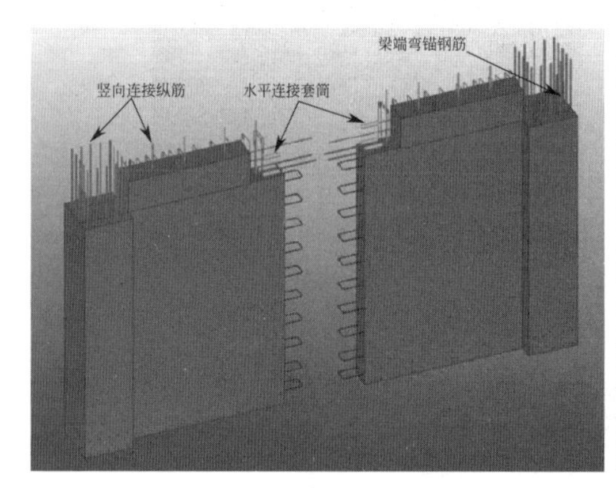

(c) 体系三

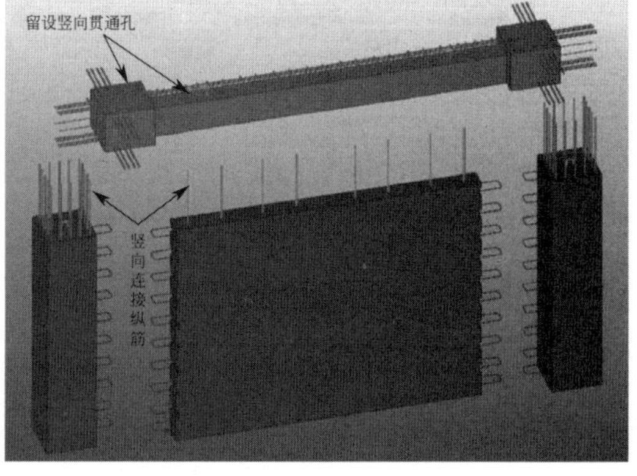

(d) 体系四

图 1-18　墙梁一体化体系

图 1-19　预制楼梯

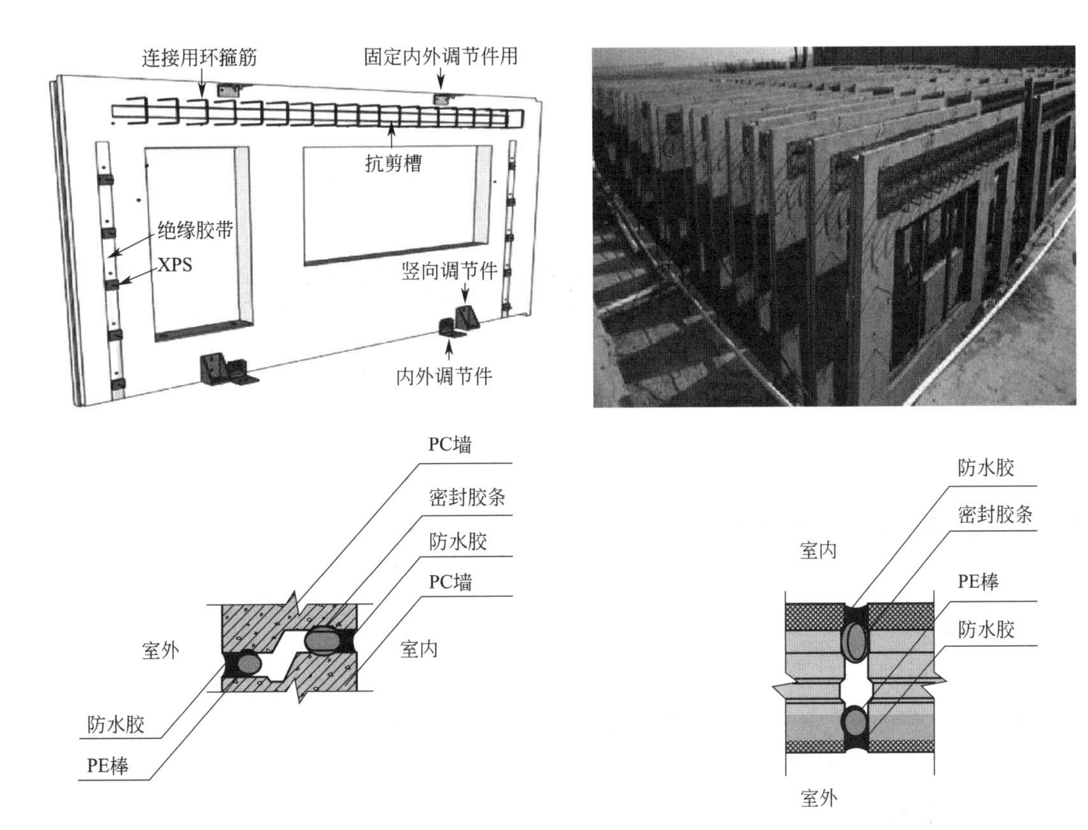
连接用环箍筋
固定内外调节件用
抗剪槽
绝缘胶带
XPS
竖向调节件
内外调节件
PC墙
密封胶条
防水胶
PC墙
室外
室内
防水胶
PE棒
防水胶
密封胶条
室内
PE棒
防水胶
室外

图 1-20 外挂墙板

2 装配式钢结构技术

2.1 高性能钢材应用技术

2.1.1 概述

选用高强度钢材（屈服强度 R_{eL}≥390MPa），可减少钢材用量及加工量，节约资源，降低成本。为了提高结构的抗震性能，要求钢材具有高的塑性变形能力，选用低屈服点钢材（屈服强度 R_{eL}=100～225MPa）。

2.1.2 技术指标

钢厂供货品种及规格：轧制钢板的厚度为 6～400mm，宽度为 1500～4800mm，长度为 6000～25000mm。有多种交货方式，包括：普通轧制态 AR、控制轧制态 CR、正火轧制态 NR、控轧控冷态 TMCP、正火态 N、正火加回火态 N+T、调质态 QT 等。

建筑结构用高强钢一般具有低碳、微合金、纯净化、细晶粒四个特点。使用高强度钢材时必须注意新钢种焊接性试验、焊接工艺评定、确定匹配的焊接材料和焊接工艺、编制焊接工艺规程。

建筑用低屈服强度钢中残余元素铜、铬、镍的含量应各不大于 0.30%。成品钢板的化学成分允许偏差应符合《钢的成品化学成分允许偏差》GB/T 222—2006 的规定。

2.1.3 适用范围

高层建筑、大型公共建筑、大型桥梁等结构用钢，其他承受较大荷载的钢结构工程，以及屈曲约束支撑产品。

2.2 钢结构深化设计与物联网应用技术

2.2.1 技术内容

钢结构深化设计是以设计院的施工图、计算书、其他相关资料为依据，依托专业深化设计软件平台，建立三维实体模型，计算节点坐标定位调整值，并生成结构安装布置图、构件图、报表清单等的过程。钢结构深化设计与BIM结合，实现了模型信息化共享，由传统的“放样出图”延伸到施工全过程。物联网技术是通过射频识别（RFID）、红外感应器等信息传感设备，按约定的协议，将物品与互联网连接，进行信息交换和通信，以实现智能化识别、定位、追踪、监控和管理的一种网络技术。在钢结构施工过程中应用物联网技术，改善了施工数据的采集、传递、存储、分析、使用等各个环节，使人员、材料、机器、产品等与施工管理、施工决策建立更为密切的关系，并可进一步将信息与BIM关联，提高施工效率、产品质量和企业创新能力，提升产品制造和企业管理的信息化管理水平。主要包括以下内容：

（1）深化设计阶段，建立统一的产品（构件等）编码体系，规范图纸深度，保证产品信息的唯一性和可追溯性。深化设计阶段主要使用专业的深化设计软件，在建模时，对软件应用和模型数据有以下几点要求：

1）统一软件平台。同一工程的钢结构深化设计应采用统一的软件及版本号，设计过程中不得更改。同一工程宜在同一设计模型中完成，若模型过大需要进行模型分割，分割数量不宜过多。

2）人员协同管理。钢结构深化设计由多人协同作业时，需明确职责分工，注意避免模型碰撞冲突，并需设置好稳定的软件联机网络环境，保证每个深化设计人员的深化设计软件运行顺畅。

3）软件基础数据配置。软件应用前需配置好基础数据，如设定软件自动保存时间，使用统一的软件系统字体，设定统一的系统符号文件，设定统一的报表、图纸模板等。

4）模型构件唯一性。钢结构深化设计模型，要求一个构件号只能对应一种构件，当构件的尺寸、质量、材质、切割类型发生变化时，需赋予构件新的编号，避免构件的模型信息冲突报错。

5）零件的截面类型匹配。钢结构深化设计模型中每种截面的材料指定唯一的截面类型，保证材料在软件内名称的唯一性。

6）模型材质匹配。钢结构深化设计模型中每个零件都有对应的材质，根据相关国家钢材标准指定统一的材质命名规则，深化设计人员在建模过程中需保证使用的钢材牌号与国家标准中的钢材牌号相同。

（2）施工过程阶段，需建立统一的施工要素（人、机、料、法、环等）编码体系，规范作业过程，保证施工要素信息的唯一性和可追溯性。

（3）搭建必要的网络、硬件环境，实现数控设备的联网管理，对设备运转情况进行监控，提高设备管理的工作效率和质量。

（4）将物联网技术收集的信息与BIM进行关联，不同岗位的工程人员可以从BIM中获取、更新与本岗位相关的信息，既能指导实际工作，又能将相应工作的成果更新到BIM中，使工程人员对钢结构施工信息做出正确理解和高效共享。

（5）打造扎实、可靠、全面、可行的物联网协同管理软件平台，对施工数据的采集、传递、存储、分析、使用等环节进行规范化管理，进一步挖掘数据价值，服务企业运营。

2.2.2 技术指标

（1）按照深化设计标准、要求等统一产品编码，采用专业软件开展深化设计工作。

（2）按照企业自身管理规章等要求统一施工要素编码。

（3）采用三维计算机辅助设计、计算机辅助工艺规划、计算机辅助制造、工艺路线仿真等工具和手段，提高数字化施工水平。

（4）充分利用工业以太网，建立企业资源计划管理系统、制造执行系统、供应链管理系统、客户管理系统、仓储管理系统等信息化管理系统或相应功能模块，进行产品全生命期管理。

（5）钢结构制造过程中可搭建自动化、柔性化、智能化的生产线，通过工业通信网络实现系统、设备、零部件以及人员之间的信息互联互通和有效集成。

（6）基于物联网技术的应用，进一步建立信息与 BIM 有效整合的施工管理模式和协同工作机制，明确施工阶段各参与方的协同工作流程和成果提交内容，明确人员职责，制定管理制度。

2.2.3 适用范围

钢结构深化设计、钢结构工程制作、运输与安装。

2.3 钢结构智能测量技术

2.3.1 技术内容

钢结构智能测量技术是指在钢结构施工的不同阶段，采用基于全站仪、电子水准仪、GPS 全球定位系统、北斗卫星定位系统、三维激光扫描仪、数字摄影测量、物联网、无线数据传输、多源信息融合等多种智能测量技术，解决特大型、异形、大跨径和超高层等钢结构工程中传统测量方法难以解决的测量速度、精度、变形等技术难题，实现对钢结构安装精度、质量与安全、工程进度的有效控制。主要包括以下内容：

1. 高精度三维测量控制网布设技术

采用 GPS 空间定位技术或北斗空间定位技术，同时利用智能型全站仪（具有双轴自动补偿、伺服马达、自动目标识别功能和机载多测回测角程序）和高精度电子水准仪以及条码因瓦水准尺，按照现行国家标准《工程测量标准》GB 50026—2020，建立多层级、高精度的三维测量控制网。

2. 钢结构地面拼装智能测量技术

使用智能型全站仪及配套测量设备，利用具有无线传输功能的自动测量系统，结合工业三坐标测量软件，实现空间复杂钢构件的实时、同步、快速地面拼装定位。

3. 钢结构精准空中智能化快速定位技术

采用带无线传输功能的自动测量机器人对空中钢结构安装进行实时跟踪定位，利用工业三坐标测量软件计算出相应控制点的空间坐标，并同对应的设计坐标比较，及时纠偏、校正，实现钢结构快速精准安装。

4. 基于三维激光扫描的高精度钢结构质量检测及变形监测技术

采用三维激光扫描仪，获取安装后的钢结构空间点云，通过比较特征点、线、面的实测三维坐标与设计三维坐标的偏差值，从而实现钢结构安装质量的检测。

5. 基于数字近景摄影测量的高精度钢结构性能检测及变形监测技术

利用数字近景摄影测量技术对钢结构桥梁、大型钢结构进行精确测量，建立钢结构的真实三维模型，并同设计模型进行比较、验证，确保钢结构安装的空间位置准确。

6. 基于物联网和无线传输的变形监测技术

通过基于智能全站仪的自动化监测系统及无线传输技术，融合现场钢结构拼装施工过程中不同部位的温度、湿度、应力应变、GPS数据等传感器信息，采用多源信息融合技术，及时汇总、分析、计算，全方位反映钢结构的施工状态和空间位置等信息，确保钢结构施工的精准性和安全性。

2.3.2 技术指标

1. 高精度三维控制网技术指标

相邻点平面相对点位误差不超过3mm，高程上相对高差误差不超过2mm，单点平面点位误差不超过5mm，高程误差不超过2mm。

2. 钢结构拼装空间定位技术指标

拼装完成的单体构件即吊装单元，主控轴线长度偏差不超过3mm，各特征点监测值与设计值（X、Y、Z坐标值）偏差不超过10mm。具有球结点的钢构件，检测球心坐标值（X、Y、Z坐标值）偏差不超过3mm。构件就位后，各端口坐标（X、Y、Z坐标值）偏差均不超过10mm，且接口（共面、共线）错台不超过2mm。

3. 钢结构变形监测技术指标

所测量的三维坐标（X、Y、Z坐标值）观测精度应达到允许变形值的1/20～1/10。

2.3.3 适用范围

大型复杂或特殊复杂、超高层、大跨度等钢结构施工过程中的构件验收、施工测量及变形观测等。

2.4 钢结构虚拟预拼装技术

2.4.1 技术内容

1. 虚拟预拼装技术

采用三维设计软件，按照钢结构分段构件控制点的实测三维坐标，在计算机中模拟拼装形成分段构件的轮廓模型，与深化设计的理论模型拟合比对，检查分析加工拼装精度，得到所需修改的调整信息。经过必要的校正、修改与模拟拼装，直至满足精度要求。

2. 虚拟预拼装技术主要内容

（1）根据设计图文资料和加工安装方案等技术文件，在构件分段与胎架设置等安装措施可保证自重受力变形不致影响安装精度的前提下，建立设计、制造、安装全部信息的拼装工艺三维几何模型，完全整合形成一致的输入文件，通过模型导出分段构件和相关零件的加工制作详图。

（2）构件制作验收后，利用全站仪实测外轮廓控制点三维坐标。

1）设置相对于坐标原点的全站仪测站点坐标，仪器自动转换和显示位置点（棱镜点）在坐标系中的坐标。

2）设置仪器高和棱镜高，获得目标点的坐标值。

3）设置已知点的方向角，照准棱镜测量，记录确认坐标数据。

（3）计算机模拟拼装，形成实体构件的轮廓模型。

1）将全站仪与计算机连接，导出测得的控制点坐标数据，导入到EXCEL表格，换成（x，y，z）格式。收集构件的各控制点三维坐标数据，并整理汇总。

2）选择复制全部数据，输入到三维图形软件。以整体模型为基准，根据分段构件的特点，建立各自的坐标系，绘出分段构件的实测三维模型。

3）根据制作安装工艺图的需要，模拟设置胎架及其标高和各控制点坐标。

4）将分段构件的自身坐标转换为总体坐标后，模拟吊装胎架定位，检测各控制点的坐标值。

（4）将理论模型导入到三维图形软件，合理地插入实测整体预拼装坐标系。

（5）采用拟合方法，将构件实测模拟拼装模型与拼装工艺图的理论模型进行比对，得到分段构件和端口的加工误差，以及构件间的连接误差。

（6）统计分析相关数据记录，对不符合规范允许公差和现场安装精度的分段构件或零件，修改校正后重新测量、拼装、比对，直至符合精度要求。

3. 虚拟预拼装的实体测量技术

（1）无法一次性完成所有控制点测量时，可根据需要，设置多次转换测站点。转换测站点应保证所有测站点坐标在同一坐标系内。

（2）现场测量地面难以保证绝对水平，每次转换测站点后，仪器高度可能会不一致，故设置仪器高度时，应以周边某固定点高程作为参照。

（3）同一构件上的控制点坐标值的测量，应保证由同一人在同一时段完成，保证测量准确和精度。

（4）所有控制点均取构件外轮廓控制点，如遇到端部有坡口的构件，控制点取坡口的下端，且测量时用的反光片中心位置应对准构件控制点。

2.4.2 技术指标

预拼装模拟模型与理论模型比对取得的几何误差应满足《钢结构工程施工规范》GB 50755—2012和《钢结构工程施工质量验收标准》GB 50205—2020的规定以及实际工程使用的特别需求。无特别需求情况下，钢结构构件预拼装主要允许偏差见表2-1。

钢结构构件预拼装主要允许偏差 **表2-1**

项目	允许偏差	项目	允许偏差
预拼装单元总长	±5.0mm	各层间框架两对角线之差	H/2000，且不应大于5.0mm
各楼层柱距	±4.0mm	任意两对角线之差	ΣH/2000，且不应大于8.0mm
相邻楼层梁与梁之间距离	±3.0mm	接口错边	2.0mm
拱度（设计要求起拱）	±l/5000	节点处杆件轴线错位	4.0mm

注：l为长度，节点处轴线距离；H为每层框架高度。

2.4.3 适用范围

各类建筑钢结构工程，特别适用于大型钢结构工程及复杂钢结构工程的预拼装验收。

2.5 钢结构高效焊接技术

2.5.1 技术内容

当前钢结构制作安装施工中能有效提高焊接效率的技术有：

（1）焊接机器人技术。

（2）双（多）丝埋弧焊技术。

（3）免清根焊接技术。

（4）免开坡口熔透焊技术。

（5）窄间隙焊接技术。

焊接机器人技术克服了手工焊接受劳动强度、焊接速度等因素的制约，可结合双（多）丝、免清根、免开坡口等焊接技术，实现大电流、高速、低热输入的连续焊接，大幅提高焊接效率；双（多）丝埋弧焊技术熔敷量大，热输入小，速度快，焊接效率及质量提升明显；免清根焊接技术通过采用陶瓷衬垫和优化坡口形式（如U形坡口），省略掉碳弧气刨工序，缩短焊接时长，减少焊缝熔敷量，同时可避免渗碳对板材力学性能的影响；免开坡口熔透焊技术采用单丝可实现 $t \leqslant 12$mm 板厚熔透焊接，采用双（多）丝可实现 $t \leqslant 20$mm 板厚熔透焊接（t 是焊条直径），免除坡口加工工序；窄间隙焊接技术剖口窄小，焊丝熔敷填充量小，相比常规坡口角度焊缝可减少 1/2～2/3 的焊丝熔敷量，焊接效率提高明显，焊材成本降低明显，效率提高和能源节省的效益明显。

2.5.2 技术指标

焊接工艺参数须按《钢结构焊接规范》GB 50661—2011 要求采用，满足焊接工艺评定试验要求；承载静荷载结构的焊缝和需疲劳验算结构的焊缝，须按《钢结构焊接规范》GB 50661—2011 要求分别进行焊缝外观质量检验和内部质量无损检测；焊缝超声波检测等级不低于B级，母材厚度超过 100mm 应进行双面双侧检验。

2.5.3 适用范围

所有钢结构工厂制作、现场安装的焊接。

2.6 钢结构滑移、顶（提）升施工技术

2.6.1 技术内容

滑移施工技术是在建筑物的一侧搭设一个施工平台，在建筑物两边或跨中铺设滑道，所有构件都在施工平台上组装，分条组装后用牵引设备向前牵引滑移（可采用分条滑移或整体累积滑移）。结构整体安装完毕，滑移到位后，拆除滑道实现就位。滑移可分为结构直接滑移、结构和胎架一起滑移、胎架滑移等多种方式。牵引系统有卷扬机牵引、液压千

斤顶牵引与顶推系统等。在结构滑移设计时，要对滑移工况进行受力性能验算，保证结构的杆件内力与变形符合规范和设计要求。

整体顶（提）升施工技术是一项成熟的钢结构与大型设备安装技术，它集机械、液压、计算机控制、传感器监测等技术于一体，解决了传统吊装工艺和大型起重机械在起重高度、起重重量、结构面积、作业场地等方面无法克服的难题。顶（提）升方案的确定，必须同时考虑承载结构（永久的或临时的）和被顶（提）升钢结构或设备本身的强度、刚度和稳定性。要进行施工状态下结构整体受力性能验算，并计算各顶（提）点的作用力，配备顶升或提升千斤顶。对于施工支架或下部结构及地基基础应验算承载能力与整体稳定性，保证在最不利工况下具有足够的安全性。施工时，各作用点的不同步值应通过计算合理选取。

顶（提）升方式选择的原则：一是力求降低承载结构的高度，保证其稳定性；二是确保被顶（提）升钢结构或设备在顶（提）升中的稳定性和就位安全性。确定顶（提）升点的数量与位置的基本原则是：保证被顶（提）升钢结构或设备在顶（提）升过程中的稳定性；在确保安全和质量的前提下，尽量减少顶（提）升点数量；顶（提）升设备本身承载能力符合设计要求。顶（提）升设备选择的原则是：能满足顶（提）升中的受力要求，结构紧凑、坚固耐用、维修方便、满足功能需要（如行程、顶升或提升速度、安全保护等）。

2.6.2 技术指标

在进行滑移牵引力计算时，当钢与钢面滑动摩擦时，摩擦系数取 0.12～0.15；当钢与钢面滚动摩擦时，滚动轴处摩擦系数取 0.1；当不锈钢与四氟聚乙烯板之间滑靴摩擦时，摩擦系数取 0.08。

整体顶（提）升方案要进行施工状态下结构整体受力性能验算，依据计算所得各顶（提）点的作用力配备千斤顶。提升用钢绞线安全系数：上拔式提升时，应大于 3.5；爬升式提升时，应大于 5.5。正式提升前的试提升需悬停静置 12h 以上，并测量结构变形情况；相邻两提升点位移高差不超过 2cm。

2.6.3 适用范围

滑移施工技术适用于大跨度网架结构、平面立体桁架（包括曲面桁架）及平面形式为矩形的钢结构屋盖的安装施工、特殊地理位置的钢结构桥梁。特别适用于由于现场条件的限制，起重机无法直接安装的结构。

整体顶（提）升施工技术适用于体育场馆、剧院、飞机库、钢连桥（廊）等具有地面拼装条件，又有较好的周边支承条件的大跨度屋盖钢结构；电视塔、超高层钢桅杆、天线、电站锅炉等超高构件；大型龙门起重机主梁、锅炉等大型设备等。

2.7 钢结构防腐防火技术

2.7.1 技术内容

1. 防腐涂料涂装

在涂装前，必须对钢构件表面进行除锈。除锈方法应符合设计要求或根据所用涂层类型的需要确定，并达到设计规定的除锈等级。常用的除锈方法有：喷射除锈、抛射除锈、手工和动力工具除锈等。涂料的配制应按涂料使用说明书的规定执行，当天使用的涂料应当天配制，不得随意添加稀释剂。涂装施工可采用刷涂、滚涂、空气喷涂和高压无气喷涂等方法。宜在温度、湿度合适的封闭环境下，根据被涂物体的大小、涂料品种及设计要求，选择合适的涂装方法。构件在工厂加工涂装完毕，现场安装后，针对节点区域及损伤区域需进行二次涂装。

近年来，水性无机富锌漆凭借优良的防腐性能，外加耐光耐热好、使用寿命长等特点，常用于对环境和条件要求苛刻的钢结构领域。

2. 防火涂料涂装

防火涂料分为薄涂型和厚涂型两种，薄涂型防火涂料通过遇火灾后涂料受热材料膨胀延缓钢材升温，厚涂型防火涂料通过防火材料吸热延缓钢材升温，根据工程情况选取使用。

薄涂型防火涂料的底涂层（或主涂层）宜采用重力式喷枪喷涂，其压力约为0.4MPa。局部修补和小面积施工，可采用手工涂抹。面涂层装饰涂料可刷涂、喷涂或滚涂。双组分薄涂型涂料，现场应按说明书规定调配；单组分薄涂型涂料应充分搅拌。喷涂后，不应发生流淌和下坠。

厚涂型防火涂料宜采用压送式喷涂机喷涂，空气压力为0.4～0.6MPa，喷枪口直径宜为6～10mm。配料时应严格按配合比加料和稀释剂，并使稠度适宜，当班使用的涂料应当班配制。厚涂型防火涂料施工时应分遍喷涂，每遍喷涂厚度宜为5～10mm，必须在前一遍基本干燥或固化后，再喷涂下一遍，涂层保护方式、喷涂遍数与涂层厚度应根据施工方案确定。操作者应用测厚仪随时检测涂层厚度，80%及以上面积的涂层总厚度应符合有关耐火极限的设计要求，且最薄处厚度不应低于设计要求的85%。

钢结构防火涂层不应有误涂、漏涂，涂层应闭合，无脱层、空鼓、明显凹陷、粉化松散和浮浆等外观缺陷，乳突已被剔除；保护裸露钢结构及露天钢结构的防火涂层的外观应平整，颜色装饰应符合设计要求。

2.7.2 技术指标

1. 防腐涂料涂装技术指标

防腐涂料中环境污染物的含量应符合《民用建筑工程室内环境污染控制标准》GB 50325—2020的规定和要求。涂装之前，钢材表面除锈等级应符合设计要求，设计无要求时，应符合《涂覆涂料前钢材表面处理 表面清洁度的目视评定 第1部分：未涂覆过的钢材表面和全面清除原有涂层后的钢材表面的锈蚀等级和处理等级》GB/T 8923.1—2011的规定。涂装施工环境的温度、湿度、基材温度要求，应根据产品使用说明确定，无明确要求的，宜按照环境温度5～38℃，空气湿度小于85%，基材表面温度高于3℃以上的要求控制，雨、雪、雾、大风等恶劣天气严禁户外涂装。涂装遍数、涂层厚度应符合设计要求，当设计对涂层厚度无要求时，涂层干漆膜总厚度：室外应为150μm，室内应为125μm，允许偏差为－25μm。每遍涂层干膜厚度的允许偏差为－5μm。

当钢结构处在腐蚀介质或露天环境且设计有要求时，应进行涂层附着力测试，可按照《漆膜划圈试验》GB/T 1720—2020或《色漆和清漆 划格试验》GB/T 9286—2021的规定执行。在检测范围内，涂层完整程度达到70%以上即为合格。

2. 防火涂料涂装技术指标

钢结构防火涂料的性能、涂层厚度及质量要求应符合《钢结构防火涂料》GB 14907—2018和《钢结构防火涂料应用技术规程》T/CECS 24—2020的规定和设计要求，防火涂料中环境污染物的含量应符合《民用建筑工程室内环境污染控制标准》GB 50325—2020的规定和要求。

钢结构防火涂料生产厂家必须有防火监督部门核发的生产许可证。防火涂料应通过国家检测机构检测合格。产品必须具有国家检测机构的耐火极限检测报告和理化性能检测报告，并应附有涂料品种、名称、技术性能、制造批量、贮存期限和使用说明书。在施工前，应复验防火涂料的粘结强度和抗压强度。防火涂料施工过程中和涂层干燥固化前，环境温度宜保持在5～38℃，相对湿度不宜大于90%，空气应流通。当风速大于5m/s，或雨天和构件表面有结露时，不宜作业。

2.7.3 适用范围

钢结构防腐涂装技术适用于各类建筑钢结构。

薄涂型防火涂料涂装技术适用于工业、民用建筑楼盖与屋盖钢结构；厚涂型防火涂料涂装技术适用于有装饰面层的民用建筑钢结构柱、梁。

2.8 钢与混凝土组合结构应用技术

2.8.1 技术内容

钢与混凝土组合结构主要包括钢管混凝土柱，十字形、H形、箱形钢混凝土柱，钢管混凝土叠合柱，小管径薄壁（<16mm）钢管混凝土柱，组合钢板剪力墙，型钢混凝土剪力墙，箱形、H形钢骨梁，型钢组合梁等。钢管混凝土可显著减小柱的截面尺寸，提高承载力；型钢混凝土柱承载能力高、刚度大且抗震性能好；钢管混凝土叠合柱承载能力高、抗震性能好，同时也有较好的耐火性能和防腐蚀性能；小管径薄壁（<16mm）钢管混凝土柱具有钢管混凝土柱的特点，同时还具有断面尺寸小、质量轻等特点；组合梁承载能力高且高跨比小。

钢管混凝土组合结构施工简便，梁柱节点采用内环板或外环板式，施工与普通钢结构一致，钢管内的混凝土可采用高抛免振捣混凝土，或顶升法施工钢管混凝土。关键技术是设计合理的梁柱节点与确保钢管内浇捣混凝土的密实性。

型钢混凝土组合结构除了具有钢结构的优点外，还具有混凝土结构的优点，同时结构具有良好的防火性能。关键技术是如何合理解决梁柱节点区钢筋的穿筋问题，以确保节点良好的受力性能与加快施工速度。

钢管混凝土叠合柱是钢管混凝土和型钢混凝土的组合形式，既具有钢管混凝土结构的优点，又具有型钢混凝土结构的优点。关键技术是如何合理选择叠合柱与钢筋混凝土梁连接节点，保证传力简单、施工方便。

小管径薄壁（<16mm）钢管混凝土柱具有钢管混凝土柱的优点，又具有断面小、自重轻等特点，适合于钢结构住宅的使用。关键技术是在处理梁柱节点时，采用横隔板贯通

构造，保证传力，同时又方便施工。

组合钢板剪力墙、型钢混凝土剪力墙具有更好的抗震承载力和抗剪能力，提高了剪力墙的抗拉能力，可以较好地解决剪力墙墙肢在风与地震组合作用下出现受拉的问题。

钢混组合梁是在钢梁上部浇筑混凝土，形成混凝土受压、钢结构受拉的截面合理受力形式，充分发挥钢与混凝土各自的受力性能。组合梁施工时，钢梁可作为模板的支撑。组合梁设计时，既要确保钢梁与混凝土结合面的抗剪性能，又要充分考虑钢梁在各工况下从施工到正常使用各阶段的受力性能。

2.8.2 技术指标

钢管混凝土构件的径厚比宜为 20～135、套箍系数宜为 0.5～2.0、长径比不宜大于 20；矩形钢管混凝土受压构件的混凝土工作承担系数应控制在 0.1～0.7；型钢混凝土框架柱的受力型钢的含钢率宜为 4%～10%。

组合结构应符合《组合结构设计规范》JGJ 138—2016、《钢管混凝土结构技术规范》GB 50936—2014、《钢—混凝土组合结构施工规范》GB 50901—2013、《钢管混凝土工程施工质量验收规范》GB 50628—2010 的规定。

2.8.3 适用范围

钢管混凝土特别适用于高层、超高层建筑的柱及其他有重载承载力设计要求的柱；型钢混凝土适用于高层建筑外框柱及公共建筑的大柱网框架与大跨度梁设计；钢混组合梁适用于结构跨度较大而高跨比又有较高要求的楼盖结构；钢管混凝土叠合柱主要适用于高层、超高层建筑的柱及其他对承载力要求较高的柱；小管径薄壁（<16mm）钢管混凝土柱适用于多层、高层住宅。

2.9 钢结构住宅应用技术

2.9.1 技术内容

钢结构住宅建筑设计应以集成化住宅建筑为目标，应按模数协调的原则实现构配件标准化、设备产品定型化。采用钢结构作为住宅的主要承重结构体系，对于低密度住宅宜采用冷弯薄壁型钢结构体系为主，墙体为墙柱加石膏板，楼盖为 C 形格栅加轻板；对于多层、高层住宅结构体系可选用钢框架、框架支撑（墙板）、筒体结构、钢框架—钢混组合等体系，楼盖结构宜采用钢筋桁架楼承板、现浇钢筋混凝土结构、装配整体式楼板，墙体为预制轻质板或轻质砌块。目前，钢结构住宅的主要发展方向有：适用于多层的采用带钢板剪力墙或与普钢混合的轻钢结构，适用于低层、多层的基于方钢管混凝土组合异形柱和外肋环板节点为主的钢框架体系，适用于高层以钢框架与混凝土筒体组合构成的混合结构或带钢支撑的框架结构，适用于高层的基于方钢管混凝土组合异形柱和外肋环板节点为主的框架—支撑和框架—核心筒体系、钢管束组合剪力墙结构体系。

轻型钢结构住宅的钢构件宜选用热轧 H 形钢、高频焊接或普通焊接的 H 形钢、冷轧或热轧成型的钢管、钢异形柱等。多层、高层钢结构住宅结构柱材料可使用纯钢柱或钢管混凝土柱等，柱截面形状可采用矩形、圆形、L形等。外墙体可为砂加气板、灌浆料墙板或蒸压加气混凝土砌块，内墙体可选用轻钢龙骨石膏板等板材，楼板可为钢筋桁架楼承板、叠合板或现浇板。

除常见的装配化钢结构住宅结构体系之外，模块钢结构建筑也有所发展。模块建筑是将传统房屋以单个房间或一定的三维建筑空间进行模块单元划分，每个单元都在工厂预制且精装修，将单元运输到工地整体连接而成的一种新型建筑形式。根据结构形式的不同可分为：全模块建筑结构体系、复合模块建筑结构体系。复合模块建筑结构体系又可分为：模块单元与传统框架结构复合体系、模块单元与板体结构复合体系、外骨架（巨型框架）模块建筑结构体系、模块单元与剪力墙或核心筒复合结构体系。模块外围护墙板可选用加气混凝土板、薄板钢骨复合轻质外墙、轻集料混凝土与岩棉板复合墙板；模块底板可采用钢筋混凝土结构底板、轻型结构底板，模块顶板可为双面钢板夹心板。

2.9.2 技术指标

钢结构住宅结构设计应符合工厂生产、现场装配的工业化生产要求，构件及节点设计宜标准化、通用化、系列化，在结构设计中应合理确定建筑结构体的装配率。

钢材性能应符合相关国家标准的规定，可优先选用高性能钢材。

钢结构住宅应按《装配式钢结构建筑技术标准》GB/T 51232—2006 进行设计，按《建筑工程抗震设防分类标准》GB 50223—2008 的规定确定其抗震设防类别，并应按相关国家标准进行抗震设计。结构高度大于 80m 的建筑宜验算风荷载的舒适性。

钢结构住宅的防火材料宜优先选用防火板，板厚应根据耐火时限和防火板产品标准确定，承重的钢构件耐火时限应满足相关要求。

2.9.3 适用范围

冷弯薄壁型钢以及轻型钢框架为结构的轻型钢结构可适用于低层、多层（6 层，24m 以下）住宅的建设。多层、高层装配式钢结构适用的最大高度应符合《装配式钢结构建筑技术标准》GB/T 51232—2016 的规定，主要参照值见表 2-2。

多层、高层装配式钢结构适用的最大高度（m）　　表 2-2

结构体系	6度	7度		8度		9度
	(0.05g)	(0.10g)	(0.15g)	(0.20g)	(0.30g)	(0.40g)
钢框架结构	110	110	90	90	70	50
钢框架—偏心支撑结构	220	220	200	180	150	120
钢框架—偏心支撑结构 钢框架—屈曲约束支撑结构 钢框架—延性墙板结构	240	240	220	200	180	160
筒体(框筒、筒中筒、桁架筒、束筒)结构 巨型结构	300	300	280	260	240	180
交错桁架结构	90	60	60	40	40	—

对于钢结构模块建筑，1～3 层模块建筑宜采用全模块结构体系，模块单元可采用集

装箱模块，连接节点可选用集装箱角件连接；3～6 层模块建筑可采用全模块结构体系，单元连接可采用梁与梁连接技术；6～9 层的模块建筑单元可采用预应力模块连接技术；9 层以上需要采用模块单元与剪力墙或核心筒相结合的结构体系。

钢结构住宅建设要以产业化为目标做好墙板的配套工作，以试点工程为基础做好钢结构住宅的推广工作。

2.10 具体技术要求

钢结构具体技术要求见图 2-1～图 2-4。

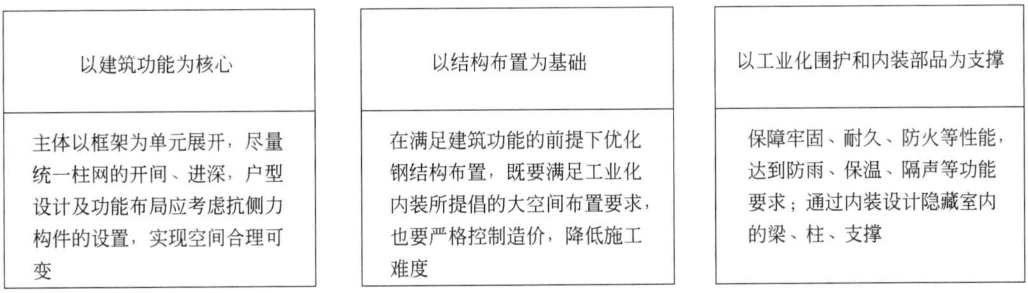

以建筑功能为核心	以结构布置为基础	以工业化围护和内装部品为支撑
主体以框架为单元展开，尽量统一柱网的开间、进深，户型设计及功能布局应考虑抗侧力构件的设置，实现空间合理可变	在满足建筑功能的前提下优化钢结构布置，既要满足工业化内装所提倡的大空间布置要求，也要严格控制造价，降低施工难度	保障牢固、耐久、防火等性能，达到防雨、保温、隔声等功能要求；通过内装设计隐藏室内的梁、柱、支撑

图 2-1　钢结构核心与基础

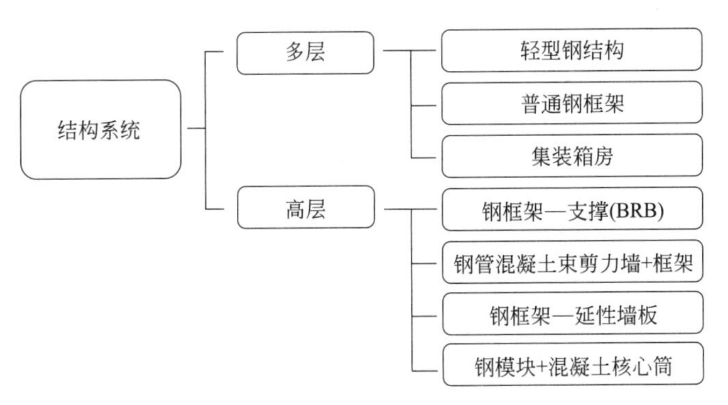

图 2-2　钢结构体系要求

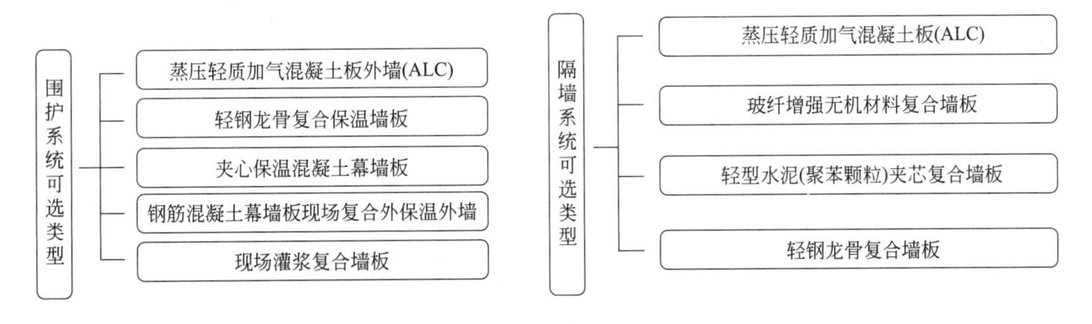

图 2-3　围护系统常用板材

图 2-4　隔墙系统常用板材

2.11 钢结构制作与施工

2.11.1 对接焊缝焊接技术交底

目的：对构件的对接焊缝焊接质量进行控制，使其满足设计文件及国家和行业标准的相关要求。

适用范围：本技术交底仅适用于钢结构生产车间焊接 H 形钢腹板、翼板对接焊缝焊接作业（一、二级焊缝焊接）。

依据标准：《钢结构工程施工质量验收标准》GB 50205—2020。

1. 作业前准备

（1）对接焊缝焊接主要设备和辅助工具：

1）主要设备包括埋弧焊机和碳弧气刨、二保焊机。

2）辅助工具包括磨光机、手锤、扁铲、撬棍、焊机行走轨道和必要的夹具、吊装转运设备。

（2）钢材和焊接材料应符合如下要求：

1）钢材的材质和几何尺寸应符合施工图纸和下料单要求。

2）焊接材料应与钢材材质相匹配，经过见证检验并确定合格。

（3）对接焊缝质量检测应使用如下专用工具：

1）直尺、钢尺、塞尺、焊缝检测尺。

2）探伤检测设备。

（4）对接焊缝焊接作业应具备的条件：

1）埋弧焊机和碳弧气刨工作正常，电源和接地安全可靠。

2）焊机行走轨道满足焊接要求，焊接过程中无颤动。

3）焊接用焊丝、焊剂牌号与被焊母材材质相匹配。

4）对接焊缝引弧板、引出板制作合理且符合焊接要求。

5）翼板最小拼接长度为 2 倍板宽加 50mm，宽度方向不允许拼接。

6）腹板拼接长度不小于 650mm，宽度不小于 350mm。

7）零件对接接口错位必须满足钢板厚度 $t\times0.15$ 且 $\leqslant$2mm，并保证零件侧弯、扭曲符合质量要求。

8）零件对接焊缝拼接位置必须避开构件的节点位置。

2. 对接焊缝焊接焊工应具备的条件

（1）焊工必须经过专业系统的学习，并取得焊工证。

（2）焊工必须在其焊工证认可的范围内从事焊接作业。

（3）焊工应熟练掌握所用焊接设备的技术参数，并具备一定的维护和维修技能。

（4）焊工应熟悉产品焊接质量要求，并具有对工作中出现的焊接缺陷做出正确判断的能力，具有迅速采取措施予以消除的技能。

（5）焊工应熟悉焊接母材与焊丝、焊剂牌号的匹配，从工艺上满足焊接质量要求。

3. 对接焊缝焊接技术要求

（1）钢构件腹板、翼板的对接焊缝焊接，当板厚大于 14mm 时应使用半自动埋弧焊接工艺进行焊接作业。

（2）焊接时可以将同板厚的零件的对接焊缝放置在同一直线上进行焊接，中间用过渡板连接并进行清根，这样既可保证焊接质量又能提高工作效率。

（3）焊接对接焊缝时必须使用引弧板和引出板，其材质和坡口形式应与被焊母材一致，中间过渡板与引弧板具有同等要求。

（4）焊缝的坡口加工可采用切割机、砂轮机和碳弧气刨等专用设备，其坡口角度和坡口形式应符合表 2-3 的规定。

（5）对接焊缝的坡口形式可参考表 2-3。

对接焊缝的坡口形式 **表 2-3**

钢板厚度	坡口形式	坡口角度	钝边高度	对接间隙
≥12mm	双边 V 形	60°	2mm	2mm

（6）碳弧气刨工艺参数可参考表 2-4。

碳弧气刨工艺参数 **表 2-4**

板厚(mm)	碳棒直径(mm)	电流(A)	伸出长度(mm)	行走角度(°)	行走速度(m/h)	刨槽宽(mm)	刨槽深(mm)	风压(MPa)
6～12	6	200～250	80～120	25～45	55	7～12	3～6	0.4～0.6
14～22	8	250～300	80～120	25～45	30	12～20	5～8	0.4～0.6
24 以上	12	300～400	80～120	25～45	25	14～22	10～16	0.4～0.6

（7）对接焊缝埋弧焊接工艺参数可参考表 2-5。

对接焊缝埋弧焊接工艺参数 **表 2-5**

板厚(mm)	焊丝直径(mm)	焊接电流(A)	焊接电压(V)	焊接速度(cm/min)	焊缝宽度(mm)	焊缝余高(mm)
≤16	3	400～500	25～30	30～40	10～18	0～3
＞18	4	450～550	30～35	40～45	20～25	0～3

（8）焊接时焊缝起弧点和收弧点必须在引弧板和引出板上，其在引弧板和引出板上的焊缝长度不小于 80mm。

（9）去除引弧板和引出板时，应割去而不应打掉，并将边缘修磨平整。

（10）焊机的轨道应相对稳定，在焊接过程中不能出现滑动和焊机行走颤动，保证焊缝满足质量要求。

4. 质量要求

（1）对接焊缝的单道焊缝宽度＜20mm 时，焊缝余高为 0～3mm；焊缝宽度≥20mm 时，焊缝余高为 0～4mm。保证焊缝金属与母材平缓过渡，波纹美观，无金属飞溅。

（2）对接焊缝必须按规范要求进行探伤检测。

（3）零件对接焊缝焊接应采取措施减少焊接变形，保证零件整体直线度满足质量要求。

5. 注意事项

（1）从事焊接作业必须使用必需的劳动保护用品。

（2）零件拼接所用切割设备必须距焊接区域 8m 以外，并在 8m 区域内禁止摆放易燃易爆物品（油漆、气瓶等）。

（3）焊工应对所用焊接设备和切割设备进行定期维护和保养，时刻保持设备状态良好。

（4）将废弃的焊接材料放置在指定区域的固定容器内，防止污染环境，并保持作业区域内卫生清洁。

2.11.2　腹板、翼板切割作业技术交底

目的：对焊接 H 形钢腹板、翼板的几何尺寸进行控制，使其满足设计文件及国家和行业标准的相关要求。

适用范围：本技术交底仅适用于钢结构生产车间焊接 H 形钢腹板、翼板切割作业。

依据标准：《钢结构工程施工质量验收标准》GB 50205—2020。

1. 作业前准备

（1）腹板、翼板切割作业主要设备和辅助工具：

1）主要设备包括多头直条切割机（数控）和小车式半自动切割机。

2）辅助工具包括焊接设备、手动切割设备、磨光机、撬棍和必要的吊装转运设备。

（2）钢材和切割气体应符合如下要求：

1）钢材材质和几何尺寸应符合施工图纸和下料单要求。

2）切割气体应经过见证检验，质量满足切割工艺要求。

（3）腹板、翼板切割质量检测应使用如下专用工具：

1）钢尺、直尺、直角尺、焊缝检测尺、塞尺。

2）线绳。

（4）腹板、翼板切割作业应具备的条件：

1）腹板、翼板切割所使用的钢材必须经过见证检验，并确定符合设计文件或合同要求。

2）腹板、翼板切割所使用的切割气体应经过见证检验，并确定符合切割工艺要求。

3）采用切割工艺对焊接 H 形钢腹板、翼板切割下料前，应组织全体参与人员认真地审阅图纸，特别应对异形截面构件的尺寸、使用部位理解透彻，对施工图有疑问或不明处应及时向生产技术负责人反映。

4）确定施工图中标定的零件数量及材质和厚度正确无误。

2. 切割技工应具备的条件

（1）切割技工应是合格的气焊、气割技工，必须懂得气焊、气割的基本知识，掌握气焊、气割的基本操作技能。

（2）切割技工应对集中供气系统的原理和管路的布置，对各类阀体、仪表的基本原理以及安全供气规范等有基本的了解和掌握。

（3）切割技工应对所使用割炬的构造原理有充分的了解和掌握，并掌握一定的维护和维修技能。

（4）切割技工应充分掌握切割工艺参数，并具有对工作中出现的各种质量缺陷做出正确判断的能力。

3. 腹板、翼板切割技术要求

（1）切割前应充分考虑割缝的收缩余量和二次加工余量，通常情况下，以四条纵割缝全部熔透截面高度收缩 1mm 计算，当钢板厚度较大时，可按 1.5～2.0mm 计算，长度加 30～50mm 作为二次加工余量。

（2）调整割炬的最佳位置，割炬、割嘴应与板材表面垂直，其不垂直度不大于板厚的 5%，且不大于 2mm。

（3）割嘴距工件表面的距离：预热火焰心一般距工件表面 3～5mm。当工件厚度较大时，由于预热火焰能率较大，距离可适当增大一些，以免因割嘴过热和喷溅的熔渣堵塞割嘴而引起回火。

（4）割嘴的倾斜角：一般割嘴应垂直于工件表面，直线切割。当工件厚度小于 20mm 时，割嘴可向切割方向的反方向后倾 20°～30°。

（5）汇流排供氧要求：开启汇流排参与切割氧气阀体，使各瓶氧气压力达到平衡。开启管路阀体，观察氧气压力。开启减压阀调节进入输出管路的氧气压力为 1～2.5MPa。根据切割板材厚度的大小而选取适宜的压力，板厚时选大值，板薄时选小值。

（6）根据钢板厚度和参与切割的割炬数量确定氧气的供给量，并且保证切割的氧气瓶内剩余压力不小于 2MPa。

（7）火焰能率：火焰能率太大，会使切口上缘产生连续珠状钢粒，甚至熔化成圆角。火焰能率太小，会使切割速度缓慢，甚至切割不透。火焰能率主要取决于割炬和割嘴的大小，割炬大小和割嘴号码可根据工件厚度选择。

（8）氧—乙炔射吸式割炬型号及参数可参考表 2-6。

氧—乙炔射吸式割炬型号及参数 **表 2-6**

割炬型号	割嘴号码	割嘴直径(mm)	切割厚度(mm)	氧气压力(MPa)	乙炔压力(MPa)
G01-30	1	0.7	3～10	0.2	0.001～0.1
	2	0.9	10～20	0.25	
	3	1.1	20～30	0.3	
G01-100	1	1.1	20～25	0.3	
	2	1.3	25～40	0.4	
	3	1.6	40～100	0.5	

（9）氧气压力：主要根据切割工件厚度确定氧气压力的大小，氧—乙炔的切割参数可参考表 2-7。

氧—乙炔的切割参数 **表 2-7**

切割钢板厚度(mm)	割嘴气孔直径(mm)	割嘴号码	气体压力(MPa)		切割速度(mm/min)
			氧气	乙炔	
<10	0.5～1.5	1	0.1～0.3	0.02	450～800
10～20	0.8～1.5	1	0.15～0.35	0.02	360～600
20～30	1.2～1.5	2	0.20～0.40	0.02	350～480

（10）切割速度：切割工件时一定要掌握好切割速度，因为切割速度合适时，火焰和熔渣以接近于垂直方向喷向工件底面，切口质量好。切割速度太慢，会使切口上缘熔化，在切口表面形成渣粒且使切口过宽。切割速度太快，后托量太大，切割不透。

（11）启动切割大车，运行至待切板材的端部，对端部5mm处预热，待加热至900～1000℃时，启动切割大车，进行切割。

4. 零件变形控制

（1）自动切割机在一次切割时，钢板最边上的一条应有一个切割工艺边，这个边的宽度应根据被切板厚而定，一般厚度小于10mm时，预留10mm为佳；厚度大于10mm时，预留15mm，这样就使被切割的零件两边受热均匀，冷却速度大致相等，控制了零件变形。

（2）当翼板宽度小于200mm时，除了执行第一条切割工艺边的方法外，还应在端部留30mm连体。长度方向每隔2m留一连体，总长度切割完成后，用手工气割将其割开，这是解决零件变形的有效途径。

5. 质量标准

（1）钢材切割面应无裂纹、分层和大于1mm的缺棱。

（2）切割的允许偏差应符合下列规定：

1）零件宽度、长度允许偏差为±2mm。

2）切割面的平面度允许偏差为0.05t（t为钢板厚度）且不大于2mm。

3）割纹深度允许偏差为0.3mm。

4）局部缺口深度允许偏差为1.0mm。

（3）对切割零件的允许偏差进行检验时，应按切割面数检查10%，且不少于3件，检验时用钢尺和塞尺进行。

（4）对零件进行矫正后不应有明显的凹面和损伤，划痕深度不得大于0.5mm，且不应大于该钢板厚度允许偏差负值的1/2。

（5）钢板矫正后钢板的局部平面度应符合下列要求：

1）当板厚≤14mm时，平面度为1.5mm。

2）当板厚＞14mm时，平面度为1.0mm。

6. 注意事项

（1）切割前必须检查确认整个切割系统的设备和工具全部运转正常并确保安全。

（2）切割中应注意以下几点：

1）气压稳定，不漏气。

2）压力表、速度计等正常无损。

3）机体行走平稳，轨道平直无振动。

4）割嘴气流畅通无阻、无污染。

5）割炬的角度和位置正确。

（3）切割时正确选择参数。

（4）切割时应调整好氧气射流的形状，使其达到并保持轮廓清晰、风线长、射力高。

（5）气割时必须防止回火。

2.11.3 焊接H形钢组立技术交底

目的：对焊接H形钢质量进行有效控制，使其满足设计文件及国家和行业标准的相关要求。

适用范围：本技术交底仅适用于钢结构生产车间焊接H形钢组立作业。

依据标准：《钢结构工程施工质量验收标准》GB 50205—2020。

1. 作业前准备

（1）焊接H形钢组立主要设备和辅助工具：

1）主要设备包括H形钢组立机（数控）和焊接设备。

2）辅助工具包括磨光机、翻转机、扁铲、撬棍、必要的夹具和吊装转运设备。

（2）钢材和焊接材料应符合如下要求：

1）钢材材质和几何尺寸应符合施工图纸和下料单要求。

2）焊接材料应与钢材材质相匹配，并经过见证检验确定合格。

（3）焊接H形钢组立作业质量检测应使用如下专用工具：

1）钢尺、直尺、直角尺、焊缝检测尺、塞尺。

2）线绳。

（4）焊接H形钢组立作业应具备的条件：

1）腹板、翼板经过质量复检，并确定合格。

2）长度和角度二次加工余量预留尺寸已经确定。

3）组立机辊道上无障碍物，辊轮运转自如。

4）组立机液压泵站油箱内油量在油线位置。

5）组立机各部位运动件状况及润滑良好。

6）组立机电源及液压按钮已经复位。

7）吊装转运设备（起重机、翻转机）状况良好，可以正常工作。

2. 组立作业人员应具备的条件

（1）组立机操作人员应经过岗前培训，并取得上岗资格。

（2）起重机操作人员应经过专业培训，并取得上岗证。

（3）翻转机操作人员应经过岗前培训，并取得上岗资格。

（4）焊接H形钢组立作业人员应具备基本的焊接技术，并掌握一定的机械维修技能。

（5）焊接H形钢组立作业人员应具备正确识读钢结构施工图纸的能力，并具备一定的钢结构专业知识，熟悉相关标准及规范要求。

（6）焊接H形钢组立作业人员应充分掌握组立机的相关工作参数，并具有对工作中出现的各种质量缺陷做出正确判断的能力，具有迅速采取措施予以消除的技能。

3. 焊接H形钢组立技术要求

（1）工作必须在设备允许的范围内进行，严禁超负荷运作。

（2）组立前应对零件质量复检，判定合格后方可使用。

（3）开机试运行，选择合适的油压及焊接参数准备组立作业。

（4）用起重机将翼板吊至机械手臂工作范围内，对工件进行预组立。

（5）用起重机将腹板纵向竖直吊至机械手臂工作范围内，并与翼板一端对齐（如有标明尺寸的应以尺寸为准)。放下工件时不能太重或太高，否则会压坏轴承座和辊轮表面。腹板放下时应尽量放直，不得太过倾斜，以减小机械手臂的不对称受力。

(6) 工件进入主机后，调整手动一侧对中导向轮装置，使腹板居于翼板中心线上，然后启动另一侧液压顶紧装置，压下门架压紧轮，压紧工件，松开机械手臂，只起到扶持作用，启动辊轮，输送工件，进行自动定位焊接（前、后两端可以使用手工焊接），焊接结束后，上压轮抬起，完成“丄”形组立，将其置于专用平台上备用。

(7) 将第二块翼板同第一块一样用起重机吊至机械手臂工作范围内，将“丄”形工件翻转成“丁”形，用起重机吊至机械手臂工作范围内，启动辊轮输入主机，完成焊接H形钢的组立作业。

(8) 焊接十字形截面部件的组立一般分为三个步骤完成：

1) 完成焊接H形钢组立、焊接、矫正作业，并经质量复检合格。

2) 完成两根T形钢组立、焊接、矫正作业，组立完丄形钢后，埋弧焊焊完会出现变形，应用火焰烤直，再与H形钢进行焊接。在与H形钢焊接过程中，H形钢中的腹板会有波浪纹，应用千斤顶顶起和T形腹板紧密结合，焊缝间距在必要时可以缩短焊缝长度也可以加长，并经质量复检合格。

3) 将焊接H形钢用起重机吊至预制平台上，依据施工图纸的标注，用钢尺、粉线在腹板上划出定位线，用起重机将一字形钢吊至H形钢腹板上方并与基准端对齐进行组装并进行定位焊接。

(9) 十字形截面部件组装与定位焊接完成后，为减小焊接变形，应在型钢两端及中间位置的翼板处用边长不小于30mm的方钢作为临时支撑，间距一般为500～800mm，在焊接结束24h后，将其切割掉，并将定位焊缝修磨平整。

(10) 当十字形钢设有加劲肋时，仍需加设临时支撑，以减小焊接变形并与加劲肋位置错开。

4. 质量要求

(1) 焊接H形钢翼板拼接缝与腹板拼接缝应错开250mm以上，且腹板拼接长度不小于650mm、宽度不小于350mm。翼板拼接长度不小于2倍板宽+50mm。长度预留尺寸应满足二次加工要求。

(2) 翼板、腹板边缘应修磨平整，保证无飞边、毛刺、氧化铁熔渣及缺口、缺棱等缺陷。

(3) 组立时腹板与翼板应压平顶紧，间隙小于1mm，翼板对接焊缝与腹板连接处应磨平焊缝余高。

(4) 焊接H形钢截面高度允许偏差：当截面高度<500mm时，±2mm，当截面高度>500mm时，±3mm。截面宽度允许偏差：不大于2mm。腹板中心偏移：不大于2mm。不大于3mm。

(5) 型钢的翼板、腹板表面应无明显压痕；翼板、腹板的局部平面度允许偏差：当钢板厚度≤14mm时，不大于2mm；当钢板厚度>14mm时，不大于1.0mm。表面无夹层、夹渣及划痕等缺陷。

(6) 焊接十字形钢腹板、翼板对接焊缝的计划位置及质量要求，按焊接H形钢标准执行。

5. 注意事项

（1）组立机、起重机、翻转机应由专人操作，未经允许其他人员不得上岗操作，安全第一。

（2）开机前应仔细检查设备各部位运转情况，确定无异常方可工作。

（3）设备应定期保养、润滑注油，时刻保持状态良好。

（4）焊接 H 形钢部件应有专用区域摆放且只可立放不可侧放，多层摆放时应用方木垫起，以免滑动。

（5）从事焊接 H 形钢组立作业，应使用必需的焊接防护用品及劳动保护用品。

（6）废弃焊接材料应放入指定区域的容器内，避免污染环境。

2.11.4 埋弧焊接作业技术交底

目的：对焊接 H 形钢的焊接质量进行控制，使其达到设计文件及国家和行业标准的相关要求。

适用范围：本技术交底仅适用于钢结构生产车间埋弧焊接作业。

依据标准：《钢结构工程施工质量验收标准》GB 50205—2020。

1. 作业前准备

（1）主要设备和辅助工具：

1）主要设备包括埋弧焊机、弧焊机、手动切割设备。

2）辅助工具包括磨光机、翻转机、扁铲、吊装转运设备。

（2）钢材和焊接材料应符合如下要求：

1）钢材材质和几何尺寸应符合施工图纸和下料单要求。

2）焊接材料应与钢材材质匹配，经过见证检验并确定合格。

（3）焊接 H 形钢焊接作业质量检测应使用如下专用工具：

1）钢尺、直尺、直角尺、焊缝检测尺。

2）线绳。

（4）焊接 H 形钢焊接作业应具备的条件：

1）焊接 H 形钢必须经过质量检查员检测并确定合格。

2）引弧板和引出板设置合理，符合焊接要求。

3）焊接设备工作正常，电源及接地安全可靠。

4）焊接电源电缆悬挂滑动自如，电缆无破损迹象。

5）吊装转运设备（起重机、翻转机）状况良好，可以正常工作。

6）焊剂烘干设备工作正常。

7）焊接设备焊剂装填量满足焊接使用要求，敷设与回收管路畅通无阻。

2. 埋弧焊接焊工应具备的条件

（1）埋弧焊接焊工应经过岗前培训并取得焊工证，焊工必须在其焊工证认可的范围内从事焊接作业。

（2）埋弧焊接焊工应能够熟练使用起重机及翻转设备，熟悉焊剂烘干机的操作规程及焊剂烘干要求。

（3）埋弧焊接焊工除掌握埋弧焊接技术外，还应掌握一定的焊条电弧焊及坡口加工技术。

（4）埋弧焊接焊工应熟悉被焊工件的质量要求，并具有对工作中出现的各种焊接缺陷做出正确判断，迅速采取措施予以消除的技能。

（5）埋弧焊接焊工应具备一定的焊接专业知识，并具有正确识读焊接工艺图纸的能力。

3. 埋弧焊接技术要求

（1）H形钢焊接前应经过质量复检，确定合格后方可焊接。

（2）H形钢焊接前应加设引弧板及引出板，其长度不小于150mm，材质及坡口形式应与被焊母材一致，引弧板和引出板上的焊缝长度不小于80mm。

（3）将焊接H形钢转运或用起重机吊至焊接支架上，调整支架角度使焊缝处于正确的焊接位置，调整焊接参数准备焊接。埋弧焊接作业的各种参数见表2-8。

埋弧焊接作业的各种参数 **表2-8**

焊角尺寸(mm)	焊丝直径(mm)	焊接电流(A)	焊接电压(V)	焊接速度(cm/min)
6	2	350～400	25～30	30～40
8	3	400～450	25～30	30～40
	4	450～550	30～35	38～45
10	3	450～500	34～36	40～50
	4	450～550	34～36	38～45
12	3	450～550	34～36	40～50
	4	450～550	36～38	30～40
	5	500～600	36～38	30～40

（4）当采用埋弧焊接工艺焊接箱形部件时，应先用电渣焊焊接隔板立焊缝，再对称焊接翼板与腹板的角接焊缝。

（5）箱形截面部件腹板与翼板为对接与角接组合焊缝并设有垫板时，先用CO_2气体保护焊进行打底焊接，再用埋弧焊接。

（6）焊接箱形截面部件腹板与翼板角接与对接组合焊缝时，应采取必要的工艺措施防止层状撕裂。

4. 质量要求

（1）焊接H形钢主体焊缝的金属应与母材平缓过渡，且波纹美观、无金属喷溅，焊接缺陷应全部被修补、修磨平整，与原焊缝一致。

（2）引弧板及引出板设置合理，符合质量要求。

（3）焊角尺寸及焊缝厚度必须满足设计文件要求。

（4）焊丝、焊剂与被焊母材相匹配，并应符合表2-5的规定焊丝外表整洁无锈蚀等缺陷，焊剂使用前应在250℃下烘干1.5～2h。

（5）当焊缝有缺陷时，应用焊条电弧焊进行修补，并用磨光机修磨至与原焊缝一致。当为内部缺陷时，应用碳弧气刨或砂轮机将其清除，并将刨槽加工成坡口形状，同一缺陷返修次数不宜超过两次。

5. 注意事项

（1）从事焊接作业应使用必需的劳动保护用品，作业区域8m内禁止摆放易燃易爆物品（油漆、气瓶等）。

（2）废弃焊接材料应放入指定区域的容器内，避免对环境的污染。

（3）焊接设备应定期保养，时刻保持状态良好，严禁“带病”作业。

（4）焊接结束欲离开工作岗位时，应关闭焊接设备电源，将辅助设备放至指定位置。

2.11.5 矫正作业技术交底

目的：对焊接H形钢质量进行控制，使其满足组装工序作业及国家和行业标准的相关要求。

适用范围：本技术交底仅适用于钢结构生产车间焊接H形钢矫正作业。

依据标准：《钢结构工程施工质量验收标准》GB 50205—2020。

1. 作业前准备

（1）主要设备和辅助工具：

1）主要设备包括H形钢翼缘矫正机和加热矫正设备。

2）辅助工具包括磨光机、大锤、气瓶运转小车和吊装转运设备。

（2）钢材和加热用气体应符合如下要求：

1）钢材材质和几何尺寸应符合施工图纸和下料单要求。

2）加热用气体应经过见证检验，并确定合格，保证符合加热矫正要求。

（3）焊接H形钢矫正质量检测应使用如下专用工具：

1）钢尺、直尺、直角尺、塞尺。

2）线绳。

（4）矫正作业应具备的条件：

1）焊接H形钢经过检测并确定合格。

2）矫正机液压泵站油箱内油量在油线位置。

3）矫正机各运动部件状况及润滑良好。

4）矫正机电源及液压按钮已经复位。

5）吊装转运设备（起重机、翻转机）状况良好，可以正常工作。

6）加热矫正用的仪表和加热焊炬工作正常，气体管路无漏气。

7）气瓶应装载于专用小车内，保证与地面有70°的夹角，并保证稳定且机动灵活。

8）加热矫正应有专用的作业平台，并保证稳定和间距可调整。

9）作业前，必须保证角度检测尺的角度正确。

2. 矫正作业人员应具备的条件

（1）机械矫正作业人员应经过岗前培训，并取得相应的上岗资格。

（2）机械矫正作业人员应掌握矫正机的各项工作参数，并具有一定的机械维修技能。

（3）加热矫正作业人员应对加热焊炬的工作原理有一定的掌握和了解，并具备一定的维护和维修技能。

（4）矫正作业人员应掌握起重机及翻转机的操作技能。

（5）矫正作业人员应对焊接H形钢矫正质量有充分的掌握，熟悉相关的国家及行业标准，并对工作中出现的质量问题能做出正确的判断，并具有迅速采取措施予以消除的技能。

3. 矫正作业技术要求

（1）焊接 H 形钢在进行机械矫正前必须经质量复检合格，并保留有清晰的部件编号及焊工工号。

（2）运用辊道或起重机将焊接好的 H 形钢运至矫正机主机前进行预矫正。

（3）调整矫正机左右两侧的腹板，顶轮间隙比腹板厚度大 1mm，与辊道中心线重合，调整矫正机左右两侧的压紧轮与中心顶轮的间隙比翼板厚度大 2mm，并保证压紧轮的受力点距翼板边缘 10mm 以上。

（4）启动辊轮使型钢进入主机，将压紧轮向下调整至与翼板接触，根据变形量将下压轮下调 1～2mm，启动辊轮进行矫正，并用检测尺进行实时检测，直至型钢的翼板平直并与腹板垂直。下压轮的调整应根据变形量灵活掌握，原则上每次调整不超过 3mm。

（5）型钢机械矫正完成后，应有固定的标记，以便于下道工序使用。

（6）型钢加热矫正应在机械矫正结束并合格的基础上进行。严禁先用加热矫正，后用机械矫正。

（7）加热矫正前先经目测确定变形的位置和程度，选择合理的加热点和加热方式。

4. 质量要求

（1）碳素结构钢在环境温度低于－16℃时，低合金结构钢在环境温度低于－12℃时，严禁冷矫正和冷弯曲。在加热矫正时，加热温度不应超过 900℃，低合金结构钢在加热矫正后应自然冷却，严禁浇水冷却。

（2）焊接 H 形钢矫正后，翼板、腹板表面应无明显压痕。翼板、腹板的局部平面度允许偏差：当钢板厚度≤14mm 时，不大于 2mm；当钢板厚度＞14mm 时，不大于 1.0mm，表面无夹层、夹渣及划痕等缺陷。

5. 注意事项

（1）应熟悉构件组装的质量要求，从而保证焊接 H 形钢的质量，满足组装工序作业要求。

（2）应定期对设备进行维护和保养，严禁设备“带病”作业。

（3）作业区域内禁止摆放易燃易爆物品（油漆、气瓶等）。

2.11.6 H 形钢拼接作业技术交底

目的：对钢结构工程 H 形钢拼接质量进行控制，使其达到设计文件及国家和行业标准的相关要求。

适用范围：本技术交底仅适用于钢结构生产车间 H 形钢拼接作业。

依据标准：《钢结构工程施工质量验收标准》GB 50205—2020。

1. 作业前准备

（1）主要设备和辅助工具：

1）主要设备包括作业平台、焊接设备、碳弧气刨、手动切割设备。

2）辅助工具包括磨光机、手锤、大锤、撬棍、必要的夹具和吊装转运设备。

（2）钢材和焊接材料应符合如下要求：

1）钢材材质和几何尺寸应符合施工图纸和下料单的要求。

2）焊接材料应与钢材材质相匹配，经过见证检验并确定合格。

（3）H形钢拼接质量检测应使用如下专用工具：

1）钢尺、直尺、直角尺、焊缝检测尺、塞尺。

2）探伤检测设备、线绳。

（4）H形钢拼接作业应具备的条件：

1）H形钢的几何尺寸和接缝的计划位置符合施工图纸的要求。

2）焊接设备工作正常，电源、接地安全可靠，焊钳绝缘良好。

3）手动切割设备的气瓶、仪表、管路、割炬状况良好可以正常工作。

4）作业平台卫生清洁，且平台作业面平整、水平，必要的工装夹具齐全，并随时可用。

5）H形钢拼接所使用的钢尺、角尺等专用工具应经检验合格，并与组装、验收所使用的工具具有相同的精度等级。

6）吊装转运设备运转正常。

2. H形钢拼接技工应具备的条件

（1）H形钢拼接一般应由组装技工和焊工共同完成。

（2）组装技工应熟悉H形钢拼接的质量要求，能熟练使用各类工装夹具，能正确识读施工图纸，能正确判断出工作中出现的质量缺陷，并具有迅速采取措施予以消除的技能。

（3）焊工必须经过岗前培训，并取得焊工证。

（4）从事H形钢拼接焊接的焊工，应熟练掌握一、二级焊缝的焊接工艺，并具有正确识读施工图纸的能力。

（5）组装技工和焊工应同时具备手动切割和坡口加工的技能，并掌握定位焊接的基本要求。

（6）组装技工和焊工应同时具备熟练使用吊装转运设备的技能。

3. H形钢拼接技术要求

（1）H形钢拼接时的长度尺寸应充分考虑二次加工余量，并保证避开节点位置800mm以上。

（2）H形钢拼接时的对接焊缝应按一、二级焊缝标准执行，当条件允许时，应进行100%的外观和无损检测，但至少应保证抽检20%（一级为100%检测）。

（3）H形钢拼接接头形式应采用Z字形，腹板和翼板的接头必须错开，尺寸不低于250mm。

（4）H形钢拼接时的坡口应采用双边V形坡口，焊接时应清根，保证全部焊透。

（5）H形钢拼接的翼板坡口应开在靠腹板的一侧，腹板坡口不做方向要求，但必须满足焊接要求。坡口处必须清除氧化铁和渗碳层，并修磨平整。

（6）H形钢拼接时的翼板横向焊缝在焊接时，必须设置引弧板和引出板，其材质、坡口形式与被焊工件相同，如有需要应满足试件取样要求。

（7）定位焊接的焊缝应在坡口的背面，坡口内禁止进行定位焊接，定位焊缝应满足工艺要求，保证在转运和焊接过程中不开裂。

（8）H形钢拼接时的腹板纵向焊缝在焊接时，应用碳弧气刨清除80mm以上的原焊缝或母材，并将刨槽加工成坡口，清除渗碳层后，再焊接。

（9）H形钢拼接时，应先焊接腹板和翼板的横向焊缝，后焊接腹板的纵向焊缝。

（10）焊接结束后，翼板处的引弧板和引出板必须被割去，而不应被打掉，并将其修磨平整。

（11）焊接结束后，应进行必要的外观和无损检测，在保证质量的前提下才可转入下一工序。

4. 质量要求

（1）焊接H形钢翼板拼接缝与腹板拼接缝应错开250mm以上，且腹板拼接长度不小于650mm，宽度不小于350mm。翼板拼接长度不小于2倍板宽＋50mm。长度预留尺寸应满足二次加工要求。

（2）部件腹板和翼板拼接位置必须避开构件的节点位置。

（3）H形钢的焊缝金属应与母材平缓过渡，波纹美观，无金属飞溅。

（4）对接焊缝必须进行外观和无损检测，必须经质量检查员检测，确定合格后，方可使用。

5. 注意事项

（1）从事焊接作业必须使用必需的劳动保护用品。

（2）H形钢拼接时所用切割设备必须距离焊接区域8m以外，并在8m内禁止摆放易燃易爆物品（油漆、气瓶等）。

（3）焊工应对所用焊接设备和切割设备进行定期维护和保养，时刻保持设备状态良好。

（4）将废弃的焊接材料放置在指定区域的固定容器内，防止污染环境，并保持作业区域内卫生清洁。

2.11.7 坡口加工和定位焊接技术交底

目的：对构件的坡口加工和定位焊接质量进行控制，使其满足设计文件和焊接质量要求，并符合国家和行业标准的相关规定。

适用范围：本技术交底仅适用于钢结构生产车间零件、部件、构件的坡口加工和定位焊接作业。

依据标准：《钢结构工程施工质量验收标准》GB 50205—2020。

1. 作业前准备

（1）主要设备和辅助工具：

1）主要设备包括焊接设备、切割设备和碳弧气刨。

2）辅助工具包括磨光机、手锤、扁铲。

（2）钢材和切割气体应符合如下要求：

1）钢材材质和几何尺寸应符合施工图纸和下料单要求。

2）切割气体应经过见证检验并确定合格，保证质量满足切割要求。

（3）坡口加工和定位焊接质量检测应使用如下专用工具：

钢尺、直角尺、焊缝检测尺。

（4）坡口加工和定位焊接作业应具备的条件：

1）待加工的零件、部件、构件经过质量检测，并确定合格。

2）焊接设备的电源、接地安全可靠，焊钳绝缘良好。

3）手动切割设备的气瓶、仪表、管路、割炬状况良好，可以正常工作。

4）碳弧气刨设备状况良好，可以正常工作。

2. 坡口加工和定位焊接技工应具备的条件

（1）坡口加工可由工序内的专业技工或焊工操作，但必须经过岗前培训并取得上岗资格。

（2）定位焊接必须由经过专业培训的焊工操作。

3. 坡口加工和定位焊接作业技术要求

（1）坡口加工应符合表2-9的规定。

坡口加工要求 **表2-9**

坡口类型	坡口角度(°)	顿边高度(mm)	坡口直线度(mm)
单边V形	45	2	±3
双边V形	60	2	±3

（2）坡口加工后必须清除氧化铁等杂质，并清除渗碳层。

（3）定位焊接所使用的焊接材料应与被焊母材材质相匹配，满足焊接工艺要求。

（4）当零件焊缝处有坡口并要求清根时，坡口内禁止进行定位焊接。

（5）当零件长度为300mm时，定位焊缝的道数为4道；当零件长度为100mm时，定位焊缝的道数为2道；进行双面对称焊接。

（6）定位焊接的位置应设置在零件的两端和中间；中间位置的定位焊缝的最大间距应为300mm，并均匀设置双面对称焊接。

（7）定位焊接的焊缝应与标准焊缝具有相同的质量等级，并保证在吊装转运过程中不发生裂纹和零件掉落现象。

（8）定位焊接的焊缝不允许存在气孔、夹渣、裂纹等焊接缺陷。

（9）定位焊接应符合表2-10的规定。

定位焊接参数 **表2-10**

焊缝长度(mm)	焊角尺寸(mm)	焊缝间距(mm)	焊条直径(mm)	电流强度(A)
2430	45	50～300	3.2	95～110

4. 质量要求

（1）坡口加工和定位焊接应保证满足焊接条件。

（2）坡口加工和定位焊接位置设置应符合设计文件要求。

5. 注意事项

（1）从事定位焊接作业必须使用必需的劳动保护用品。

（2）手动切割和碳弧气刨作业区域8m内禁止摆放易燃易爆物品（油漆、气瓶等）。

（3）焊工应对所用焊接设备、切割设备和碳弧气刨装置进行定期维护和保养，时刻保持设备状况良好。

（4）将废弃的焊接材料放置在指定区域的固定容器内，防止污染环境，并保持作业区域内卫生清洁。

2.11.8 零件制孔技术交底

目的：对零件的孔位和孔距的加工质量进行控制，使其满足构件组装和安装要求并符合设计文件及国家和行业标准的相关规定。

适用范围：本技术交底仅适用于钢结构生产车间零件制孔作业（适用设备为：万向摇臂钻床）。

依据标准：《钢结构工程施工质量验收标准》GB 50205—2020。

1. 作业前准备

（1）主要设备和辅助工具：

1）主要设备包括摇臂钻床。

2）辅助工具包括工作平台、磨光机、砂轮机、扁铲、直尺、钢尺、划针、划规。

（2）钢材和钻头应符合如下要求：

1）钢材材质和几何尺寸应符合施工图纸和下料单要求。

2）钻头应经过见证检验并确定合格。

（3）零件制孔质量检测应使用如下专用工具：

钢尺、直尺、试孔器。

（4）零件制孔作业应具备的条件：

1）待制孔的钢零件应经过质量检测，并确定合格。

2）设备电源安全可靠，漏电保护装置工作正常。

3）设备冷却装置工作正常，冷却液储量充足。

4）设备各运动部件安全可靠，滑动自如。

5）设备锁紧和解锁装置工作正常。

6）设备的制孔平台与钻头的中心轴线垂直。

7）所用钻头的公称直径与施工图要求相同。

2. 零件制孔技工应具备的条件

（1）应经过岗前培训和专业系统的学习，并取得上岗资格。

（2）应具备正确识读施工图纸的能力，熟悉零件剪切和切割的质量要求。

（3）应掌握所用设备的技术参数，熟悉零件制孔的质量要求，具有对工作中出现的质量缺陷做出正确判断，并迅速采取措施予以消除的技能。

（4）应掌握基本的机械维修技能，熟悉机械设备的润滑保养和日常维护。

（5）应熟练掌握钻头等刀具的刃口磨制和维护的技能。

（6）应掌握必需的平台划线和零件样板制作的技能。

（7）应掌握针对零件剪切和切割的质量复检技能，掌握零件制孔的自检技能。

3. 零件制孔的技术要求

（1）零件制孔前应在所供的零件中随机选取一块或若干块制作成样板，然后套钻，以保证批次质量。

（2）同种规格的零件样板应具有相同的划线基准和加工精度等级。

（3）零件样板的制作应充分考虑零件实际使用位置和使用功能，零件样板制作完成后必须进行检测，确定合格后，方可批量加工。

（4）零件样板钻孔前必须加工引孔，其直径在3～5mm，并制成通孔，然后按施工图纸标示的钻孔直径钻孔。

（5）零件划线时的基准线应在中心轴线、直角边线、零件上部装配线中选取，并结合实际用途确定。

（6）钻孔时的技术参数可参考表2-11。

钻孔时的技术参数　　表2-11

钻头直径(mm)	钻孔钻速(r/min)	进给量(mm/r)	钻头直径(mm)	钻孔钻速(r/min)	进给量(mm/r)
4	898	0.05	20	180	0.14
6	610	0.05	25	122	0.14
8	610	0.05	32	82	0.24
10	400	0.05	40	82	0.24
12	274	0.09	50	56	0.14
16	180	0.14	—	—	—

注：钢材抗拉强度为600N/mm^2。

4. 质量要求

（1）钢零件制孔应符合表2-12的规定。

钢零件制孔要求（mm）　　表2-12

加工方式	直径	圆度	垂直度
钻孔	0～1	0.5	0.03t且不大于1(t为钢板厚度)

（2）零件孔距应符合表2-13的规定。

零件孔距（mm）　　表2-13

孔距	同一组内偏差	相邻两组偏差
≤500	±1.0	±1.5
501～1200	±1.5	±2.0
1201～3000	—	±2.5
>3000	—	±3.0

（3）零件钢板厚度小于14mm时，平面度偏差为2mm；大于14mm时，为1mm，且侧弯、扭曲符合质量要求。

（4）钢零件外观应无飞边、毛刺、氧化铁等污物。

（5）钢零件制孔完成后，应按工程及规格分类摆放，并按施工图纸标注编号。

5. 注意事项

（1）机床通电后必须通过主轴转向检查电源相序是否正确，主轴转向应与标示一致，不得升降摇臂检查。

（2）机床使用前，应按规定给各润滑点注入润滑油，各油池油面高度不得超过标示位置。

(3) 机床应进行必要的日常保养和维护，时刻保持状态良好。

(4) 钻头应进行必要的日常保养和维护，并有固定的存放位置。

(5) 钻孔后的铁屑应放入固定区域的固定位置，避免对环境造成污染。

(6) 制孔作业区域内应时刻保持卫生整洁，设备保养良好。

2.11.9 构件组装作业技术交底

目的：对钢结构工程构件质量进行控制，使其达到设计文件及国家和行业标准的相关要求。

适用范围：本技术交底仅适用于钢结构生产车间构件组装作业。

依据标准：《钢结构工程施工质量验收标准》GB 50205—2020。

1. 作业前准备

(1) 主要设备和辅助工具：

1) 主要设备包括预制平台、焊接设备、手动切割设备和碳弧气刨。

2) 辅助工具包括磨光机、手锤、直角尺、钢尺、粉线、样板、撬棍、必要的夹具和吊装转运设备。

(2) 钢材、焊接材料和切割用气体应符合如下要求：

1) 钢材材质和几何尺寸应符合施工图纸和下料单要求。

2) 焊接材料应与钢材材质相匹配，经过见证检验，并确定合格。

3) 切割用气体应经过见证检验并确定合格。

(3) 构件组装作业质量检测应使用如下专用工具：

1) 钢尺、直尺、直角尺、焊缝检测尺、塞尺。

2) 线绳、样板。

(4) 构件组装作业应具备的条件：

1) 型钢和零件经过质量复检，并确定合格。

2) 焊接设备工作正常，电源、接地安全可靠，焊钳绝缘良好。

3) 手动切割设备的气瓶、仪表、管路、割炬状况良好，可以正常工作。

4) 碳弧气刨设备工作正常。

5) 构件预制平台作业面平整，且水平。

6) 组装工序所使用的钢尺、角尺等专用工具经检验合格，并与施工安装、验收所使用的工具具有相同的精度等级。

2. 构件组装技工应具备的条件

(1) 应具备正确识读钢结构施工图纸的能力，并掌握一定的钢结构专业知识，熟悉构件组装的加工工艺和质量要求。

(2) 应掌握一定的焊接理论知识，并具有从事坡口加工、定位焊接的专业技能。

(3) 应对所使用割炬的构造原理有充分的了解和掌握，并具有一定的维护和维修技能。

(4) 应具有对工作中出现的各种质量缺陷做出正确判断的能力，并具有迅速采取措施予以消除的技能。

3. 构件组装技术要求

(1) 构件组装前必须对所使用的零件、部件进行质量复检，确定合格后方可使用。

(2) 构件组装前应对施工图纸标示的构件数量、几何尺寸进行复核，确定无误后方可加工，钢架梁应按实际放样（样板）加工。

(3) 门式刚架结构钢柱组装必须符合下列要求：

1) 钢柱组装必须以柱脚板为基准，向檐口方向测量、划线、切割，并进行零件装配。

2) 柱脚板装配前应在型钢上划出定位线，并用切割设备将型钢切割，当板厚≥10mm 时，加工成单边 V 形坡口，柱脚板按施工图划出装配线与型钢装配，并进行定位焊接。装配后应保证柱脚板与型钢腹板及外侧翼板垂直，加劲肋按施工图对称设置。使用钢尺、角尺检测装配精度；使用焊缝检测尺检查坡口角度及对接间隙。

3) 与梁连接节点装配前应使用薄铁皮制作 1∶1 实际样板划线（划线基准边为柱外侧腹板边缘）、切割。当翼板厚度≥10mm 时，应开单边 V 形坡口，切割完成后将型钢立起，并使型钢纵向轴线平行于作业平台。将连接板按施工图划出装配线，进行装配，在进行定位焊接前，应先测量柱脚板支撑面至与梁连接最上或最下一个安装孔的距离，满足质量要求后再进行定位焊接，保证连接板垂直于腹板、平行于柱外侧翼板，并使其中心轴线与之连接的翼板中心轴线重合。使用钢尺、角尺、样板检测装配精度和标高，使用焊缝检测尺检测坡口角度及对接间隙。

4) 钢柱上部坡度应与钢梁取同一比值，并保证与钢梁上翼板在同一直线上。节点处加劲肋按施工图纸设置。

5) 支撑体系节点按施工图纸划线安装，保证节点板位置、方向、标高与施工图纸相符并满足质量要求。

6) 当施工图纸所示钢柱节点板与型钢翼板、腹板不垂直时，应制作 1∶1 实际样板确定角度。

(4) 门式刚架结构钢梁组装必须符合下列要求：

1) 钢梁组装前必须制作 1∶1 实际角度样板，以备划线和检测使用。

2) 钢梁组装必须放实样确定构件的长度、两端节点角度和屋面檩托节点位置。

3) 钢梁放实样应以钢梁水平长度和屋面坡度为依据，不可直接取施工图上标注的尺寸。

4) 当实样放好后，应在上、下翼板和两端节点处设置挡板及必要的夹具，以保证装配精度和稳定。并将所测得的尺寸与施工图核对，确定无误后方可批量加工。

5) 钢梁组装应保证每段钢梁都经过放实样确定，严禁将钢梁构件当作胎具使用。

6) 将型钢部件用起重机吊至平台位置，调整好间距，用钢尺、角尺将定位线划在型钢上，并用角度样板检测，确认无误后切割。当板厚≥10mm 时，应开单边 V 形坡口。

7) 将节点板按施工图纸划出定位线，进行装配，并用角度样板检测。合格后，将上、下翼板及加劲肋定位焊接，完成两端节点的装配，并保证节点角度与样板相同，与腹板垂直，加劲肋按施工图对称设置。

8) 构件上翼板檩托节点板尺寸及位置按施工图尺寸装配，如有加劲肋及隅撑，则其方向应与施工图相符。檩托板和隅撑板角度应垂直于钢梁上翼板，并保证在同一平面内。

9) 支撑体系节点按施工图纸划线安装，保证节点板位置、方向、标高与施工图纸相符，并满足质量要求。

10）钢梁构件组装完成后，使用钢尺、角尺检测装配精度及长度。使用1∶1角度样板检测角度精度，使用焊缝检测尺检查坡口角度及对接间隙。

（5）框架结构多节钢柱组装必须符合下列要求：

1）框架柱组装必须以柱脚为基准，向拼接缝方向测量、划线、切割，并进行零件装配。

2）柱脚板装配前，应在型钢上划出定位线，并用切割设备将型钢切割。当板厚≥10mm时，加工成单边V形坡口，柱脚板按施工图划出装配线与型钢装配，并进行定位焊接。装配后，应保证柱脚板与型钢腹板及外侧翼板垂直，加劲肋按施工图对称设置。使用钢尺、角尺检测装配精度，使用焊缝检测尺检查坡口角度及对接间隙。

3）当施工图所示钢柱节点板与型钢翼板、腹板不垂直时，应制作1∶1实际样板确定角度。

4）与梁连接节点处的标高应由柱脚板支撑面向上测量，并注意相对标高的±0.000位置（是负数的加上此数值，是正数的减去此数值），经核对无误后进行零件装配及定位焊接（当节点板厚度≥10mm时，开单边V形坡口），保证节点上表面分别与型钢腹板和翼板垂直，节点腹板竖向轴线与钢柱纵向轴线装配位置准确，满足施工安装要求。节点装配后使用钢尺、角尺检测装配精度及标高；使用焊缝检测尺检查坡口角度和对接间隙。其他节点均按此方法装配，禁止使用下节点标高确定上节点标高，避免累积误差。

5）多节钢柱拼接缝位置的安装孔加工应充分考虑焊缝的收缩尺寸。通常第一节钢柱在焊接结束4h后进行拼接缝位置的安装孔定位及加工；第二节钢柱先加工下部安装孔，待焊接结束4h后再以下部安装孔中心为基准，进行上部安装孔的定位及加工，以此类推直至节点加工完成。

6）当节点形式为等强度连接时，腹板安装孔的定位划线应以标高点和中心轴线为基准。翼板加工成单边V形或U形坡口，腹板有6mm的装配间隙。坡口焊接处及锁口应修磨平整，去除渗碳层。

（6）框架梁组装必须符合下列要求：

1）框架梁组装时应先将型钢一端划出定位线，切割后，修磨平整去除渗碳层。用角尺或角度样板检测角度，确定合格后，以上翼板及其直角边为基准确定安装孔孔位及孔距。如有次梁节点的，应以端部安装孔的孔中心为基准测量、划线、装配。框架梁组装完成后，使用钢尺、角尺检测装配精度及其长度。使用焊缝检测尺检测坡口角度和对接间隙。

2）框架梁焊接结束4h后，以先加工完成的一组安装孔的孔中心为基准，确定另一组安装孔的孔位和孔距，并用钢尺和角尺检测，其结果必须满足质量要求。

3）框架梁节点为等强度连接时，焊缝坡口及锁口必须修磨平整，使其满足焊接工艺要求。

4）当框架梁主梁设有次梁节点时，应充分考虑次梁节点在轴线位置的偏移尺寸和方向，以保证次梁轴线与结构轴线相符。

（7）钢起重机梁组装必须符合下列要求：

1）钢起重机梁组装时，应先使用钢尺和角尺在型钢一端划出定位轴线并进行切割（必要时去除渗碳层）。将连接节点板按施工图划出定位线进行装配及定位焊接，保证节点板支撑面与上翼板和腹板垂直，保证上翼板支撑面至节点最上或最下一个安装孔的距离或下翼板支撑面至节点最上或最下一个安装孔的距离，同时保证节点处端部高度。另一端节点以装配完成的节点支撑面为基准进行测量、划线和切割（必要时去除渗碳层），节点装配和质量要求与前一节点相同。

2）钢起重机梁上、下翼板安装孔，以节点支撑面和钢梁纵向轴线为基准测量、划线、加工。

3）钢起重机梁加劲肋以节点支撑面为基准测量、划线和装配，并按施工图对称设置。

4）钢起重机梁平板式节点应保证节点板安装孔纵向轴线与钢梁纵向轴线夹角为90°，端部加劲肋应刨平顶紧，其余节点与凸缘式节点相同。

5）钢起重机梁构件组装完成后，使用钢尺、角尺检测组装精度和长度，使用焊缝检测尺检查坡口角度和对接间隙。

4. 质量标准

（1）构件外观质量应符合下列规定：

1）构件组装精细，无目视可见的零件倾斜、弯曲及接口错位。

2）构件整体无侧弯、扭曲、下挠、上拱（设计要求起拱的除外）及损坏的零件、部件。

3）焊缝处无多余的焊肉及金属飞溅，并与母材平缓过渡且波纹美观。

4）构件节点处的焊接变形经过修理，并保证无锤痕及过烧现象。

（2）门式刚架结构钢柱应保证符合下列规定：

1）柱脚板支撑面至与梁连接节点最上或最下一个安装孔的距离的允许偏差不大于3mm。

2）钢柱檐口标高允许偏差不大于3mm。

3）钢柱柱脚板以孔为基准进行装配，其允许偏差不大于2mm。

4）钢柱与梁连接节点板应保证垂直于腹板且平行于外侧翼板（端板竖放和斜放，端板平放应保证端板与腹板、翼板的位置和角度），其允许偏差不大于1mm。

5）钢柱上部坡度应与钢梁取同一比值。

6）钢柱支撑体系节点板位置及方向应与施工图纸相符并满足安装施工要求。

（3）门式刚架结构钢梁应保证符合下列规定：

1）钢梁上、下翼板长度允许偏差为－2～0mm。端部截面高度不大于1mm。

2）钢梁角度允许偏差不大于10′，并保证正偏差在上翼板，负偏差在下翼板。

3）钢梁檩托从屋脊向檐口方向测量，装配以孔位为基准，其允许偏差不大于2mm，加劲肋方向与施工图一致。

4）钢梁支撑体系节点板位置及方向应与施工图纸相符并满足安装施工要求。

（4）钢起重机梁应保证符合下列规定：

1）钢起重机梁构件长度允许偏差为－2～0mm，截面高度节点处不大于1mm，其他处不大于2mm。

2）构件两端角度允许偏差不大于10′，加劲肋按施工图对称设置，允许偏差不大于2mm，上、下翼板与牛腿节点及垫板安装孔应以端部节点支撑面为基准划线加工，其允许偏差不大于1mm。

3）平板式节点应保证两端节点安装孔距离，其允许偏差不大于2mm，并保证节点板安装孔纵向轴线与钢起重机梁纵向轴线夹角为90°。

4）凸缘式节点应保证上翼板支撑面至节点最上或最下一个安装孔的距离，允许偏差不大于1mm。保证两端节点板与梁腹板垂直，允许偏差不大于10′。

5）钢起重机梁构件整体不应存在侧弯、扭曲、下挠等缺陷，构件上翼板支撑平面度偏差不大于1mm。

（5）框架结构多节钢柱应保证符合下列规定：

1）柱脚板组装应以孔位为基准，允许偏差不大于2mm，加劲肋组装整齐，位置及方向准确。

2）节点标高允许偏差不大于2mm，节点支撑面至第一个安装孔距离不大于1mm，并保证节点与钢柱纵向轴线位置准确。

3）柱与柱拼接节点应以标高点为基准划线加工，孔位允许偏差不大于1mm，孔距允许偏差不大于1mm。

4）现场焊接节点应经过修磨，保证无飞边、毛刺、氧化铁等缺陷。

5）封底焊缝对接间隙及坡口形式应满足现场焊接要求。

（6）框架结构钢梁应保证符合下列规定：

1）钢梁长度允许偏差不大于2mm，两端部节点角度准确，保证两组安装孔间的距离，其允许偏差不大于1mm。

2）钢梁上翼板支撑面距节点最上一个安装孔距离允许偏差不大于1mm，节点同一组内孔距允许偏差不大于1mm。

3）主梁与次梁连接节点位置与角度允许偏差不大于1mm，方向与施工图纸相符。

4）现场焊接节点应经过修磨，保证无飞边、毛刺、氧化铁等缺陷。

5）封底焊缝对接间隙及坡口形式满足现场焊接要求。

（7）以上各项所列允许偏差均为焊接后制成品的允许偏差。

5. 注意事项

（1）构件组装必须使用必要的劳动保护和焊接防护用品。

（2）使用切割设备时，应使用垫板避免对地面的损坏，并保证在切割作业区域8m内不得摆放易燃易爆物品（油漆、气瓶等）。

（3）构件组装所使用的钢尺、角尺等专用工具必须定期检测，并保证与施工安装和验收时所使用的工具具有相同的精度等级。

（4）构件组装完成后必须经过质量检查员全数检测，并确定合格后方可转入焊接工序，将组装工编号、构件型号和焊工工号清楚地标示在构件端板上。

（5）组装工与焊工工号列入质量控制文件，存档备查。

（6）构件组装前应检查焊接设备和切割设备是否能正常工作，严禁“带病”作业。

（7）构件组装工序作业区域内必须保持整洁，无多余的边角余料和工装夹具。

（8）构件组装完成后在吊装和转运过程中，应轻吊轻放，避免变形和损坏，焊接前严禁多层摆放。

（9）废弃焊接材料应放入指定区域的容器内，以免污染环境。

2.11.10 CO_2 气体保护焊焊接作业技术交底

目的：对构件的焊接质量进行控制，使焊接质量达到国家和行业标准的相关要求。

适用范围：本技术交底仅适用于钢结构生产车间焊接（CO_2 气体保护焊）作业。

依据标准：《钢结构工程施工质量验收标准》GB 50205—2020。

1. 作业前准备

（1）主要设备和辅助工具：

1）主要设备包括 CO_2 气体保护焊接设备。

2）辅助工具包括磨光机、扁铲。

（2）焊接材料应符合如下要求：

1）焊接材料应与钢材材质相匹配，满足设计文件的要求。

2）焊接材料经过见证检验，确定合格。

（3）焊接质量检测应使用如下专用工具：

1）焊缝检测尺。

2）探伤检测设备。

（4）焊接作业应具备的条件：

1）待焊部件、构件应经过质量检测并确定合格。

2）焊接设备工作正常，电源和接地安全可靠。

3）保护气体加热器电源安全可靠，减压表工作正常，保护气体管路畅通无阻，无漏气。

4）焊丝牌号与钢材材质相匹配。

5）焊接作业平台稳定，间距调整方便，高度一致。

6）吊装转运设备状况良好，可以正常工作。

2. CO_2 气体保护焊焊工应具备的条件

（1）必须经过专业培训并取得焊工证。

（2）必须在其焊工证认可的范围内从事焊接作业。

（3）必须具备正确识读钢结构施工图纸的能力，熟悉焊缝标注及相关工艺要求。

（4）从事焊接作业必须掌握一定的钢结构专业知识，并熟悉焊接质量要求。

（5）应对焊接设备有充分的了解和掌握，并具备一定的维护和维修技能。

（6）应具有对工作中出现的焊接缺陷做出正确判断的能力，并具有迅速采取措施予以消除的技能。

3. CO_2 气体保护焊技术要求

（1）构件焊接前必须经过全数质量检测，确定合格后方可焊接。构件必须标注构件型号、组装工工号，焊接结束后标注焊工工号，并保持清晰（永久性标记）。

（2）构件焊接前应针对被焊母材材质选择合理的焊丝牌号，焊丝牌号与被焊母材材质匹配。

（3）构件焊接前应选择合理的焊接参数。

构件焊接时应保持合适的焊枪角度，构件平对接、角接和角接与对接组合焊缝，二氧化碳焊接焊枪角度见图 2-5。

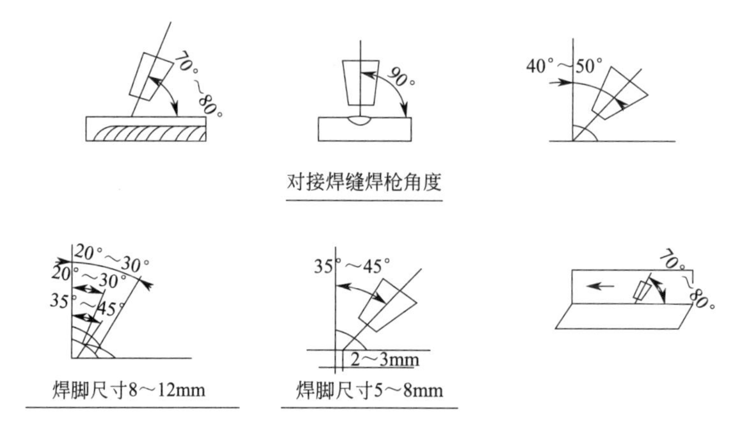

图 2-5　CO_2 焊接焊枪角度

（4）构件焊接时应设置合理的焊接顺序，以减小焊接变形。

焊接顺序应符合如下要求：

1）焊接 H 形钢采用 CO_2 气体保护焊焊接时，应采用分段退焊法，但同侧焊缝应错开，使焊接应力相互抵消，减小变形。

2）构件焊接时应对称施焊。将构件立放于焊接作业平台上，纵向轴线平行于作业平台，并保证至少有三个支撑点。焊接时，应先左右对称焊接翼板处的焊缝，再焊接腹板上的焊缝，如腹板焊缝较多时，应采用退焊法。

3）托板节点焊接时，应按隔一个焊一个的顺序焊接，并采用低焊接参数焊接，以减小焊接变形。

4）多层多道焊接时，应分多次焊接完成，不可一次性焊完。

4. 质量标准

（1）CO_2 气体保护焊的焊缝金属应与母材平缓过渡，且波纹美观，无金属飞溅物。

（2）CO_2 气体保护焊的焊丝牌号必须与被焊金属的材质相匹配。

（3）构件焊接完成后，必须标注焊工工号，并保证清晰（永久标记）。

（4）CO_2 气体保护焊的焊脚尺寸必须符合规范规定。

5. 注意事项

（1）从事焊接作业必须使用焊接防护用品。

（2）焊接作业区域 8m 内禁止摆放易燃易爆物品（油漆、气瓶等）。

（3）焊接设备应定期保养和维护，使用期间注意防尘和散热。

（4）废弃焊接材料应放入指定区域的容器内，不可随意摆放，防止污染环境。

2.11.11　除锈、涂装作业技术交底

目的：对构件防腐及外观质量进行控制，使其达到设计文件及国家和行业标准的相关要求。

适用范围：本技术交底仅适用于钢结构生产车间钢构件除锈、涂装作业。

依据标准：《钢结构工程施工质量验收标准》GB 50205—2020。

1. 作业前准备

（1）主要设备和辅助工具：

1）主要设备包括抛丸清理机、涂装设备。

2）辅助工具包括磨光机、扁铲、吊装转运设备。

（2）除锈用钢砂和油漆、稀释剂应符合如下要求：

1）除锈用钢砂应经过见证检验，并确定合格。

2）油漆和稀释剂应保证符合设计文件要求，并经见证检验确定合格。

（3）除锈、涂装作业质量检测应使用如下专用工具：

1）除锈质量等级参照图片。

2）漆膜厚度测试仪。

（4）除锈、涂装作业应具备的条件：

1）待除锈、涂装的零件、部件、构件产品应经过质量检测并确定合格。

2）抛丸清理机工作正常。

3）设备各种管路状况良好，无渗漏。

4）手动除锈设备状况良好，安全防护可靠。

5）油漆和稀释剂的品种符合设计文件或合同的要求。

6）涂装设备的电源安全可靠，管路无渗漏。

7）作业平台和支架稳定，间隙调整方便。

8）供气系统工作正常，管路无漏气。

2. 除锈、涂装作业人员应具备的条件

（1）抛丸清理机操作人员应经过岗前培训，并取得相应的上岗资格。

（2）作业人员应经过专业学习，并取得相应的上岗资格。

（3）作业人员应掌握相关设备的工艺参数，能熟练地操作设备，懂得设备的日常保养和维护。

（4）作业人员应掌握构件的质量要求，并具有对工作中出现的质量问题做出正确判断的能力，具有迅速采取措施予以消除的技能。

（5）作业人员应熟练使用吊装及翻转设备。

（6）作业人员应熟悉各种油漆和稀释剂的性能，具备依据产品说明书做出正确的比例调配和喷涂的技能。

3. 除锈、涂装技术要求

（1）应根据除锈等级要求，选择合适的行走速度，保证构件平稳。

（2）涂装施工环境温度一般为15～30℃，相对湿度不大于80%（涂装时也可参照产品说明书）。

4. 质量要求

（1）喷射和抛射除锈用字母Sa表示，并分为4个等级：

1）Sa1轻度地喷射或抛射除锈。

钢材表面应无可见的油脂污垢，没有附着不牢的氧化皮、铁锈和油漆涂层等附着物。

2）Sa2彻底地喷射或抛射除锈。

钢材表面无可见的油脂污垢，氧化皮、铁锈等附着物已基本清除干净，残留物应是牢固附着的。

3）Sa2½非常彻底地喷射或抛射除锈。

钢材表面无可见的油脂污垢、氧化皮、铁锈和油漆等附着物，任何残留物的痕迹应为点状或条状的轻微色斑。

4）Sa3 钢材表面洁净喷射或抛射除锈。

钢材表面无可见的油脂污垢、氧化皮、铁锈和油漆涂层等附着物，该表面应显示均匀的钢材金属色泽。

（2）当采用手工除锈时，应达到除锈均匀彻底，并保证构件表面无划痕和凹痕等损伤。

（3）构件经除锈处理后，应在 8h 内进行防锈底漆喷涂，并在其干燥后进行中间漆和面漆的喷涂。

（4）构件涂装用的油漆和稀释剂应按使用说明书进行比例配比，并注意根据油漆和稀释剂的种类选择合理的喷涂参数。

（5）构件涂装后应保证漆膜完整有光泽，无流坠、气泡、龟裂、起皮、漏涂、误涂等缺陷。

（6）构件涂装后干漆膜厚度室外不低于 150μm，室内不低于 125μm，允许偏差－10μm（或根据设计要求）。

2.12 钢结构相关标准

2.12.1 《装配式钢结构住宅建筑技术标准》JGJ/T 469—2019

1. 基本规定

（1）装配式钢结构住宅建筑应满足安全、适用、耐久、经济和环保等综合性能要求。应将结构系统、外围护系统、设备与管线系统、内装系统采用集成的方法进行一体化设计。

（2）装配式钢结构住宅建筑设计应标准化、部品部（构）件生产应工厂化、部品部（构）件安装应装配化、施工管理应信息化。装配式钢结构住宅建筑应实现全装修，住宅建筑的使用与管理应信息化、智能化。

（3）装配式钢结构住宅建筑的设计与建造应符合通用化、模数化、标准化的规定，应以少规格、多组合为原则实现建筑部品部（构）件的系列化和住宅建筑居住的多样化。

（4）装配式钢结构住宅建筑设计应综合考虑建筑、结构、设备和内装等专业的协调，设计、建造、使用与维护宜采用建筑信息化模型技术，并宜实现各专业、全过程的信息化管理。

（5）装配式钢结构住宅建筑应满足防火、防腐、防水和隔声等建筑整体性能和品质的要求。

（6）装配式钢结构住宅建筑的外围护系统应根据当地气候条件选用质量可靠、经济适用的材料和部品，并应选用技术成熟的施工工法进行安装。

（7）装配式钢结构住宅建筑设计宜遵循建筑全寿命期中使用与维护的便利性原则，设备管线与主体结构应分离，管线更换或装修时不应影响结构性能。

（8）装配式钢结构住宅建筑设计与建造应采用绿色建材和性能优良的部品部（构）

件，并应建立部品部（构）件工厂化生产的质量管理体系。

2. 集成设计

（1）一般规定

1）装配式钢结构住宅建筑设计应符合《住宅建筑规范》GB 50368—2005、《住宅设计规范》GB 50096—2011、《装配式钢结构建筑技术标准》GB/T 51232—2016 和《装配式住宅建筑设计标准》JGJ/T 398—2017 的规定。

2）建筑设计应结合钢结构体系的特点，并应符合下列规定：

①住宅建筑空间应具有全寿命期的适应性。

②非承重部品应具有通用性和可更换性。

3）装配式钢结构住宅建筑设计应符合下列规定：

①钢结构部（构）件及其连接应采取有效的防火措施，耐火等级应符合《建筑钢结构防火技术规范》GB 51249—2017 的规定。

②钢结构部（构）件及其连接应采取防腐措施，钢部（构）件防腐蚀设计应根据环境条件、使用部位等确定，并应符合《建筑钢结构防腐蚀技术规程》JGJ/T 251—2011 的规定。

③隔声设计及其措施应根据功能部位、使用要求等确定，隔声性能应符合《民用建筑隔声设计规范》GB 50118—2010 的规定。

④热工设计、措施和性能应符合《民用建筑热工设计规范》GB 50176—2016 和建筑所属气候地区的居住建筑节能设计标准的规定。

⑤结构舒适度设计及其措施应符合《高层民用建筑钢结构技术规程》JGJ 99—2015 的规定。

⑥外墙板与钢结构部（构）件的连接及接缝处，应采取防止空气渗透和水蒸气渗透的构造措施，外门窗及幕墙应满足气密性和水密性的要求。

4）外围护系统与主体结构连接或锚固设计及其措施应满足安全性、适用性及耐久性的要求。

5）装配式钢结构住宅建筑室内装修设计应符合下列规定：

①应符合标准化设计、部品工厂化生产和现场装配化施工的原则。

②设备管线应采用与结构主体分离设置方式和集成技术。

（2）模数协调

1）装配式钢结构住宅建筑设计应符合《建筑模数协调标准》GB/T 50002—2013 的规定。

2）厨房、卫生间设计应符合《住宅卫生间模数协调标准》JGJ/T 263—2012 的规定。

3）建筑设计应采用基本模数或扩大模数数列，并应符合下列规定：

①开间与柱距、进深与跨度、门窗洞口宽度等水平方向宜采用水平扩大模数数列 $2n$M、$3n$M，n 为自然数。

②层高和门窗洞口高度等垂直方向宜采用竖向扩大模数数列 nM。

③梁、柱等部件的截面尺寸宜采用竖向扩大模数数列 nM。

④构造节点和部品部（构）件的接口尺寸等，宜采用分模数数列 nM/2、nM/5、nM/10。

（3）平面、立面与空间

1）装配式钢结构住宅建筑的套型设计应符合下列规定：

①应采用大空间结构布置方式。

②空间布局应考虑结构抗侧力体系的位置。

2）装配式钢结构住宅建筑设计应符合下列规定：

①应采用模块及模块组合的设计方法。

②基本模块应采用标准化设计，并应提高部品部件的通用性。

③模块应进行优化组合，并应满足功能需求及结构布置要求。

3）建筑平面设计应符合下列规定：

①应符合结构布置特点，满足内部空间可变性要求。

②宜规则平整，宜以连续柱跨为基础布置，柱距尺寸宜按模数统一。

③住宅楼电梯及设备竖井等区域宜独立集中设置。

④宜采用集成式或整体厨房、集成式或整体卫浴等基本模块。

⑤住宅空间分隔应与结构梁柱布置相协调。

4）建筑立面设计应采取标准化与多样性相结合的方法，并应根据外围护系统特点进行立面深化设计。

5）外围护系统的外墙应采用耐久性好、易维护的饰面材料或部品，且应明确其设计使用年限。

6）外围护系统的外墙、阳台板、空调板、外门窗、遮阳及装饰等部品应进行标准化设计。

7）建筑层高应满足居住空间净高要求，并应根据楼盖技术层厚度、梁高等要求确定。

（4）协同设计

1）装配式钢结构住宅建筑设计应符合建筑、结构、设备与管线、内装修等集成设计原则，各专业之间应协同设计。

2）建筑设计、部品部（构）件生产运输、装配施工及运营维护等应满足建筑全寿命期各阶段协同的要求。

3）深化设计应符合下列规定：

①深化图纸应满足装配施工安装的要求。

②应进行外围护系统部品的选材、排板及预留预埋等深化设计。

③应进行内装系统及部品的深化设计。

3. 结构系统设计

（1）一般规定

1）装配式钢结构住宅建筑的结构设计应符合相关标准的规定。结构设计正常使用年限不应少于50年，安全等级不应低于二级。

2）结构设计的荷载、作用及其组合应符合相关标准的规定。

3）结构设计应符合工厂生产、现场装配的工业化生产要求，部（构）件及节点设计宜标准化和通用化。

4）钢材的性能应符合相关标准的规定，宜选用高性能钢材。

（2）结构体系与结构布置

1）装配式钢结构住宅建筑的结构体系可选用钢框架结构、钢框架—支撑结构、钢框架—延性墙板结构、钢框架—剪力墙结构或框筒结构等体系。不同结构体系的最大适用高度及最大高宽比应符合相关标准的规定。

2）装配式钢结构住宅建筑结构体系的选择，宜符合下列规定：

①低层或多层建筑宜选用钢框架结构体系，当地震作用较大，钢框架结构难以满足设计要求时，也可采用钢框架—支撑结构体系。

②高层建筑宜选用钢框架—支撑结构体系或钢框架—混凝土核心筒结构体系。

3）钢框架—支撑结构可采用中心支撑或偏心支撑；钢框架—延性墙板结构的抗侧力构件可采用预制剪力墙板等延性构件。

4）装配式钢结构住宅建筑的结构体系可采用减震或隔震技术措施。

5）楼盖结构可采用装配整体式楼板，也可采用免支模现浇楼板。当房屋高度不超过50m，且抗震设防烈度不超过7度时，可采用无现浇层的预制装配式楼板。

6）结构布置应与建筑套型、平面和立面设计相协调。不宜采用特别不规则的结构体系，不应采用严重不规则的结构布置。

7）钢结构构件布置不应影响住宅的使用功能。

8）柱脚可采用外包式或埋入式。当地下室不少于两层，且嵌固端在地下室顶板时，延伸至地下室底板的钢柱脚也可采用铰接柱脚。地下室外围护墙体宜设置在柱外侧。

（3）结构计算

1）在风荷载和多遇地震作用下，装配式钢结构住宅建筑的层间位移不宜大于层间高度的1/350，且应符合《装配式钢结构建筑技术标准》GB/T 51232—2016和《高层民用建筑钢结构技术规程》JGJ 99—2015中位移和风振舒适度的有关规定。

2）新结构体系、抗震设防9度的结构体系应按照相关标准规定进行罕遇地震作用下的弹塑性变形验算，并应采取相应的抗震措施。

3）风荷载作用下的风振舒适度验算应按《高层民用建筑钢结构技术规程》JGJ 99—2015的规定验算。

（4）部（构）件与节点

1）装配式钢结构住宅建筑的主要钢结构部（构）件系统应采用型钢部（构）件。当采用冷弯方形、矩形钢管部（构）件时，宜进行热处理。

2）结构构件不宜采用现场人工浇筑的型钢混凝土部（构）件。当采用钢管混凝土柱时，设计时应采取保证混凝土浇筑密实的措施。

3）钢框架梁柱节点连接形式宜采用全螺栓连接，也可采用栓焊混合式连接或全焊接连接。

4）钢结构部（构）件的长细比、板件宽厚比应符合相关标准的规定。

5）节点设计应与建筑设计相协调，不宜采用不利于墙板安装或影响使用功能的节点形式。

（5）结构防护

1）钢结构的防火材料宜选用防火板，板厚应根据耐火极限和防火板产品标准确定。

2）当采用砌块或钢丝网抹水泥砂浆等隔热材料作为钢结构构件的防火保护层时，保护层设计应符合相关标准的规定。

3）钢管混凝土柱的耐火极限计算及其排气孔的设计应符合相关标准的规定。

4）防腐涂料品种和涂层方案应根据住宅室内环境确定。

4. 外围护系统设计

（1）一般规定

1）装配式钢结构住宅建筑的外围护系统的性能应满足抗风、抗震、耐撞击、防火等安全性要求，并应满足水密、气密、隔声、热工等功能性要求和耐久性要求。

2）外围护系统设计内容应包括系统材料性能参数、系统构造、计算分析、生产及安装要求、质量控制及施工验收要求。

3）外围护系统的设计使用年限应与主体结构的设计使用年限相适应，并应明确配套防水材料、保温材料、装饰材料的设计使用年限及使用维护、检查及更新要求。

4）外围护系统的热工性能应符合相关标准的规定，传热系数、热惰性指标等热工性能参数应满足钢结构住宅所在地节能设计要求。当相关参数不满足要求时，应进行外围护系统热工性能的综合计算。

5）外围护系统热桥部位的内表面温度不应低于室内空气露点温度。当不满足要求时，应采取保温断桥构造措施。

6）外围护系统的隔声减噪设计标准等级应按使用要求确定，其隔声性能应符合相关标准的规定。

7）外围护系统中部品的耐火极限应根据建筑的耐火等级确定，应符合相关标准的规定。

8）外围护系统应根据建筑所在地气候条件选用构造防水、材料防水相结合的防排水措施，并应满足防水透气、防潮、隔汽、防开裂等构造要求。

9）窗墙面积比、外门窗传热系数、太阳得热系数、可开启面积、气密性条件等，应满足钢结构住宅所在地现行节能设计标准的规定。

10）外门窗框与门窗洞口接缝处应满足气密性、水密性和保温性要求。

11）外围护系统与主体结构的连接应满足抗风、抗震等安全要求，连接件承载力设计的安全等级应提高一级。

12）连接件应明确设计使用年限。

13）计算外围护构件及其连接的风荷载作用及组合，应符合相关标准的规定。计算外围护系统构件及其连接的地震作用及组合，应符合《非结构构件抗震设计规范》JGJ 339—2015 的规定。

14）外围护系统墙体装饰装修的更新，不应影响墙体结构性能。外挂墙板的结构安全性和墙体裂缝防治措施应有试验或工程实践经验验证其可靠性。

（2）材料与部品

1）装配式钢结构住宅建筑外围护系统的外墙板应综合建筑防火、防水、保温、隔声、抗震、抗风、耐候、美观的要求，选用部品体系配套成熟的轻质墙板或集成墙板等部品。

2）外围护系统的材料与部品的放射性核素限量应符合《建筑材料放射性核素限量》GB 6566—2010 的规定；室内侧材料与部品的性能应符合《民用建筑工程室内环境污染控制标准》GB 50325—2020 的规定。

3）外围护系统的材料性能应符合《墙体材料应用统一技术规范》GB 50574—2010 的

规定。

4）外围护系统的钢骨架及钢制组件、连接件应采用热浸镀锌或其他防腐措施。

5）外门窗玻璃组件的性能应符合《建筑玻璃应用技术规程》JGJ 113—2015 的规定。

6）外门窗的性能应符合《建筑幕墙、门窗通用技术条件》GB/T 31433—2015 的规定。设计文件应注明外门窗抗风压、气密、水密、保温、空气声隔声等性能的要求，且应注明门窗材料、颜色、玻璃品种及开启方式等要求。

7）外围护系统的防水、涂装、防裂等材料应符合下列规定：

①外墙围护系统的材料性能应符合《建筑外墙防水工程技术规程》JGJ/T 235—2011 的规定，并应注明防水透气、耐老化、防开裂等技术参数要求。

②屋面围护系统的材料应根据建筑物重要程度、屋面防水等级选用，防水材料性能应符合《屋面工程技术规范》GB 50345—2012 的规定。

③坡屋面材料性能应符合《坡屋面工程技术规范》GB 50693—2011 的规定。

④种植屋面材料性能应符合《种植屋面工程技术规程》JGJ 155—2013 的规定。

8）建筑密封胶应根据基材界面材料和使用要求选用，其伸长率、压缩率、拉伸模量、相容性、耐污染性、耐久性应满足外围护系统的使用要求：

硅酮密封胶性能。

聚氨酯密封胶性能应符合《聚氨酯建筑密封胶》JC/T 482—2003 的规定。

聚硫密封胶性能应符合《聚硫建筑密封胶》JC/T 483—2006 的规定。

接缝密封胶性能应符合《建筑密封胶分级和要求》GB/T 22083—2008 的规定。

9）保温材料、防火隔离带材料、防火封堵材料等性能应符合《建筑设计防火规范》（2018 年版）GB 50016—2014、《建筑钢结构防火技术规范》GB 51249—2017 的规定。

10）保温材料及其厚度、导热系数和蓄热系数应满足钢结构住宅所在地现行节能标准的要求。

（3）外墙围护系统

1）装配式钢结构住宅建筑外墙围护系统宜采用工厂化生产、装配化施工的部品，并应按非结构构件部品设计。外墙围护系统立面设计应与部品构成相协调，减少非功能性外墙装饰部品，并应便于运输安装及维护。

2）外墙围护系统可根据构成及安装方式选用下列系统：

①装配式轻型条板外墙系统。

②装配式骨架复合板外墙系统。

③装配式预制外挂墙板系统。

④装配式复合外墙系统或其他系统。

3）外墙板可采用内嵌式、外挂式、嵌挂结合式等形式与主体结构连接，并宜分层悬挂或承托。

4）外墙围护系统部品的保温构造形式，可采用外墙外保温系统构造、外墙夹心保温系统构造、外墙内保温系统构造和外墙单一材料自保温系统构造等。

5）外墙外保温可选用保温装饰一体化板材，其材料及系统性能应符合《外墙保温复合板通用技术要求》JG/T 480—2015 和《保温装饰板外墙外保温系统材料》JG/T 287—2013 的规定。

6）外挂墙板与主体结构的连接应符合下列规定：

①墙体部（构）件及其连接的承载力与变形能力应符合设计要求，当遭受多遇地震影响时，外挂墙板及其接缝不应损坏或不需修理即可继续使用。

②当遭受设防烈度地震影响时，节点连接件不应损坏，外挂墙板及其接缝可能发生损坏，但经一般性修理后仍可继续使用。

③当遭受预估的罕遇地震作用时，外挂墙板不应脱落，节点连接件不应失效。

7）外墙围护系统设计文件应注明检验与测试要求，设置的连接件和主体结构的连接承载力设计值应通过现场抽样测试验证。

8）设置在外墙围护系统中的户内管线，宜利用墙体空腔布置或结合户内装修装饰层设置，不得在施工现场开槽埋设，并应便于检修和更换。

9）设置在外墙围护系统上的附属部（构）件应进行构造设计与承载验算。建筑遮阳、雨篷、空调板、栏杆、装饰件、雨水管等应与主体结构或外墙围护系统可靠连接，并应加强连接部位的保温防水构造。

10）穿越外墙围护系统的管线、洞口，应采取防水构造措施；穿越外墙围护系统的管线、洞口和有可能产生声桥和振动的部位，应采取隔声降噪等构造措施。

（4）屋面围护系统

1）装配式钢结构住宅建筑屋面围护系统的防水等级应根据建筑造型、重要程度、使用功能、所处环境条件确定。屋面围护系统设计应包含材料部品的选用要求、构造设计、排水设计、防雷设计等内容。

2）当屋盖结构板采用钢筋混凝土板时，屋面保护层或架空隔热层、保温层、防水层、找平层、找坡层等设计构造要求应符合《屋面工程技术规范》GB 50345—2012 的规定。

3）采用金属板屋面、瓦屋面等的轻型屋面围护系统，其承载力、刚度、稳定性和变形能力应符合设计要求，材料选用、系统构造应符合《屋面工程技术规范》GB 50345—2012 和《坡屋面工程技术规范》GB 50693—2011 的规定。

5. 部品部（构）件生产、施工安装与质量验收

（1）一般规定

1）装配式钢结构住宅建筑的部品部（构）件生产应具有国家现行产品技术标准或企业标准，以及生产工艺设施。生产和安装企业应具备相应的安全、质量和环境管理体系。

2）部品部（构）件应在工厂生产制作。部品部（构）件生产和安装前，应编制生产制作和安装工艺方案。钢结构和墙板的安装应编制施工组织设计和施工专项方案。

3）部品部（构）件生产和施工安装前，应根据施工图的内容进行施工详图设计。

4）部品部（构）件生产、安装、验收使用的量具应经过统一计量标准标定，并应具有统一精度等级。

（2）部品部（构）件生产

1）装配式钢结构住宅建筑的部品部（构）件制作用材料应具有合格证和产品质量证明文件，其品种、规格、性能指标应满足部品部（构）件国家现行产品标准或专项技术条件的要求，涉及安全、功能、节能、环保的原材料应进行抽样复验。

2）钢支撑制孔应在节点板和斜杆制作完成后采用配模套钻工艺制作，首件部品应在工厂进行实体预拼装，拼装后尺寸允许偏差应符合表 2-14 的规定，其质量稳定后可采用实体预拼装或数字化虚拟预拼装的方法。

钢支撑工厂实体预拼装后尺寸允许偏差　　表 2-14

项目	允许偏差(mm)
同一根梁两端标高差	2.0
上下层梁轴线错位	3.0
柱、支撑杆件接口对边错位	2.0

3）柱—梁焊接连接节点的过焊孔宜采用机械切削加工和锁口机加工，梁下翼板的焊接衬板宜割除且反面应清根、补焊。

4）外墙板制作前应进行排板设计，布板板型中的前三类规格的数量应超过同类板型 50%以上。当采用外挂大墙板时，板单元应以单门或单窗为中心、以其开间为宽度、以建筑层高为高度。

5）每个部品部（构）件加工制作完成后，应在部品部（构）件近端表面打印标识。大型部品部（构）件应在多处易观察位置打印相同标识。标识内容应包括：工程名称、部品部（构）件规格与编号、部品部（构）件长度与质量、日期、质检员工号及合格标示、制造厂名称。

6）按照国家现行产品标准或产品技术条件生产的部品部（构）件出厂，应提供型式检验报告、合格证及产品质量保证文件。

7）墙板出厂验收的几何偏差应符合表 2-15 的规定，并不得有损伤、裂缝和缺陷。

墙板出厂验收的几何偏差　　表 2-15

项目	几何偏差(mm)
长度	−3.0～0
宽度	−2.0～0
厚度	±2.0
对角线差	4.0
表面平整度	2.0
板侧面侧向弯曲	$L/1000$

注：表中 L 为板的长度。

（3）部品部（构）件施工安装

1）装配式钢结构住宅建筑部品部（构）件安装现场应设置专门的部品部（构）件堆场，应有防止部品部（构）件表面污染、损伤及安全保护的措施，并不得暴晒和淋雨。

2）原材料或部品部（构）件进场后应进行检查和验收。

3）部品部（构）件安装施工除应符合第 2）条的规定外，尚应进行施工阶段结构分析与验算以及部品部（构）件吊装验算；施工用临时支撑的拆除应在结构稳定后进行。

4）当在混凝土中安装预埋件和预埋螺栓时，宜采用定位支架将其与混凝土结构中的主钢筋连接，并应在混凝土初凝前再次测量复校。

5）钢结构安装应按钢结构工程施工组织设计的要求与顺序进行施工，并宜进行施工过程监测。

6）预制楼板安装应在专业人员指导下按照产品说明书施工。

7）内隔墙安装应根据排板图、施工作业指导书或安装指导说明书的要求施工。

8）当采用集成式或整体厨卫时，应按安装指导说明书的要求进行施工。

（4）质量验收

1）装配式钢结构住宅建筑的质量验收应符合相关标准的规定。

2）装配式钢结构住宅建筑工程质量验收的分部工程划分及验收标准内容应按表2-16划分。国家现行标准没有规定的验收项目，应由建设单位组织设计、施工、监理等相关单位共同制定验收要求。

装配式钢结构住宅建筑工程质量验收的分部工程划分及验收标准　　表2-16

序号	分部工程	质量验收标准
1	地基与基础	《建筑地基基础工程施工质量验收标准》GB 50202—2018
2	主体结构	《钢结构工程施工质量验收标准》GB 50205—2020 《钢管混凝土工程施工质量验收规范》GB 50628—2010 《混凝土结构工程施工质量验收规范》GB 50204—2015
3	建筑装饰装修	《建筑装饰装修工程质量验收标准》GB 50210—2018 《住宅室内装饰装修工程质量验收规范》JGJ/T 304—2013
4	屋面及围护系统	《屋面工程质量验收规范》GB 50207—2012 《建筑节能工程施工质量验收标准》GB 50411—2019 经评审备案的企业产品及其技术标准
5	建筑给水排水及采暖	《建筑给水排水及采暖工程施工质量验收规范》GB 50242—2002
6	通风与空调	《通风与空调工程施工质量验收规范》GB 50243—2016
7	建筑电气	《建筑电气工程施工质量验收规范》GB 50303—2015
8	智能建筑	《智能建筑工程质量验收规范》GB 50339—2013
9	建筑节能	《建筑节能工程施工质量验收标准》GB 50411—2019
10	电梯	《电梯工程施工质量验收规范》GB 50310—2002

3）部品部（构）件质量应符合相关标准的规定，并应具有产品标准、出厂检验合格证、质量保证书和使用说明书。同一厂家生产的同批材料、部品，用于同期施工且属于同一工程项目的多个单位工程，可合并进行进场验收。

4）建筑主体结构分部验收，应符合下列规定：

①分部工程、子分部工程、分项工程划分应符合表2-17的规定。

建筑主体结构的分部工程、子分部工程、分项工程划分　　表2-17

分部工程	子分部工程	分项工程
主体结构	楼板结构	压型金属板、钢筋桁架板、预制混凝土叠合楼板、木模板、钢筋、混凝土、抗剪栓钉
	钢管混凝土结构	钢管焊接，螺栓连接，钢筋、钢管制作、安装，混凝土
	钢结构	钢结构焊接，紧固件连接，钢零部件加工，单层、多层及高层钢结构安装，钢结构涂装，钢部（构）件组装，钢部（构）件预拼装

②检验批可根据建筑装配式施工特征、后续施工安排和相关专业验收需要，按楼层、施工段、变形缝等进行划分。

③分项工程可由一个或若干个检验批组成，且宜分层或分段验收。

④子分部工程验收分段可按施工段划分，并应在主体结构工程验收前按实体和检验批验收，且应分别按主控项目和一般项目验收。

⑤检验批、分项工程、子分部工程的验收程序应符合《建筑工程施工质量验收统一标准》GB 50300—2013 的规定。

⑥分段验收段内全部子分部工程验收合格且结构实体检验合格，可认定该段主体分部工程验收合格。

5）主体结构安装质量检验，应符合下列规定：

①建筑定位轴线、基础轴线和标高、柱的支承面、地脚螺栓（锚栓）位置，应符合设计要求，当设计无要求时，允许偏差应符合表 2-18 的规定。

建筑定位轴线、基础轴线和标高、柱的支承面、地脚螺栓（锚栓）位置的允许偏差

表 2-18

检验项目		允许偏差(mm)
建筑定位轴线		L/20000，且不应大于 3.0
基础定位轴线		1.0
支承面	标高	±3.0
	水平度	L/1000
基础上柱底标高		±2.0
地脚螺栓(锚栓)位移		5.0
预留孔中心偏移		10.0

注：L 为轴线间距。

②柱子安装的允许偏差，应符合表 2-19 的规定。

柱子安装的允许偏差 **表 2-19**

检验项目			允许偏差(mm)
底层柱柱底轴线对定位轴线偏移			3.0
柱子定位轴线			1.0
上下柱连接处的错口			3.0
同一层柱的各柱顶高度差			5.0
单节柱的垂直度	单层柱	$H \leqslant 10$m	H/1000
		$H > 10$m	H/1000，且不应大于 10.0
	多节柱	单节柱	h/1000，且不应大于 10.0
		柱全高	15.0

注：H 为单层柱高度，h 为多节柱中单节柱的高度。

③主体结构的整体垂直度和整体平面弯曲偏差，应符合《钢结构工程施工质量验收标准》GB 50205—2020 的规定。

6）外围护系统的施工质量应按一个分部工程验收，该分部工程应包含外墙、内墙、屋面和门窗等若干个分项工程。

7）外围护墙体质量检验，应符合下列规定：

①外围护墙体部品部（构）件出厂应有原材料质保书、原材料复验报告和出厂合格证，其性能应满足设计要求。

②外挂墙板安装尺寸允许偏差及检验方法应符合表 2-20 的规定。

外挂墙板安装尺寸允许偏差及检验方法　　表 2-20

<table>
<tr><th colspan="3">检验项目</th><th>允许偏差(mm)</th><th>检验方法</th></tr>
<tr><td colspan="3">中心线对轴线位置</td><td>3.0</td><td>尺量</td></tr>
<tr><td colspan="3">标高</td><td>±3.0</td><td>水准仪或尺量</td></tr>
<tr><td rowspan="4">垂直度</td><td rowspan="2">每层</td><td>≤3m</td><td>3.0</td><td>全站仪或经纬仪</td></tr>
<tr><td>>3m</td><td>5.0</td><td rowspan="3">全站仪或经纬仪</td></tr>
<tr><td rowspan="2">全高</td><td>≤10m</td><td>5.0</td></tr>
<tr><td>>10m</td><td>10.0</td></tr>
<tr><td colspan="3">相邻单元板平整度</td><td>2.0</td><td>钢尺、塞尺</td></tr>
<tr><td colspan="2" rowspan="2">板接缝</td><td>宽度</td><td rowspan="2">±3.0</td><td rowspan="2">尺量</td></tr>
<tr><td>中心线位置</td></tr>
<tr><td colspan="3">门窗洞口尺寸</td><td>±5.0</td><td>尺量</td></tr>
<tr><td colspan="3">上下层门窗洞口偏移</td><td>±3.0</td><td>垂线和尺量</td></tr>
</table>

③内隔墙安装尺寸允许偏差及检验方法，应符合表 2-21 规定。

内隔墙安装尺寸允许偏差及检验方法　　表 2-21

检验项目	允许偏差(mm)	检验方法
墙面轴线位置	3.0	经纬仪、拉线、尺量
层间墙面垂直度	3.0	2m 托线板，吊垂线
板缝垂直度	3.0	2m 托线板，吊垂线
板缝水平度	3.0	拉线、尺量
表面平整度	3.0	2m 靠尺、塞尺
拼缝误差	1.0	尺量
洞口位移	±3.0	尺量

8）墙体、楼板和门窗安装质量检验应符合下列规定：

①应实测墙体、楼板的隔声参数数值、楼板的自振频率。

②应实测外墙及门窗的传热系数。

③上述实测数值应符合设计规定。

9）分项工程质量检验应符合下列规定：

①各检验批质量验收应合格，质量验收文件齐全。

②观感质量验收应合格。

③结构材料进场检验资料应齐全，并应符合设计要求。

10）单位工程质量验收符合下列规定可评定为合格，否则应评定为不合格：

①分部及子分部工程的质量均应验收合格。

②质量控制资料应完整。

③分部工程中有关安全、节能、环境保护和主要使用功能的检验资料应完整。

④主要使用功能的抽查结果应符合相关专业验收规范的规定。

⑤观感质量应符合要求。

2.12.2 钢结构工艺标准

1. 基本要求

（1）钢结构工程施工单位应具有相应的钢结构施工资质，施工现场质量管理应有相应的施工技术标准、质量管理体系、质量控制及检验制度，施工现场应有经项目技术负责人审批的施工组织设计、施工方案等技术文件。

（2）钢结构工程施工质量的验收，必须采用经计量检定、校准合格的计量器具。

（3）钢结构工程应按下列规定进行施工质量控制：

1）采用的原材料及成品应进行进场验收。凡涉及安全、功能的原材料及成品应按国家标准及规范规定进行复验，并应经监理工程师（建设单位技术负责人）见证取样、送样。

2）各工序应按施工技术标准进行质量控制，每道工序完成后，应进行检查。

3）相关各专业工种之间应进行交接检验，并经监理工程师（建设单位技术负责人）检查认可。

（4）钢结构工程施工质量验收应在施工单位自检基础上，按照检验批、分项工程、分部（子分部）工程进行。

（5）分项工程检验批合格质量标准应符合下列规定：

1）主控项目必须符合《钢结构工程施工质量验收标准》GB 50205—2020 标准的要求。

2）一般项目其检验结果应有 80%及以上的检查点（值）符合《钢结构工程施工质量验收标准》GB 50205—2020 合格质量标准的要求，且最大值不应超过其允许偏差值的 1.2 倍。

3）质量检查记录、质量证明文件等资料应完整。

（6）分项工程合格质量标准应符合下列规定：

1）分项工程所含的各检验批均应符合《钢结构工程施工质量验收标准》GB 50205—2020 合格质量标准。

2）分项工程所含的各检验批质量验收记录应完整。

（7）当钢结构工程施工质量不符合《钢结构工程施工质量验收标准》GB 50205—2020 的要求时，应按下列规定进行处理：

1）经返工重做或更换构（配）件的检验批，应重新验收。

2）经有资质的检测单位检测鉴定能够达到设计要求的检验批，应予以验收。

3）经有资质的检测单位检测鉴定达不到设计要求，但经原设计单位核算认可能够满足结构安全和使用功能的检验批，应予以验收。

4）经返修或加固处理的分项、分部工程，虽然改变外形尺寸，但仍能满足安全使用要求，可按处理技术方案和协商文件进行验收。

（8）通过返修或加固处理，仍不能满足安全使用要求的钢结构分部工程，严禁验收。

2. 建筑钢结构焊接施工

（1）一般规定

1）钢结构制作与安装单位承担钢结构焊接工程时，应具有国家认可的企业资质和焊接质量管理体系，应具有规范规定资格的相关人员，应具有相应的焊接方法、焊接设备、检验和试验设备、检定有效的计量器具。施工单位在承担钢结构工程焊接任务时，应具备与焊接难度相适应的技术条件，并建立相关人员的工作职责。

2）对设计文件应进行认真地审阅，明确设计要求及所采用材料的品种和性能、焊接的方法、焊缝坡口形式和尺寸、其他特殊设计要求。

3）钢结构制作之前，应根据设计文件、施工图纸、现场实际条件、施工单位的条件编制制作工艺，并经相关人员批准。

4）凡符合以下情况之一者，应在钢结构构件制作及安装施工之前进行焊接工艺评定：

①国内首次应用于钢结构工程的钢材（钢材牌号与标准相符，但微合金元素的类别不同，供货状态不同，或国外钢号国内生产）。

②国内首次应用于钢结构工程的焊接材料。

③设定的钢材类别、焊接材料、焊接方法、接头形式、焊接位置、焊后热处理制度，以及施工单位所采用的焊接工艺参数、预热后热措施等各种参数的组合条件为施工企业首次采用。

（2）施工准备

1）技术准备

①设计交底及图纸会审：与设计人员、业主及监理充分沟通，了解设计意图。对工程进行充分地了解，对图纸会审，提出图纸疑问和合理化建议。

②进行施工方案及其他技术文件的编写，经施工单位技术负责人审核后，提交监理工程师（建设单位技术负责人）批准后用于工程的实施。

③对参与工程的人员进行技术交底，使相关人员熟悉各自的工作内容。

④编制工程的材料计划，并经相关部门审核。

2）材料准备

①建筑钢结构用钢材及焊接填充料的选用应符合设计图纸的要求，并应具有钢厂和焊接材料厂出具的质量证明书或检验报告。其化学成分、力学性能和其他质量要求必须符合国家现行标准规定。当采用其他钢材和焊接材料替代设计选用的材料时，必须经原设计单位同意。

②钢材的成分、性能复验应符合相关标准的规定。

③焊接材料应符合现行国家标准的规定。

④施工用的小型材料应尽可能地放置在库房中，防止因为受潮、雨淋而造成失效。

⑤焊接材料应符合以下要求：

A. 严禁使用药皮脱落或焊芯生锈的焊条、焊丝。

B. 焊丝、焊钉在使用前应清除油污、铁锈。

C. 用于焊接瓷环的焊条、焊剂和栓钉，在施焊前应烘焙。

3）人员及机具准备

选择满足工程需要的专业人员及机械设备、工具。一般机械设备、工具包括：交流焊机、直流焊机、碳弧气刨、自动埋弧焊机、CO_2 气体保护焊机、电弧栓焊机、空压机、焊条烘干箱、焊接液轮架、超声波探伤仪、数字温度仪、温湿度仪、焊缝检查尺、游标卡尺、钢卷尺等。

（3）施工工艺

钢结构工程在焊接之前，要经过放样、号料与剪切、矫正成型、边缘加工和制孔、组装等工艺。

1）工艺流程

钢结构焊接工艺流程如图 2-6 所示。

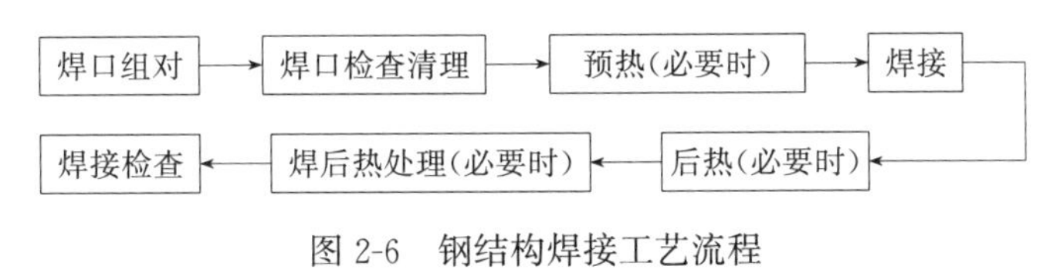

图 2-6　钢结构焊接工艺流程

2）焊接方法

钢结构常用焊接方法有以下几种：

①手工电弧焊

亦称手弧焊或药皮焊条电弧焊，是一种使用手工操作焊条进行焊接电弧焊的方法。手工电弧焊的原理是利用焊条与工件间产生的电弧热，将金属熔化进行焊接。焊接过程中焊条药皮熔化分解，生成气体和熔渣，在气体和熔渣的联合保护下，有效地排除了周围空气的有害影响，通过高温下熔化金属与熔渣间的冶金反应，还原与净化金属，得到所需要的焊缝。

手工电弧焊是一种适应性很强的焊接方法。它在建筑钢结构中得到广泛使用，可在室内、室外及高空平、横、立仰的位置进行施焊。它所需的焊接设备简单，使用灵活、方便，大多数情况下焊接接头可实现与母材等强度。适应焊接钢种的范围广，最小可焊接钢板厚度为 1mm。

手工电弧焊的缺点是生产效率低，劳动强度大，对焊工的操作技能要求较高。

②CO_2 气体保护焊

根据自动化程度分为全自动 CO_2 气体保护焊和半自动 CO_2 气体保护焊两种，在建筑钢结构中应用的主要是半自动 CO_2 气体保护焊。目前它已发展成为一种重要的熔化焊接方法。

③埋弧焊

埋弧自动焊（半自动焊）简称埋弧焊（半自动埋弧焊）。埋弧焊是电弧在颗粒状的焊剂层下，并在空腔中燃烧的自动焊接方法。电弧的辐射热使焊件、焊丝和焊剂熔化、蒸发形成气体，排开电弧周围的熔渣，形成一封闭空腔，电弧就在这个空腔内稳定燃烧。空腔的上部被一层熔化的焊剂——熔渣膜所包围，这层熔渣膜不仅可以有效地保护熔池金属，又使有碍操作的弧光辐射不再射出来，同时熔化的大量焊剂对熔池金属起还原、净化和合金化的作用。

埋弧焊和手工电弧焊的区别主要在于它的引弧、维持电弧稳定燃烧、输送焊丝、电弧的移动以及焊接结束后填满弧坑等动作，全部都是利用埋弧自动焊机本身工作实现的。

3）施工要点

①焊接材料的烘干与发放

A. 焊条、药芯焊丝、焊剂等在使用前，应按其产品说明书及焊接工艺文件的规定进行烘焙和存放。焊接材料在烘干时应排放合理、有利于均匀受热及潮气排除。烘干焊条时应注意防止焊条因骤冷骤热而导致药皮开裂或脱落。烘焙好的焊条应放在110～120℃的保温箱内，随用随取。

B. 烘干、发放焊条应做好记录。

C. 焊丝在使用前应清除油污、铁锈。应采用表面镀铜的焊丝。

②焊接坡口的检查和清理

A. 焊接坡口可用火焰切割或机械加工。缺棱1～3mm时，应修磨平整；缺棱超过3mm时，应用直径不超过3.2mm的低氢型焊条补焊，并修磨平整。当采用机械方法加工坡口时，加工表面不应有台阶。

B. 施焊前，焊工应检查焊接部位的组装质量情况，如坡口角度、钝边大小、组装间隙等。

C. 施焊前，焊工应清理焊接部位，去除油污及锈迹。焊接区域表面潮湿或有冰雪时，必须清除干净方可施焊。

D. 严禁在接头间隙中填塞焊条头、铁块等杂物。

③定位焊

A. 定位焊所用焊接材料应与正式施焊相同。定位焊焊缝应与最终焊缝有相同的质量要求。

B. 钢衬垫的定位焊宜在接头坡口内焊接，定位焊焊缝厚度不宜超过设计焊缝厚度的2/3，定位焊焊缝长度宜为40mm，间距宜为500～600mm，并应填满弧坑。

C. 定位焊预热温度应略高于正式施焊预热温度。当定位焊焊缝上有气孔或裂纹时，必须清除后重焊。

④引弧板、引出板及垫板

A. T形接头、十字形接头、角接接头和对接接头主焊缝两端，必须配置引弧板和引出板，其材质应和被焊母材相同，坡口形式应与被焊焊缝相同。

B. 手工电弧焊和气体保护电弧焊焊缝引出长度应大于25mm；其引弧板和引出板宽度应大于50mm，长度宜为板厚的1.5倍，且不小于30mm，厚度应不小于6mm。非手工电弧焊焊缝引出长度应大于80mm；其引弧板和引出板宽度应大于80mm，长度宜为板厚的2倍，且不小于100mm，厚度应不小于10mm。

C. 引弧板、引出板、垫板的固定焊缝应焊在接头焊接坡口内和垫板上，不应在焊缝以外的母材上焊接定位焊缝。

D. 焊接完成后，应用火焰切割去除引弧板和引出板，并修磨平整。不得用锤击落引弧板和引出板。

E. 引弧板、引出板、垫板割除时，应沿拐角处切割成圆弧过渡，且切割表面不得有深沟、不得伤及母材。

⑤预热、后热和层间温度的控制

A. 预热温度的确定

应根据焊接工艺评定报告确定是否进行焊前预热。如果需要预热，则预热温度除应执行焊接工艺评定的规定外，尚应满足下列规定：

a. 根据焊接接头的坡口形式和实际尺寸、板厚及构件约束条件确定预热温度。焊接坡口角度及间隙增大时，应相应提高预热温度。

b. 根据熔敷金属的扩散氢含量确定预热温度。扩散氢含量高时应适当提高预热温度。当其他条件不变时，使用超低氢型焊条打底时预热温度可降低25～50℃。

c. 根据焊接时热输入量的大小确定预热温度。当其他条件不变时，热输入量增大0.5kJ/mm，预热温度可降低25～50℃。电渣焊和气电立焊在环境温度为0℃以上时可不预热。

d. 根据接头热传导条件确定预热温度。当其他条件不变时，T形接头应比对接接头的预热温度高25～50℃。但T形接头两侧焊缝同时施焊时，应按对接接头确定预热温度。

e. 根据施焊环境温度确定预热温度。操作地点环境温度低于常温（高于0℃）时，应提高预热温度15～25℃。

B. 预热方法及层间温度控制方法

a. 焊前预热及层间温度的保持宜采用电加热器、火焰加热器等加热，并采用专用的测温仪器测量。

b. 预热的加热区域应在焊接坡口两侧，宽度应各为焊件施焊处厚度的1.5倍以上，且不小于100mm。预热温度宜在焊件反面测量，测温点应在离电弧经过前的焊接点各方向不小于75mm处，当用火焰加热器预热时正面测温应在加热停止后进行。

C. 后热（即焊后消氢处理，有要求时进行）

a. 消氢处理的加热温度应为200～250℃，保温时间应依据工件板厚按每25mm板厚不小于1h，且总保温时间不得小于1h。达到保温时间后应缓冷至常温。

b. 消氢处理的加热和测温方法应按本款“B. 预热方法及层间温度控制方法”的规定执行。

⑥多层焊的施焊要求

A. 厚板多层焊时应连续施焊，每一焊道完成后应及时清理焊渣及表面飞溅物，发现影响焊接质量的缺陷时，应清除后再焊。在连续焊接过程中应控制焊接区母材的温度，使层间温度的上、下限符合工艺文件要求。遇有中断施焊的情况，应采取适当的后热、保温措施。再次焊接时，重新预热温度应高于初始预热温度。

B. 坡口底层焊道采用手工电弧焊时宜使用直径不大于4mm的焊条施焊，底层根部焊道的最小尺寸应适宜，但最大厚度不应超过6mm。

⑦塞焊和槽焊

可采用手工电弧焊、气体保护电弧焊及自保护电弧焊等焊接方法。平焊时，应分层熔敷焊缝，每层熔渣冷却凝固后，必须清除方可重新焊接。立焊和仰焊时，每道焊缝焊完后，应待熔渣冷却并清除后，方可施焊后续焊道。

⑧防止板材层状撕裂的工艺措施

T形接头、十字形接头、角接接头焊接时，宜采取以下防止板材层状撕裂的工艺措施：

A. 采用双面坡口对称焊接代替单面坡口非对称焊接。

B. 采用低强度焊条在坡口内母材板面上先堆焊塑性过渡层。

C. 对于强度级别在 295MPa 以上钢材的箱形柱角接接头，当板厚大于或等于 80mm 时，板边火焰切割面宜用机械方法去除淬硬层。

D. 采用低氢型、超低氢型焊条或气体保护电弧焊施焊。

E. 提高预热温度。

⑨特殊部位焊接时机的控制

A. 对于非密闭的隐蔽部位，应按施工图的要求进行处理后，方可进行组装。

B. 对于刨平顶紧的部位，应经质量部门检查确认合格后才能施焊。

⑩控制焊接变形的工艺措施

A. 采用合理的焊接顺序控制变形。

a. 对于对接接头、T 形接头和十字形接头坡口焊接，在工件放置条件允许或易于翻身的情况下，宜采用双面坡口对称顺序施焊。对于有对称截面的构件，宜采用对称于构件中心轴的顺序施焊。

b. 对于双面非对称坡口焊接，宜采用先焊深坡口侧面、后焊浅坡口侧面、最后焊完深坡口侧面的顺序。

c. 对于长焊缝宜将分段退焊法与多人对称焊接法同时运用。

d. 宜采用跳焊法，避免工件局部集中加热。

e. 刚度大的部件最后焊接。

f. 由中间向两边施焊。

g. 如果焊缝 a 阻碍了焊缝 b 的横向收缩，那么应该先焊焊缝 b。

h. 从构件的工作状态考虑，应先焊拉应力区，后焊剪应力区和压应力区。

B. 在节点形式、焊缝布置、焊接顺序确定的情况下，宜采用熔化极气体保护电弧焊或药芯焊丝自保护电弧焊等能量密度相对较高的焊接方法，并采用较小的热输入。

C. 采用反变形法控制角变形。

D. 对于一般构件，可用定位焊固定同时限制变形；对于大型、厚板构件，宜采用刚性固定法增加结构焊接时的刚性。

E. 对于大型结构，宜采取分部组装焊接，分别矫正变形后，再进行总装焊接或连接的施工方法。

⑪焊接变形的矫正

因焊接而变形的构件，可用“冷矫”和“热矫”的方法矫正。冷矫时，对于普通低合金钢，环境温度不得低于－12℃；对于普通碳素钢，环境温度不得低于－16℃。热矫时，加热温度不应高于 900℃。同一部位的加热矫正次数不得超过 2 次，并应缓慢冷却，不得用水骤冷。

⑫焊后消除应力处理

A. 设计文件对焊后消除应力有要求时，根据构件尺寸，工厂制作宜采用加热炉整体退火或电加热器局部退火消除焊件应力。仅为稳定结构尺寸时，可采用振动法消除应力。工地安装焊缝宜采用锤击法消除应力。

B. 焊后热处理应符合相关标准的规定。当采用电加热器对构件进行局部消除应力热处理时，尚应符合下列要求：

a. 使用配有温度自动控制仪的加热设备，其加热、测温、控温性能应符合使用要求。

b. 构件焊缝每个侧面加热板（带）宽度至少为钢板厚度的 3 倍，且应不小于 200mm。

c. 加热板（带）以外构件两侧尚宜用保温材料适当覆盖。

C. 用锤击法消除中间焊层应力时，应使用圆头手锤或小型振动工具进行，不应对根部焊缝、盖面焊缝或焊缝坡口边缘的母材进行锤击。

D. 用振动法消除应力时，应符合相关规定。

⑬焊缝缺陷返修

A. 焊缝表面缺陷超过相应的质量检验标准时，对气孔、夹渣、焊瘤、余高过大等缺陷，应用砂轮打磨等方法去除，必要时应进行补焊；对焊缝尺寸不足、咬边、弧坑未填满等缺陷应进行补焊。

B. 经无损检测确定焊缝内部存在超标缺陷时，应返修，返修应符合下列规定：

a. 返修前应编写返修施工方案。

b. 应根据无损检测确定的缺陷位置、深度，用砂轮打磨或碳弧气刨清除缺陷。缺陷为裂纹时，碳弧气刨前应在裂纹两端钻止裂孔，并清除裂纹及两端各 50mm 长的焊缝或母材。

c. 清除缺陷时，应将刨槽加工成四侧边斜面角大于 10°的坡口，并应修整表面，磨除气刨渗碳层，必要时，应用渗透探伤和磁粉探伤方法确定裂纹是否彻底清除。

d. 补焊时，应在坡口内起弧；熄弧时，应填满弧坑。多层焊的焊层之间接头应错开，焊缝长度应小于 100mm。当焊缝长度大于 500mm 时，应采用分段退焊法。

e. 返修部位应连续焊成。如中断焊接时，应采取后热、保温措施，防止产生裂纹。再次焊接前宜用渗透探伤和磁粉探伤方法检查，确认无裂纹后方可继续补焊。

f. 焊接修补的预热温度应比相同条件下正常焊接的预热温度高，并应根据工程节点的实际情况确定是否使用超低氢型焊条焊接或进行焊后消氢处理。

g. 焊缝正反面各作为一个部位，同一部位返修不宜超过两次。对两次返修后仍不合格的部位，应重新制定返修方案，经工程技术负责人审批，并报监理工程师认可后，方可执行。

h. 返修焊接必须填写返修施工记录及返修前后的无损检测报告，作为工程验收及存档资料。

⑭碳弧气刨

A. 碳弧气刨工必须经过培训合格后方可上岗操作。

B. 如发现“夹碳”，应在夹碳边缘 5～10mm 处重新起刨，所刨深度应比“夹碳”深 2～3mm。发生粘渣时，可用砂轮打磨。Q420、Q460 及调质钢在碳弧气刨后，无论有无“夹碳”或“粘渣”，均应用砂轮打磨刨槽表面，去除淬硬层后进行焊接。

（4）质量标准

1）焊接质量检查

①质量检查人员应按要求，对焊接质量进行监督和检查。质量检查包括焊缝外观检查

和无损检测两方面。

②检验批的划分及检验批的质量合格标准执行相关标准。

2）外观检查

①所有焊缝均应冷却到环境温度后进行外观检查，低合金钢焊缝应以焊接完成24h后的检查结果作为验收依据，Q460级高强度钢焊缝应以焊接完成48h后的检查结果作为验收依据。

②外观检查一般用目测，裂纹的检查应辅以5倍放大镜并在合适的光照条件下进行，必要时可采用磁粉探伤或渗透探伤，尺寸的测量应用量具、卡规。

③焊缝外观质量和尺寸应符合相关标准的规定。

3）无损检测

①无损检测应在外观检查合格后进行。

②焊缝无损检测报告签发人员必须持有相应探伤方法的Ⅱ级或Ⅱ级以上资格证书。

③对无损检测的要求及合格标准执行相关标准的有关规定。

（5）施工试验计划

1）常用焊条

成品焊条由制造厂质量检验部门按批检验。制造厂对每一批号的焊条，根据实际检验结果出具质量证明书，以供需方查询。当用户提出要求时，制造厂应提供检验结果的副本。

2）埋弧焊用焊丝和焊剂

在埋弧焊过程中，焊丝和焊剂直接参与焊接过程中的冶金反应，因而它们的化学成分、物理性能直接影响埋弧焊过程的稳定性及焊接接头的性能和质量。

①检验批划分

A. 每批焊丝应由同一炉号（优质焊丝按同一炉号及同一热处理炉号）、同一形状、同一尺寸、同一交货状态的焊丝组成。

B. 每批焊剂应由同一批原材料，以同一配方及制造工艺制成。每批焊剂最高量不应超过60t。

②取样方法

A. 焊丝取样，从每批焊丝中抽取3%，但不少于2盘（卷、捆），进行化学成分、尺寸和表面质量检验。

B. 焊剂取样，若焊剂散放时，每批焊剂抽样不少于6处。若从包装的焊剂中取样，每批焊剂至少抽取6袋，每袋中抽取一定量，总量不少于10kg。把抽取的焊剂混合均匀，用四分法取出5kg，供焊接试件用，余下的5kg用于其他项目检验。

3）气体保护焊用焊丝

检验批划分

A. 每批焊丝应由同一炉号、同一规格，以同样制造工艺生产的焊丝组成。

B. 每批焊丝中按盘（卷）、筒数任选3%，但不少于两盘（卷）、筒，分别取样进行化学分析。

C. 焊丝直径用精度为0.01mm的量具，在同一横截面两个互相垂直的方向测量，测量部位不少于两处。

D. 每批焊丝中按盘（卷）、筒数任选1%，但不少于两盘（卷）、筒，分别取样检查镀铜层的结合力、焊丝的抗拉强度、焊丝的松弛直径和翘距。

（6）安全生产、现场文明施工要求

1）安全措施

①电焊机的外壳必须接地良好，电焊机主体的修理和电源的拆装应由电工进行。必须由焊工进行修理或接线时，必须先断开电源。

②电焊机要设单独的开关，开关应放在防雨的闸箱内，拉、合闸时应戴手套操作。

③焊钳与把线必须绝缘良好，连接牢固，更换焊条应戴手套。在潮湿地点工作，应站在绝缘胶板或木板上。

④焊接预热工件时，应有石棉布或挡板等隔热措施。

⑤把线、地线禁止与钢丝绳接触，更不得用钢丝绳或机电设备代替零线。所有地线接头，必须连接牢固。

⑥更换场地移动把线时，须切断电源，并不得手持把线爬梯登高。

⑦清除焊渣，采用碳弧气刨清根时，应戴防护眼镜或面罩，防止焊渣飞溅伤人。

⑧二氧化碳气体预热器的外壳应绝缘。

⑨雷雨时，禁止露天焊接工作。

⑩施焊场地周围应清除易燃易爆物品，或进行覆盖、隔离。必须在易燃易爆气体或液体扩散区施焊时，必须事先经有关部门检测许可。

⑪工作结束，应切断电焊机电源，并检查操作地点，确认无起火危险后，人员方可离开。

2）环境保护措施

①由于电焊和气刨作业会产生强烈的弧光，同时，气刨作业会产生较大的噪声，因此当作业场所距居民区较近时，不应在晚间进行气刨和电焊作业。

②进行射线探伤时，应设置警戒区。警戒区半径的大小与射线源的强度有关，应经过计算确定。在一般情况下，对于X射线探伤机，侧面、背面的安全距离约为30cm，正面的安全距离约为60cm；对于γ源，安全距离为150cm。

③进行渗透探伤时，用于擦洗工件的物品不可随手丢弃，应放在专用的容器内，统一处理。

（7）成品保护

1）焊后不准砸焊接接头，不准往刚焊完的焊缝上浇水。

2）不得随意在焊缝外的母材上引弧。

（8）工程质量验收

1）主控项目

①焊条、焊丝、焊剂、电渣焊熔嘴等焊接材料与母材的匹配，应符合设计要求及相关标准的规定。焊条、焊剂、药芯焊丝、熔嘴等在使用前，应按其产品说明书及焊接工艺文件的规定进行烘焙和存放。

检查数量：全数检查。

检验方法：检查质量证明书和烘焙记录。

②焊工必须经考试合格，并取得合格证书。持证焊工必须在其考试合格项目及其认可范围内施焊。

检查数量：全数检查。

检验方法：检查焊工合格证及其认可范围、有效期。

③施工单位对其首次采用的钢材、焊接材料、焊接方法、焊后热处理等，进行焊接工艺评定，并根据评定报告确定焊接工艺。

检查数量：全数检查。

检验方法：检查焊接工艺评定报告。

④设计要求全焊透的一级、二级焊缝应采用超声波探伤进行内部缺陷的检验，超声波探伤不能对缺陷给出判断时，应采用射线探伤，其内部缺陷分级及探伤方法应符合相关标准的规定。

焊接球节点网架焊缝、螺栓球节点网架焊缝及圆管 T、K、Y 形节点相关线焊缝，其内部缺陷分级及探伤方法，应分别符合国家相关标准的规定。

一级、二级焊缝的质量等级及缺陷分级应符合表 2-22 的规定。

一级、二级焊缝的质量等级及缺陷分级　　表 2-22

焊缝质量等级	内部缺陷超声波探伤			内部缺陷射线探伤		
	评定等级	检验等级	探伤比例	评定等级	检验等级	探伤比例
一级	Ⅱ级	B级	100%	Ⅱ级	B级	100%
二级	Ⅲ级	B级	20%	Ⅲ级	B级	20%

注：探伤比例的计数方法应按以下原则确定：对于工厂制作焊缝，应以每条焊缝计算百分比，且探伤长度应不小于 200mm，当焊缝长度不足 200mm 时，应对整条焊缝进行探伤；对于现场安装焊缝，应按同一类型、同一施焊条件的焊缝条数计算百分比，探伤长度应不小于 200mm，并应不少于一条焊缝。

检查数量：全数检查。

检验方法：检查超声波或射线探伤记录。

⑤ T 形接头、十字形接头、角接接头等要求熔透的对接和角对接组合焊缝，其焊脚尺寸不得小于 $t/4$；设计有疲劳验算要求的起重机梁或类似构件的腹板与上翼缘板连接焊缝的焊脚尺寸为 $t/2$，且不应大于 10mm，t 是焊缝高度。焊脚尺寸的允许偏差为 0～4mm。

检查数量：资料全数检查；同类焊缝抽查 10%，且不应少于 3 条。

检验方法：观察检查，用焊缝量规抽查测量。

⑥焊缝表面不得有裂纹、焊瘤等缺陷。一级、二级焊缝不得有表面气孔、夹渣、弧坑裂纹、电弧擦伤、接头不良等缺陷。且一级焊缝不得有咬边、未焊满、根部收缩等缺陷。

检查数量：每批同类构件抽查 10%，且不应少于 3 件；被抽查构件中，每一类型焊缝按条数抽查 5%，且不应少于 1 条；每条检查 1 处，总抽查数不应少于 10 处。

检验方法：观察检查或使用放大镜、焊缝量规和钢尺检查，当存在疑义时，采用渗透或磁粉探伤检查。

2）一般项目

①对于需要进行焊前预热或焊后热处理的焊缝，其预热温度或后热温度应符合国家现行有关标准的规定或通过工艺试验确定。预热区在焊道两侧，每侧宽度均应大于焊件厚度的 1.5 倍以上，且不应小于 100mm；后热处理应在焊后立即进行，保温时间应根据板厚按每 25mm 板厚 1h 确定。

检查数量：全数检查。

检验方法：检查预、后热施工记录和工艺试验报告。

②二级、三级焊缝外观质量标准应符合相关标准的规定。三级对接焊缝应按二级焊缝标准进行外观质量检验。

检查数量：每批同类构件抽查10%，且不应少于3件；被抽查构件中，每一类型焊缝按条数抽查5%，且不应少于1条；每条检查1处，总抽查数不应少于10处。

检验方法：观察检查或使用放大镜、焊缝量规和钢尺检查。

③焊缝尺寸允许偏差应符合相关标准的规定。

检查数量：每批同类构件抽查10%，且不应少于3件；被抽查构件中，每种焊缝按条数各抽查5%，但不应少于1条；每条检查1处，总抽查数不应少于10处。

检验方法：用焊缝量规检查。

④焊成凹形的角焊缝，焊缝金属与母材间应平缓过渡；加工成凹形的角焊缝，不得在其表面留下切痕。

检查数量：每批同类构件抽查10%，且不应少于3件。

检验方法：观察检查。

⑤焊缝观感应达到：外形均匀、成型较好，焊道与焊道、焊道与基本金属间过渡较平滑，焊渣和飞溅物基本清除干净。

检查数量：每批同类构件抽查10%，且不应少于3件；被抽查构件中，每种焊缝按数量各抽查5%，总抽查数不应少于5处。

检验方法：观察检查。

（9）质量验收

1）检验批和焊缝处数的确定

①检验批的确定

A. 按焊接部位和接头形式分别组成批。

B. 工厂制作焊缝以同一工区（车间），按一定的焊缝数量组成批；多层框架结构以每节柱的所有构件组成批。

C. 现场安装焊缝以区段组成批；多层框架结构以每层（节）的焊缝组成批。

D. 批的数量宜为300～600处。

②焊缝处数的确定

工厂制作焊缝长度小于等于1000mm时，每条焊缝为一处；长度大于1000mm时，将其划分为每300mm为一处；现场安装焊缝每条焊缝为一处。

③检验批的划分应在施工组织设计（或施工方案）中确定。

④抽样检查除设计指定焊缝外应采用随机方式取样。

2）检验批的合格标准

抽样检查的焊缝数如不合格率小于2%时，该批验收应定为合格；不合格率大于5%时，该批验收应定为不合格；不合格率为2%～5%时，应加倍抽检，且必须在原不合格部位两侧的焊缝延长线各增加一处，如在所有抽检焊缝中不合格率不大于3%时，该批验收应定为合格，不合格率大于3%时，该批验收应定为不合格。当批量验收不合格时，应对该批余下焊缝进行全数检查。当检查出一处裂纹缺陷时，应加倍抽检，如在加倍抽检焊缝中未检查出裂纹缺陷时，该验收应定为合格，当检查出多处裂纹缺陷或加倍抽查又发现裂纹缺陷时，应对该批余下焊缝进行全数检查。

钢结构（钢构件焊接）分项工程检验批质量验收记录表见表 2-23。

钢结构（钢构件焊接）分项工程检验批质量验收记录表　　　　表 2-23

工程名称				检验批部位	
施工单位				项目经理	
监理单位				总监理工程师	
施工依据标准				分包单位负责人	
主控项目		合格质量标准按《钢结构工程施工质量验收标准》GB 50205—2020 规定	施工单位检验评定记录或结果	监理（建设）单位验收记录或结果	备注
1	焊接材料进场	第 4.3.1 条			
2	焊接材料复验	第 4.3.2 条			
3	材料匹配	第 5.2.1 条			
4	焊工证书	第 5.2.2 条			
5	焊接工艺评定	第 5.2.3 条			
6	内部缺陷	第 5.2.4 条			
7	组合焊缝尺寸	第 5.2.5 条			
8	焊缝表面缺陷	第 5.2.6 条			
一般项目		合格质量标准按《钢结构工程施工质量验收标准》GB 50205—2020 规定	施工单位检验评定记录或结果	监理（建设）单位验收记录或结果	备注
1	焊接材料进场	第 4.3.4 条			
2	预热和后热处理	第 5.2.7 条			
3	焊缝外观质量	第 5.2.8 条			
4	焊缝尺寸偏差	第 5.2.9 条			
5	凹形角焊缝	第 5.2.10 条			
6	焊缝感观	第 5.2.11 条			
施工单位检验评定结果		班组长： 项目技术负责人： 年　月　日		质检员： 或专业工长： 年　月　日	
监理（建设）单位验收结论		监理工程师（建设单位项目技术人员）：　年　月　日			

2.13　装配式钢结构工程实例

2021 年 7 月 16 日，远大科技集团有限公司发布全球首座装配式不锈钢低碳建筑——活楼。该建筑由远大科技集团有限公司旗下远大可建科技有限公司建造，投入近百亿元研发了十余年，采用模块化设计、生产、运输、安装，实现了 100％工厂化建造，改变了传统混凝土建筑材料和施工方式，提升了建筑工业化程度，是全球首创的不锈钢建筑。

据远大科技集团有限公司总裁、董事长介绍，活楼全球成本体现在工厂生产比现场施工效率高 20 倍以上，供应量“以量换价”，建材价低 30%～200%，减少了资金成本，得房率高 2%～5%，运行费少 80%～90%。活楼拥有终极结构材料芯板的一切优点，集结构、保温、隔声、水电、暖通、节能、智能、内部高质量装修于一体，具有不锈钢、高隔热、深科技、低成本四大特点。

活楼的主体材料是不锈钢芯板，由远大科技集团有限公司投入上千人，花费 12 年时间，耗资 80 多亿元，先后尝试 5 种技术模式，试验了上百种耐高温材料研发而成。

不锈钢芯板由上下两片不锈钢板中间夹一层圆芯管阵列而成，采用远大科技集团有限公司独家发明的热风铜钎焊技术焊接，不仅比传统结构轻 10 倍，韧性强百倍，还能抵抗超级地震、台风，是目前应用在建筑领域强度最高、韧性最大的材料，可以有效地提高抗震抗台风能力。

远大活楼设定的千年建筑目标，与联合国可持续发展目标中的第 11 个目标，即“可持续的城市和社区”关联度非常高。远大活楼符合零碳时代的发展趋势，也体现了远大科技集团有限公司造福人类的非凡精神。可以说远大科技集团有限公司开发了一种新的商业模式，其对于环境的保护以及对建筑的能源效率和可持续性的升级都符合联合国可持续发展目标，非常有意义。

这种装配式钢结构建筑取名为活楼主要有五个原因：一是因为不锈钢极为耐久、抗震，具有强大的生命力；二是因为采用远大洁净新风机，100%新风，杜绝交叉感染，并且过滤 99.9%的 PM2.5，保护生命；三是因为采用厚保温、多玻璃窗、新风热回收，比常规建筑减碳 80%～90%；四是因为建筑楼型、户型、房型及加减层数极为灵活；五是尽管活楼品质极高，价格却比传统建筑更低，具有占领全球市场的巨大活力。活楼的活不止在于可随意拆卸、异地重建，更在于功能变换的随意性，它可以是住宅、医院、养老院等。

近些年来，我国产业发展一直遵循低碳环保的原则，远大活楼因其工厂化的生产模式、拼装式的施工方式，环境污染以及资源浪费较少，更加符合我国建筑节能减排的发展方向。在千年建筑的标签下，远大科技集团有限公司先要实现的是技术和材料带来的根本性变革。零混凝土、零脚手架、零模板、零建筑垃圾，远大科技集团有限公司正在以低碳住宅赋能国人甚至全世界人类的高品质生活。

3 装配式混凝土技术

3.1 装配式混凝土结构设计要点

（1）预制柱的设计应符合相关标准的要求，并应符合下列规定：

1）柱纵向受力钢筋直径不宜小于 20mm。

2）矩形柱截面宽度或圆柱直径不宜小于 400mm，且不宜小于同方向梁宽的 1.5 倍。

3）柱纵向受力钢筋采用套筒灌浆连接时，柱箍筋加密区长度不应小于纵向受力钢筋连接区域长度与 500mm 之和；套筒上端第一个箍筋距离套筒顶部不应大于 50mm。

（2）采用预制柱及叠合梁的装配整体式框架中，柱底接缝宜设置在楼面标高处，并应符合下列规定：

1）后浇节点区混凝土上表面应设置粗糙面。

2）柱纵向受力钢筋应贯穿后浇节点区。

3）柱底接缝厚度宜为 20mm，并应采用灌浆料填实。

（3）采用预制柱及叠合梁的装配整体式框架节点，梁纵向受力钢筋应伸入后浇节点区内锚固或连接。

（4）节点设计要点：

1）柱钢筋集中布置在角部，柱截面不宜过小。

2）梁配筋率适宜，尽量单排布筋。

3）几个方向梁下部钢筋避让。

4）梁钢筋弯折或避让造成局部保护层过厚时，需避免削弱承载力，并附加构造筋控制裂缝及保护层脱落。

（5）进行抗震设计时，对同一层内既有现浇墙肢，也有预制墙肢的装配整体式剪力墙结构，现浇墙肢水平地震作用弯矩、剪力宜乘以不小于 1.1 的增大系数。

（6）装配整体式剪力墙结构的布置应满足下列要求：

1）应沿两个方向布置剪力墙。

2）剪力墙的截面宜简单、规则，预制墙的门窗洞口宜上下对齐、成列布置。

（7）抗震设计时，高层装配整体式剪力墙结构不应全部采用短肢剪力墙；抗震设防烈度为 8 度时，不宜采用具有较多短肢剪力墙的剪力墙结构。当采用具有较多短肢剪力墙的剪力墙结构时，应符合下列规定：

1）在规定的水平地震作用下，短肢剪力墙承担的底部倾覆力矩不宜大于结构底部总地震倾覆力矩的50%。

2）房屋适用高度应比规定的装配整体式剪力墙结构的最大适用高度适当降低，抗震设防烈度为7度和8度时宜分别降低20m。

注：短肢剪力墙是指截面厚度不大于300mm、各肢截面高度与厚度之比的最大值大于4，但不大于8的剪力墙。具有较多短肢剪力墙的剪力墙结构是指在规定的水平地震作用下，短肢剪力墙承担的底部倾覆力矩不小于结构底部总地震倾覆力矩的30%的剪力墙结构。

（8）抗震设防烈度为8度时，高层装配整体式剪力墙结构中的电梯井筒宜采用现浇混凝土结构。

（9）预制剪力墙宜采用一字形，也可采用L形、T形或U形。开洞预制剪力墙洞口宜居中布置，洞口两侧的墙肢宽度不应小于200mm，洞口上方连梁高度不宜小于250mm。

（10）预制剪力墙的连梁不宜开洞，需要开洞时，洞口宜预埋套管，洞口上下截面的有效高度不宜小于梁高的1/3，且不宜小于200mm。被洞口削弱的连梁截面应进行承载力验算，洞口处应配置补强纵向钢筋和箍筋，补强纵向钢筋的直径不应小于12mm。

（11）预制剪力墙开有边长小于800mm的洞口，且在结构整体计算中不考虑其影响时，应沿洞口周边配置补强钢筋。补强钢筋的直径不应小于12mm，截面面积不应小于同方向被洞口截断的钢筋面积。该钢筋自孔洞边角算起伸入墙内的长度，非抗震设计时不应小于l_a，抗震设计时不应小于l_{ae}。

（12）当采用套筒灌浆连接时，自套筒底部至套筒顶部并向上延伸300mm，预制剪力墙的水平分布筋应加密，加密区水平分布筋的最大间距及最小直径应符合表3-1的规定，套筒上端第一道水平分布钢筋距离套筒顶部不应大于50mm。

（13）楼层内相邻预制剪力墙之间应采用整体式接缝连接，且应符合下列规定：

1）边缘构件内的配筋及构造要求应符合相关标准规定。预制剪力墙的水平分布钢筋在后浇段内的锚固、连接应符合相关标准的规定。

2）非边缘构件位置，相邻预制剪力墙之间应设置后浇段，后浇段的宽度不应小于墙厚，且不宜小于200mm。后浇段内应设置不少于4根竖向钢筋，钢筋直径不应小于墙体竖向分布筋直径，且不应小于8mm。两侧墙体的水平分布筋在后浇段内的锚固、连接应符合相关标准的规定。

（14）屋面以及立面收进的楼层，应在预制剪力墙顶部设置封闭的后浇钢筋混凝土圈梁，并应符合下列规定：圈梁截面宽度不应小于剪力墙的厚度，截面高度不宜小于楼板厚度及250mm的较大值；圈梁应与现浇或者叠合楼板屋盖浇筑成整体。

（15）各层楼面位置，预制剪力墙顶部无后浇圈梁时，应设置连续的水平后浇带。水平后浇带应符合下列规定：

1）水平后浇带宽度应取剪力墙的厚度，高度不应小于楼板厚度。水平后浇带应与现浇或者叠合楼板、屋盖浇筑成整体。

2）水平后浇带内应配置不少于2根连续纵向钢筋，其直径不宜小于12mm。

3.2 装配式混凝土构件预制准备

3.2.1 生产准备

主要包括熟悉构件加工图，编制专项生产方案，人员配置与管理等内容。

1. 熟悉构件加工图

预制构件生产厂技术人员及项目负责人应及时熟悉预制构件生产图纸，编制作业计划书，对工人进行技术交底。编制用料清单，并对模板数量、钢筋加工强度及预制顺序进行安排。及时熟悉施工图纸，及时了解使用单位的意图，了解预制构件钢筋、模板的尺寸、形式和商品混凝土浇筑工程量、基本浇筑方式。

2. 编制专项生产方案

预制构件生产厂应根据合同的目标约定，结合预制构件的质量要求、生产技术、工艺流程，及时编制构件生产方案，并按程序经过审批后实施。构件的生产方案主要包括以下内容：

（1）生产计划及生产工艺。

（2）模具计划及组装。

（3）设备调试计划。

（4）技术质量控制措施。

（5）安全保证措施。

（6）物流管理计划。

（7）成品保护措施。

3. 人员配置与管理

预制构件品种多样，结构不一，应及时根据施工人员的工作量及施工水平进行合理安排，建立生产管理组织体系，保障构件安全、有序生产。

3.2.2 原材料进厂检验

水泥、骨料（砂、石）、外加剂、掺和料等混凝土用原材料应符合相关标准的规定，并进行进场复验，经复验合格后方可使用。

1. 水泥

进场前要求供应商出具水泥出厂合格证和质保单，对其品种、级别、包装或散装仓号、出厂日期等进行检查，并按批次对其强度（ISO 胶砂法）、安定性、凝结时间及其他必要的性能指标进行复验。

（1）强度检验（ISO 胶砂法）

首先用湿布湿润搅拌锅待用，再用天平准确称取 450g 水泥，用量筒量取 225mL 水待用。

将水加入搅拌锅后，把水泥加入搅拌锅，同时将标准砂加入到沙漏中，然后启动搅拌机开始搅拌。

将搅拌好的试样分两次放入振动台上的试模内，并分两次振动，每次 60 次。

将成型好的试块放入标准养护箱中养护，次日将试模拆去，再将试块养护到规定的龄期。

龄期到达后进行强度试验，并记录数据，形成水泥强度检验报告。

（2）安定性

沸煮法合格。

（3）凝结时间

硅酸盐水泥初凝时间不小于 45min，终凝时间不大于 390min。

普通硅酸盐水泥、矿渣硅酸盐水泥、火山灰质硅酸盐水泥、粉煤灰硅酸盐水泥和复合硅酸盐水泥初凝时间不小于 45min，终凝时间不大于 600min。

（4）细度（选择性指标）

硅酸盐水泥和普通硅酸盐水泥以比表面积表示，不小于 300m^2/kg。矿渣硅酸盐水泥、火山灰质硅酸盐水泥、粉煤灰硅酸盐水泥和复合硅酸盐水泥以筛余表示，80μm 方孔筛筛余不大于 10%或 45μm 方孔筛筛余不大于 30%。

2. 砂

使用前要对砂的含水量、含泥量进行检验，并用筛选分析试验对其颗粒级配及细度模数进行检验，不得使用海砂。

（1）砂的颗粒级配及细度模数试验仪器及步骤：

1）用天平称取烘干后的砂 100g 待用。

2）将标准筛由大到小排好顺序，将砂加入到最顶层的筛子中。

3）将砂放到振动筛上，开动振动筛完成砂分级操作，然后称出不同筛子上的砂量，做好记录，得出颗粒级配，并由以上数据计算得出砂的细度模数。

（2）砂质量应符合《普通混凝土用砂、石质量及检验方法标准》JGJ 52—2006 的规定。

砂的质量要求：砂的粗细程度按细度模数分为粗、中、细、特细四级。

（3）砂筛应采用方孔筛，砂的公称粒径、砂筛筛孔的公称直径和方孔筛筛孔边长应符合表 3-1 的规定。

砂的公称粒径、砂筛筛孔的公称直径与方孔筛筛孔边长尺寸　　表 3-1

砂的公称粒径	砂筛筛孔的公称直径	方孔筛筛孔边长	砂的公称粒径	砂筛筛孔的公称直径	方孔筛筛孔边长
5.00mm	5.01mm	4.75mm	315μm	316μm	300μm
2.50mm	2.51mm	2.35mm	160μm	161μm	150μm
1.25mm	1.26mm	1.18mm	80μm	81μm	75μm
630μm	631μm	500μm	—	—	—

（4）除特细砂外，砂的颗粒级配可按公称直径 630μm 筛孔的累计筛余量（以质量百分率计，下同），分成三个级配区（表 3-3），且砂的颗粒级配应处于表 3-2 中的某一区内。

砂的实际颗粒级配与表 3-3 中的累计筛余相比，除公称粒径的 5.00mm 和 630μm 的累计筛余外，其余公称粒径的累计筛余可稍有超出分界线，但总超出量不应大于 5%。当天然砂的实际颗粒级配不符合要求时，宜采取相应的技术措施，并经试验证明能确保混凝土质量后方允许使用。

砂颗粒级配区累计筛余（%） **表 3-2**

累计筛余级配区公称粒径	Ⅰ区	Ⅱ区	Ⅲ区
5.00mm	10～0	10～0	10～1
2.50mm	35～5	25～0	15～0
1.25mm	65～35	50～10	25～0
630μm	85～71	70～41	40～16
315μm	95～80	92～70	85～55
160μm	100～90	100～90	100～90

配制混凝土时，宜优先选用Ⅱ区砂。当采用Ⅰ区砂时，应提高砂率，并保持足够的水泥用量，满足混凝土的和易性；当采用Ⅲ区砂时，宜适当降低砂率；当采用特细砂时，应符合相应的规定。此外，还要对砂的含水量、含泥量及泥块含量进行检测，达到相关规范要求后方可使用。机制砂的检测参照上述规定执行。

3. 石子

使用前要对石子的含水量、含泥量进行检验，并用筛选分析试验对其颗粒级配进行检验，其质量应符合《普通混凝土用砂、石质量及检验方法标准》JGJ 52—2006 的规定。

（1）石子筛选分析试验方法参见砂筛选分析试验方法。

（2）石子的公称粒径、石筛筛孔的公称直径与方孔筛筛孔边长应符合表 3-3 的规定。

石子的公称粒径、石筛筛孔的公称直径与方孔筛筛孔尺寸 **表 3-3**

级配情况	公称粒径(mm)	累计筛余按质量计(%)											
		方孔筛筛孔尺寸(mm)											
		2.36	4.75	9.5	16.0	19.0	26.5	31.5	37.5	53.0	63.0	75.9	90.0
连续粒级	5～10	95～100	80～100	0～15	0	—	—	—	—	—	—	—	—
	5～16	95～100	85～100	30～60	0～10	0	—	—	—	—	—	—	—
	5～20	95～100	90～100	40～80	—	0～10	0	—	—	—	—	—	—
	5～25	95～100	90～100	—	30～70	—	0～5	0	—	—	—	—	—
	5～31.5	95～100	90～100	70～90	—	15～45	—	0～5	0	—	—	—	—
	5～40	—	95～100	70～90	—	30～65	—	—	0～5	0	—	—	—
单粒级	10～20	—	95～100	85～100	—	0～15	0	—	—	—	—	—	—
	16～31.5	—	95～100	—	85～100	—	—	0～10	0	—	—	—	—
	20～40	—	—	95～100	—	80～100	—	—	0～10	0	—	—	—
	31.5～63	—	—	—	95～100	—	—	75～100	45～75	—	0～10	0	—
	40～80	—	—	—	—	95～100	—	—	70～100	—	30～60	0～10	0

（3）碎石或卵石的颗粒级配，应符合表 3-4 的要求。

混凝土用石应采用连续粒级。

单粒级宜用于组合成满足要求级配的连续粒级，也可与连续粒级混合使用，以改善其级配或配成较大粒度的连续粒级。

当卵石的颗粒级配不符合表 3-4 的要求时，应采取措施，并经试验证实能确保工程质量后，方允许使用。

（4）对于有抗冻、抗渗或其他特殊要求的混凝土，其所用碎石或卵石的含泥量不应大于1.0%。当碎石或卵石的含泥是非黏土质的石粉时，其含泥量由0.5%、1.0%、2.0%分别提高到1.0%、1.5%、3.0%。对于有抗冻、抗渗和其他特殊要求的强度等级小于C30的混凝土，其所用碎石或卵石的泥块含量应不大于0.5%。

4. 减水剂

进场前要求供应商出具合格证和质保单。减水剂产品应均匀、稳定，为此，应根据减水剂品种，定期选测下列项目：固体含量或含水量，pH，密度，松散密度，表面张力，起泡性，氯化物含量，主要成分含量（如硫酸盐含量、还原糖含量、木质素含量等），钢筋锈蚀快速试验，净浆流动度，净浆减水率，砂浆减水率，砂浆含气量等。其质量应符合相关标准的规定。

5. 粉煤灰

进场前要求供应商出具合格证和质保单等，按批次对其细度等进行检验，应符合相关标准的规定。

6. 矿粉

进场前要求供应商出具合格证和质保单等，按批次对其活性指数、氯离子含量、细度及流动度比等进行检验，应符合相关标准的规定。

7. 钢材

进场前要求供应商出具合格证和质保单，按批次对其抗拉伸强度、密度、尺寸、外观等进行检验，其指标应符合相关标准的规定。

（1）抗拉强度试验方法

1）将钢材拉直除锈。

2）按如下要求截取试样：$d \leqslant 25$mm，试样夹具之间的最小自由长度为350mm；25mm$<d \leqslant$32mm，试样夹具之间的最小自由长度为400mm；32mm$<d \leqslant$50mm，试样夹具之间的最小自由长度为500mm。d为钢材直径。

3）将样品用钢筋标距仪标定标距。

4）将试样放入万能材料试验机夹具内，关闭回油阀，夹紧夹具，开启机器。

5）试验过程中认真观察万能材料试验机度盘，指针首次逆时针转动时的荷载值即为屈服荷载，记录该荷载。

6）继续拉伸，直至样品断裂，指针指向的最大值即为破坏荷载，记录该荷载。

7）用钢尺量取$5d$的标距拉伸后的长度作为断后标距并记录。

（2）延伸率试验方法

一般延伸率求的是断后伸长率，钢筋拉伸前要先做好原始标记，如果是机器打印标记的话比较省事，拉断后按照钢筋的5倍直径测量，手工划印可以按照5倍直径的一半连续划印。到时测量三点，因为钢筋不一定断裂在什么位置，所以一般整根钢筋都要被划印。测量结果精确到0.25mm，计算结果精确到0.5%。

8. 夹心保温材料

宜采用挤塑聚苯乙烯板（XPS）、硬泡聚氨酯（PUR）等轻质高效保温材料。选用时除应考虑材料的导热系数外，还应考虑材料的吸水率、燃烧性能、强度等指标。进场前要求供应商出具合格证和质保单，并对产品外观、尺寸、防火性能等进行检验。夹心保温材料应委托具有相应资质的检测机构进行检测。

9. 预埋件

应按照构件制作图要求进行制作，并准确定位。各种预埋件进场前要求供应商出具合格证和质保单，并对产品外观、尺寸、强度、防火性能、耐高温性能等进行检验。预埋件应委托具有相应资质的检测机构进行检测。

10. 混凝土

（1）混凝土应符合下列要求：

1）混凝土配合比设计应符合相关标准规定和设计要求。混凝土配合比宜有必要的技术说明，包括生产时的调整要求。

2）混凝土氯化物和碱总含量应符合相关标准的规定和设计要求。

3）混凝土中不得掺加对钢材有锈蚀作用的外加剂。

4）预制构件的混凝土强度等级不宜低于 C30；预应力混凝土构件的混凝土强度等级不宜低于 C40，且不应低于 C30。

（2）混凝土坍落度检测

坍落度的测试方法：用一个上口直径 100mm、下口直径 200mm、高 300mm 喇叭状的坍落度桶（使用前用水湿润），分两次灌入混凝土后捣实，然后垂直拔起桶，混凝土因自重产生坍落现象，用桶高（300mm）减去坍落后混凝土最高点的高度，称为坍落度。如果差值为 10mm，则坍落度为 10。

混凝土的坍落度，应根据预制构件的结构断面、钢筋含量、运输距离、浇筑方法、运输方式、振捣能力和气候等条件确定，在选定配合比时应综合考虑，并宜采用较小的坍落度。

（3）进行混凝土强度检验时，每 100 盘但不超过 $100m^2$ 的同配合比混凝土，取样不少于一次，不足 100 盘和 $100m^2$ 的混凝土取样不少于一次，当同配合比混凝土超过 $1000m^2$ 时，每 $200m^2$ 取样不少于一次。每次取样应至少留置一组标准养护试件，同条件养护试件的留置组数应根据实际需要确定。

（4）构件生产过程中出现下列情况之一时，应对混凝土配合比重新设计并检验：

1）原材料的产地或品质发生显著变化时。

2）停产时间超过一个月，重新生产前。

3）合同要求时。

4）混凝土质量出现异常时。

3.3 装配式混凝土结构技术

3.3.1 装配式混凝土剪力墙结构技术

1. 技术内容

装配式混凝土剪力墙结构是指全部或部分采用预制墙板构件，通过可靠的连接后，浇筑混凝土、水泥基灌浆料，形成整体的混凝土剪力墙结构。这是近年来在我国应用最多、发展最快的装配式混凝土结构技术。

国内的装配式剪力墙结构体系主要包括：

（1）高层装配整体式剪力墙结构。在该结构体系中，部分或全部剪力墙采用预制构件，预制剪力墙之间的竖向接缝一般位于结构边缘构件部位。该部位采用现浇方式与预制墙板形成整体，预制墙板的水平钢筋在后浇部位实现可靠连接或锚固。预制剪力墙水平接缝位于楼面标高处，水平接缝处钢筋可采用套筒灌浆连接、浆锚搭接连接或在底部预留后浇区内搭接连接的连接形式。在每层楼面处设置水平后浇带，并配置连续纵向钢筋，在屋面处应设置封闭后浇圈梁。采用叠合楼板及预制楼梯，预制或叠合阳台板。该结构体系主要用于高层住宅，其整体受力性能与现浇剪力墙结构相当，按“等同现浇”设计原则进行设计。

（2）多层装配式剪力墙结构。与高层装配整体式剪力墙结构相比，多层装配式剪力墙结构计算可采用弹性方法进行结构分析，并可按照结构实际情况建立分析模型，以建立适用于装配特点的计算与分析方法。在构造连接措施方面，边缘构件设置及水平接缝的连接均有所简化，并降低了剪力墙及边缘构件配筋率、配箍率要求，允许采用预制楼盖和干式连接的做法。

2. 技术指标

针对装配式混凝土剪力墙结构的特点，结构设计中应该注意以下基本概念：

（1）应采取有效措施加强结构的整体性。装配整体式剪力墙结构是在选用可靠的预制构件受力钢筋连接技术的基础上，采用预制构件与后浇混凝土相结合的方法，通过连接节点的合理构造措施，将预制构件连接成一个整体，保证其具有与现浇混凝土结构基本等同的承载能力和变形能力，达到与现浇混凝土结构等同的设计目标。其整体性主要体现在预制构件之间、预制构件与后浇混凝土之间的连接节点上，包括接缝混凝土粗糙面及键槽的处理、钢筋连接锚固技术、各类附加钢筋、构造钢筋等。

（2）装配式混凝土结构的材料宜采用高强钢筋与适宜的高强混凝土。预制构件在工厂生产，混凝土构件可实现蒸汽养护，对于混凝土的强度、抗冻性及耐久性有显著提升，方便高强混凝土技术的采用，且可以提早脱模提高生产效率。采用高强混凝土可以减小构件截面尺寸，便于运输吊装。采用高强钢筋，可以减少钢筋数量，简化连接节点，便于施工，降低成本。

（3）装配式结构的节点和接缝应受力明确、构造可靠，一般采用经过充分的力学性能试验研究、施工工艺试验和实际工程检验的节点做法。节点和接缝的承载力、延性和耐久性等一般通过对构造、施工工艺等的严格要求来满足，必要时，单独对节点和接缝的承载力进行验算。若采用的相关标准、图集中均未涉及新型节点连接构造，则应进行必要的技术研究与试验验证。

（4）装配整体式剪力墙结构中，预制构件合理的接缝位置、尺寸及形状设计是十分重要的，应以模数化、标准化为设计工作基本原则。接缝对建筑功能、建筑平立面、结构受力状况、预制构件承载能力、制作安装、工程造价等都会产生一定的影响。设计时，应满足建筑模数协调、建筑物理性能、结构和预制构件的承载能力、便于施工和进行质量控制等多项要求。

3. 适用范围

装配式混凝土剪力墙结构适用于抗震设防烈度为6～8度区，其中，装配整体式剪力墙结构可用于高层居住建筑，多层装配式剪力墙结构可用于低层、多层居住建筑。

4. 工程案例

北京万科新里程项目、北京金域缇香高层住宅项目、北京金域华府019地块住宅项目、合肥滨湖桂园6号及8～11号楼住宅项目、合肥市包河公租房1～5号楼住宅项目、海门中南世纪城96～99号楼公寓项目。

3.3.2 装配式混凝土框架结构技术

1. 技术内容

包括装配整体式混凝土框架结构及其他装配式混凝土框架结构。我们主要介绍装配整体式混凝土框架结构的内容。装配整体式框架结构是指全部或部分框架梁、柱采用预制构件通过可靠的连接方式装配而成，连接节点处采用现场后浇混凝土、水泥基灌浆料等将构件连成整体的混凝土结构。其他装配式框架主要指各类干式连接的框架结构，主要与剪力墙、抗震支撑等配合使用。

装配整体式框架结构可采用与现浇混凝土框架结构相同的方法进行结构分析，其承载力极限状态及正常使用极限状态的作用效应可采用弹性分析方法。在进行结构内力与位移计算时，对于现浇楼盖和叠合楼盖，均可假定楼盖在其平面为无限刚性。装配整体式框架结构构件和节点的设计均可按与现浇混凝土框架结构相同的方法进行，此外，尚应对叠合梁端竖向接缝、预制柱柱底水平接缝部位进行受剪承载力验算，并进行预制构件在短暂设计状况下的验算。装配整体式框架结构中，应通过合理的结构布置，避免预制柱的水平接缝出现拉力。

装配整体式框架主要包括框架节点后浇和框架节点预制两大类：前者的预制构件在梁柱节点处通过后浇混凝土连接，预制构件为一字形；而后者的连接节点位于框架柱、框架梁中部，预制构件有十字形、T形、一字形等，并包含节点，由于预制框架节点制作、运输、现场安装难度较大，因此现阶段工程较少采用。

在进行装配整体式框架结构连接节点设计时，应合理确定梁和柱的截面尺寸以及钢筋的数量、间距及位置等，钢筋的锚固与连接应符合国家现行标准的相关规定，并应考虑构件钢筋的碰撞问题以及构件的安装顺序，确保装配整体式框架结构的易施工性。装配整体式框架结构中，预制柱的纵向钢筋可采用套筒灌浆、机械冷挤压等连接方式。当梁柱节点现浇时，叠合框架梁纵向受力钢筋应伸入后浇节点区锚固或连接，其下部的纵向受力钢筋也可伸至节点区外的后浇段内进行连接。当叠合框架梁采用对接连接时，梁下部纵向钢筋在后浇段内宜采用机械连接、套筒灌浆连接或焊接等连接形式。叠合框架梁的箍筋可采用整体封闭箍筋及组合封闭箍筋形式。

2. 技术指标

装配式框架结构的构件及结构的安全性与质量应满足《装配式混凝土结构技术规程》JGJ 1—2014、《装配式混凝土建筑技术标准》GB/T 51231—2016、《混凝土结构工程施工规范》GB 50666—2011、《混凝土结构工程施工质量验收规范》GB 50204—2015以及《预制预应力混凝土装配整体式框架结构技术规程》JGJ 224—2010等的有关规定。当采用钢筋机械连接技术时，应符合《钢筋机械连接技术规程》JGJ 107—2016 的规定；当采用钢筋套筒灌浆连接技术时，应符合《钢筋套筒灌浆连接应用技术规程》JGJ 355—2015 的规定；当钢筋采用锚固板的方式锚固时，应符合《钢筋锚固板应用技术规程》JGJ 256—2011 的规定。

装配整体式框架结构的关键技术指标如下：

（1）装配整体式框架结构房屋的最大适用高度与现浇混凝土框架结构基本相同。

（2）框架结构宜采用高强混凝土、高强钢筋，框架梁和框架柱的纵向钢筋尽量选用大直径钢筋，以减少钢筋数量，加大钢筋间距，有利于提高装配施工效率，保证施工质量，降低成本。

（3）当房屋高度大于 12m 或层数超过 3 层时，预制柱宜采用套筒灌浆连接，包括全灌浆套筒和半灌浆套筒。矩形预制柱截面宽度或圆形预制柱直径不宜小于 400mm，且不宜小于同方向梁宽的 1.5 倍。预制柱的纵向钢筋在柱底采用套筒灌浆连接时，柱箍筋加密区长度不应小于纵向受力钢筋连接区域长度与 500mm 之和。当纵向钢筋的混凝土保护层厚度大于 50mm 时，宜采取增设钢筋网片等措施，控制裂缝宽度以及在受力过程中的混凝土保护层剥离脱落。当采用叠合框架梁时，后浇混凝土叠合层厚度不宜小于 150mm，抗震等级为一、二级叠合框架梁的梁端箍筋加密区宜采用整体封闭箍筋。

（4）采用预制柱及叠合梁的装配整体式框架，柱底接缝宜设置在楼面标高处，且后浇节点区混凝土上表面应设置粗糙面。柱纵向受力钢筋应贯穿后浇节点区，柱底接缝厚度为 20mm，并应用灌浆料填实。装配式框架节点中，包括中间层中节点、中间层端节点、顶层中节点和顶层端节点，框架梁和框架柱的纵向钢筋的锚固和连接可采用与现浇框架结构节点相同的方式，对于顶层端节点还可采用柱伸出屋面，并将柱纵向受力钢筋锚固在伸出段内的方式。

3. 适用范围

可用于 6～8 度抗震设防地区的公共建筑、居住建筑以及工业建筑，除 8 度（0.3g）地区外，装配整体式混凝土结构房屋的最大适用高度与现浇混凝土结构相同。其他装配式混凝土框架结构，主要适用于各类低多层居住建筑、公共建筑与工业建筑。

4. 工程案例

南京万科上坊保障房项目、南京万科九都荟项目、乐山市第一职业高中实训楼项目、沈阳南科财富大厦项目、海门老年公寓项目、上海颛桥万达广场项目、上海临港重装备产业区 H36-02 地块项目。

3.3.3 混凝土叠合楼板技术

1. 技术内容

混凝土叠合楼板技术是指将楼板沿厚度方向分成两部分，底部是预制底板，上部后浇混凝土叠合层。配置底部钢筋的预制底板作为楼板的一部分，在施工阶段作为后浇混凝土叠合层的模板承受荷载，与后浇混凝土层形成整体的叠合混凝土构件。

混凝土叠合楼板按具体受力状态可分为单向受力叠合板和双向受力叠合板。预制底板按有无外伸钢筋可分为“有胡子筋”和“无胡子筋”。拼缝按照连接方式可分为分离式接缝（即底板间不拉开的“密拼”）和整体式接缝（底板间有后浇混凝土带）。

预制底板按照受力钢筋种类可分为预制混凝土底板和预制预应力混凝土底板。预制混凝土底板采用非预应力钢筋时，为增强刚度，目前多采用桁架钢筋混凝土底板。预制预应力混凝土底板包括预应力混凝土平板、预应力混凝土带肋板、预应力混凝土空心板。

跨度大于3m时，预制底板宜采用桁架钢筋混凝土底板或预应力混凝土平板。跨度大于6m时，预制底板宜采用预应力混凝土带肋板、预应力混凝土空心板。叠合楼板厚度大于180mm时，宜采用预应力混凝土空心叠合板。

保证叠合面上下两侧混凝土共同承载、协调受力是预制混凝土叠合楼板设计的关键，一般通过叠合面的粗糙度以及界面抗剪构造钢筋实现。

施工阶段是否设置可靠支撑决定了叠合板的设计计算方法。设置可靠支撑的叠合板，预制构件在后浇混凝土重量及施工荷载下，不至于发生影响内力的变形，按整体受弯构件设计计算。无支撑的叠合板，二次成形浇筑混凝土的重量及施工荷载影响了构件的内力和变形，应按二阶段受力的叠合构件进行设计计算。

2. 技术指标

（1）预制混凝土底板的混凝土强度等级不宜低于C30。预制预应力混凝土底板的混凝土强度等级不宜低于C40，且不应低于C30。后浇混凝土叠合层的混凝土强度等级不宜低于C25。

（2）预制底板厚度不宜小于60mm，后浇混凝土叠合层厚度不应小于60mm。

（3）预制底板和后浇混凝土叠合层之间的结合面应设置粗糙面，其面积不宜小于结合面的80%，凹凸深度不应小于4mm。设置桁架钢筋的预制底板，设置自然粗糙面即可。

（4）预制底板跨度大于4m，或用于悬挑板及相邻悬挑板上部纵向钢筋在悬挑层内锚固时，应设置桁架钢筋或其他形式的抗剪构造钢筋。

（5）预制底板采用预制预应力底板时，应采取控制反拱的可靠措施。

3. 适用范围

混凝土叠合楼板适用于各类房屋中的楼盖结构，特别适用于住宅及各类公共建筑。

4. 工程案例

京投万科新里程项目、上海城建浦江基地五期经济适用房项目、合肥蜀山公租房项目、沈阳地铁惠生新城项目、深港新城产业化住宅项目等。

3.3.4 预制混凝土外墙挂板技术

1. 技术内容

预制混凝土外墙挂板是安装在主体结构上，起围护、装饰作用的非承重预制混凝土外墙板，简称外墙挂板。外墙挂板按构件构造可分为钢筋混凝土外墙挂板、预应力混凝土外墙挂板两种形式。按与主体结构连接节点构造可分为点支承连接、线支承连接两种形式。按保温形式可分为无保温、外保温、夹心保温三种形式。按建筑外墙功能定位可分为围护墙板和装饰墙板。各类外墙挂板可根据工程需要与外装饰、保温、门窗结合形成一体化预制墙板系统。

预制混凝土外墙挂板可采用面砖饰面、石材饰面、彩色混凝土饰面、清水混凝土饰面、露骨料混凝土饰面及表面带装饰图案的混凝土饰面等类型的外墙挂板，可使建筑外墙具有独特的表现力。

预制混凝土外墙挂板在工厂采用工业化方式生产，具有施工速度快、质量好、维修费用低的优点，主要包括预制混凝土外墙挂板（建筑和结构）设计技术、预制混凝土外墙挂板加工制作技术和预制混凝土外墙挂板安装施工技术。

2. 技术指标

支承预制混凝土外墙挂板的结构构件应具有足够的承载力和刚度，民用外墙挂板仅限跨越一个层高和一个开间，厚度不宜小于 100mm，混凝土强度等级不低于 C25，主要技术指标如下：

（1）结构性能、保温隔热性能、构件燃烧性能、耐火极限应满足相关标准的规定。

（2）与主体结构采用柔性节点连接，地震时适应结构层间变位性能好，抗震性能满足抗震设防烈度为 8 度的地区应用要求。

（3）作为建筑围护结构产品定位应与主体结构的耐久性要求一致，即不应低于 50 年设计使用年限，饰面装饰（涂料除外）及预埋件、连接件等配套材料耐久性设计使用年限不低于 50 年，其他如防水材料、涂料等应采用 10 年质保期以上的材料，定期进行维护更换。

（4）外墙挂板防水性能及有关构造应符合国家现行有关标准的规定，并符合《建筑业 10 项新技术》第 8.6 节的有关规定。

3. 适用范围

预制混凝土外挂墙板适用于工业与民用建筑的外墙工程，可广泛应用于混凝土框架结构、钢结构的公共建筑、住宅建筑和工业建筑中。

4. 工程案例

国家网球中心项目、北京昌平轻轨站项目、河北怀来迦南葡萄酒厂项目、大连 IBM 办公楼项目、苏州天山厂房项目、威海名座项目、武汉琴台文化艺术中心项目、拉萨火车站项目、杭州奥体中心体育游泳馆项目、扬州体育公园体育场项目、济南万科金域国际项目、天津万科东丽湖项目。

3.3.5 夹心保温墙板技术

1. 技术内容

三明治夹心保温墙板（简称“夹心保温墙板”）是指把保温材料夹在两层混凝土墙板（内叶墙、外叶墙）之间形成的复合墙板，可达到增强外墙保温节能性能，减小外墙火灾危险，提高墙板保温寿命从而减少外墙维护费用的目的。夹心保温墙板一般由内叶墙、保温板、拉结件和外叶墙组成，形成类似于三明治的构造形式，内叶墙和外叶墙一般为钢筋混凝土材料，保温板一般为 B1 或 B2 级有机保温材料，拉结件一般为 FRP 高强复合材料或不锈钢材质。夹心保温墙板可广泛应用于预制墙板或现浇墙体中，但预制混凝土外墙更便于采用夹心保温墙板技术。

根据夹心保温外墙的受力特点，可分为非组合夹心保温外墙、组合夹心保温外墙和部分组合夹心保温外墙。其中，非组合夹心保温外墙的内外叶混凝土受力相互独立，易于计算和设计，可适用于各种高层建筑的剪力墙和围护墙；组合夹心保温外墙的内外叶混凝土需要共同受力，一般只适用于单层建筑的承重外墙或作为围护墙；部分组合夹心保温外墙的受力介于组合夹心保温外墙和非组合夹心保温外墙之间，受力非常复杂，计算和设计难度较大，其应用方法及范围有待进一步研究。

非组合夹心保温墙板一般由内叶墙承受所有的荷载作用，外叶墙起到保温材料的保护层作用，两层混凝土之间可以产生微小的相互滑移，保温拉结件对外叶墙的平面内变形约束较小，可以释放外叶墙在温差作用下产生的温度应力，从而避免外叶墙在温度作用下产生开裂，使得外叶墙、保温板与内叶墙和结构同寿命。我国装配式混凝土结构预制外墙主要采用的是非组合夹心保温墙板。

夹心保温墙板中的保温拉结件布置应综合考虑墙板生产、施工和正常使用工况下的受力安全和变形影响。

2. 技术指标

夹心保温墙板的设计使用寿命应该与建筑结构同寿命，墙板中的保温拉结件应具有足够的承载力和变形性能。非组合夹心保温墙板应遵循“外叶墙混凝土在温差变化作用下能够释放温度应力，与内叶墙之间能够形成微小的自由滑移”的设计原则。

对于非组合夹心保温外墙的拉结件在与混凝土共同工作时，其承载力安全系数应满足以下要求：对于抗震设防烈度为 7 度、8 度的地区，考虑地震组合时，承载力安全系数不小于 3.0，不考虑地震组合时，承载力安全系数不小于 4.0；对于抗震设防烈度为 9 度及以上的地区，必须考虑地震组合，承载力安全系数不小于 3.0。

非组合夹心保温墙板的外叶墙在自重作用下垂直位移应被控制在一定范围内，内、外叶墙之间不得有穿过保温层的混凝土连通桥。

夹心保温墙板的热工性能应满足节能计算要求。拉结件本身应满足力学、锚固及耐久等性能要求，拉结件的产品与设计应用，应符合国家现行有关标准的规定。

3. 适用范围

夹心保温墙板适用于高层及多层装配式剪力墙结构外墙、高层及多层装配式框架结构非承重外墙挂板、高层及多层钢结构非承重外墙挂板等外墙形式，可用于各类居住与公共建筑。

4. 工程案例

北京万科中粮假日风景项目、北京郭公庄保障房项目、北京旧宫保障房项目、济南西区济水上苑 17 号楼项目、济南港兴园保障房项目、合肥宝业润园项目、上海保利置业南大项目、长沙三一保障房项目、乐山华构办公楼项目。

3.3.6 叠合剪力墙结构技术

1. 技术内容

叠合剪力墙结构是指采用两层带格构钢筋（桁架钢筋）的预制墙板，在现场安装就位后，在两层板中间浇筑混凝土，辅以必要的现浇混凝土剪力墙、边缘构件、楼板，共同形成的剪力墙结构。在工厂生产预制构件时，设置桁架钢筋，既可作为吊点，又可增加平面外刚度，防止起吊时开裂。在使用阶段，桁架钢筋作为连接墙板的两层预制片与二次浇筑夹心混凝土之间的拉结筋，可提高结构整体性能和抗剪性能。同时，这种连接方式区别于其他装配式结构体系，板与板之间无拼缝，无需做拼缝处理，防水性好。

2. 技术指标

叠合剪力墙结构采用与现浇剪力墙结构相同的方法进行结构分析与设计，其主要力学技术指标与现浇混凝土结构相同，但当同一层内既有预制，又有现浇抗侧力构件时，地震设计状况下宜对现浇水平抗侧力构件在地震作用下的弯矩和剪力乘以不小于1.1的增大系数。高层叠合剪力墙结构的建筑高度、规则性、结构类型应满足相关标准的规定。

3. 适用范围

叠合剪力墙结构适用于抗震设防烈度为6～8度的多层、高层建筑，包含工业与民用建筑。除了适用于地上工程，本技术结构体系因具有良好的整体性和防水性能，还适用于地下工程，包含地下室、地下车库、地下综合管廊等。

4. 工程案例

上海地产曹路保障房项目、袍江保障房项目、合肥保障试验楼项目。

3.3.7 预制预应力混凝土构件技术

1. 技术内容

预制预应力混凝土构件是指通过工厂生产，并采用先张预应力技术的各类水平和竖向构件，主要包括：预制预应力混凝土空心板、预制预应力混凝土双T板、预制预应力混凝土梁、预制预应力混凝土墙板等。各类预制预应力水平构件可形成装配式或装配整体式楼盖，空心板、双T板可不设后浇混凝土层，也可根据使用要求与结构受力要求设置后浇混凝土层。预制预应力混凝土梁可为叠合梁，也可为非叠合梁。预制预应力混凝土墙板可应用于各类公共建筑与工业建筑中。

预制预应力混凝土构件的优势在于采用高强预应力钢丝、钢绞线，可以节约钢筋和混凝土用量，降低楼盖结构高度，施工阶段普遍不设支撑而节约支模费用，综合经济效益显著。预制预应力混凝土构件组成的楼盖具有承载能力大、整体性好、抗裂度高等优点，完全符合绿色施工标准以及建筑工业化的发展要求。预制预应力技术可增加墙板的长度，有利于实现多层一墙板。

2. 技术指标

(1) 预应力混凝土空心板的标志宽度为1.2m，也有0.6m、0.9m等其他宽度；标准板高为100mm、120mm、150mm、180mm、200mm、250mm、300mm、380mm等；不同截面高度能够满足的板轴跨度为3～18m。

(2) 预应力混凝土双T板包括双T坡板和双T平板，坡板的宽度为2.4m、3.0m等，跨度为9m、12m、15m、18m、21m、24m等；平板的宽度为2.0m、2.4m、3.0m等，跨度为9m、12m、15m、18m、21m、24m等。

(3) 预应力混凝土梁跨度根据工程实际确定，在工业建筑中多为6m、7.5m、9m跨度。

(4) 预应力混凝土墙板多为固定宽度（1.5m、2.0m、3.0m等），长度根据柱距或层高确定。

根据工程需要，也可采用非标跨度、宽度的构件，采用单独设计的方法即可。

预制预应力混凝土板的生产、安装、施工应满足《混凝土结构设计规范（2015年版）》GB 50010—2010、《混凝土结构工程施工质量验收规范》GB 50204—2015、《装配式混凝土结构技术规程》JGJ 1—2014的有关规定。

3. 适用范围

预制预应力混凝土构件广泛适用于各类工业与民用建筑中。预应力混凝土空心板可用于混凝土结构、钢结构建筑中的楼盖与外墙挂板。预应力混凝土双T板多用于公共建筑、工业建筑的楼盖、屋盖，其中双T坡板仅用于屋盖。9m以内跨度楼盖，可采用预应力空心板（SP板）+后浇叠合层的叠合楼盖；9m以内的超重载及9m以上的楼盖，采用预应力混凝土双T板+后浇叠合层的叠合楼盖。预制预应力混凝土梁截面可为矩形、花篮梁或L形、倒T形，便于与预应力混凝土双T板和空心板连接。

4. 工程案例

青岛鼎信通讯科技产业园厂房项目、乐山市第一职业高中实训楼项目。

3.3.8 钢筋套筒灌浆连接技术

1. 技术内容

钢筋套筒灌浆连接技术是指带肋钢筋插入内腔为凹凸表面的灌浆套筒，通过向套筒与钢筋的间隙灌注专用高强水泥基灌浆料，灌浆料凝固后将钢筋锚固在套筒内实现针对预制构件的一种钢筋连接技术。该技术将灌浆套筒预埋在混凝土构件内，在安装现场从预制构件外通过注浆管将灌浆料注入套筒，来完成预制构件钢筋的连接，是预制构件中受力钢筋连接的主要形式，主要用于各种装配整体式混凝土结构的受力钢筋连接。

钢筋套筒灌浆连接接头由钢筋、灌浆套筒、灌浆料三种材料组成，其中灌浆套筒分为半灌浆套筒和全灌浆套筒，半灌浆套筒连接的接头一端为灌浆连接，另一端为机械连接。

钢筋套筒灌浆连接施工流程主要包括：预制构件在工厂完成套筒与钢筋的连接、套筒在模板上的安装固定和进出浆管道与套筒的连接，在建筑施工现场完成构件安装、灌浆腔密封、灌浆料加水拌和及套筒灌浆。

竖向预制构件的受力钢筋连接可采用半灌浆套筒或全灌浆套筒连接。构件宜采用连通腔灌浆方式，并应合理划分连通腔区域。构件也可采用单个套筒独立灌浆，构件就位前水平缝处应设置坐浆层。套筒灌浆连接应采用经接头型式检验确认的与套筒相匹配的灌浆料，使用与材料工艺配套的灌浆设备，以压力灌浆方式将灌浆料从套筒下方的进浆孔灌入，从套筒上方的出浆孔流出，及时封堵进出浆孔，确保套筒内有效连接部位的灌浆料填充密实。

水平预制构件纵向受力钢筋在现浇带处连接可采用全灌浆套筒连接。套筒安装到位后，套筒进浆孔和出浆孔应位于套筒上方，使用单套筒灌浆专用工具或设备进行压力灌浆，灌浆料从套筒一端进浆孔注入，从另一端出浆孔流出后，进浆孔、出浆孔接头内灌浆料浆面均应高于套筒外表面最高点。

套筒灌浆施工后，灌浆料同条件养护试件的抗压强度达到35MPa后，方可进行对接头有扰动的后续施工。

2. 技术指标

钢筋套筒灌浆连接技术的应用须满足《装配式混凝土结构技术规程》JGJ 1—2014、《钢筋套筒灌浆连接应用技术规程》JGJ 355—2015和《装配式混凝土建筑技术标准》GB/T 51231—2016的相关规定。钢筋套筒灌浆连接的传力机制比传统机械连接更复杂，《钢筋套筒灌浆连接应用技术规程》JGJ 355—2015对钢筋套筒灌浆连接接头性能、型式检验、工艺检验、施工与验收等进行了专门要求。

灌浆套筒按加工方式分为铸造灌浆套筒和机械加工灌浆套筒。铸造灌浆套筒宜选用球墨铸铁，机械加工灌浆套筒宜选用优质碳素结构钢、低合金高强度结构钢、合金结构钢或其他经过接头型式检验确定符合要求的钢材。

灌浆套筒的设计、生产和制造应符合《钢筋连接用灌浆套筒》JG/T 398—2019 的相关规定，专用水泥基灌浆料应符合《钢筋连接用套筒灌浆料》JG/T 408—2019 的各项要求。当采用其他材料的灌浆套筒时，灌浆套筒性能指标应符合有关产品标准的规定。

灌浆套筒材料主要性能指标：球墨铸铁灌浆套筒的抗拉强度不小于 550MPa，断后伸长率不小于 5%，球化率不小于 85%；各类钢制灌浆套筒的抗拉强度不小于 600MPa，屈服强度不小于 355MPa，断后伸长率不小于 16%；其他材料灌浆套筒符合有关产品标准要求。

灌浆料主要性能指标：初始流动度不小 300mm，30min 流动度不小于 260mm，1d 抗压强度不小于 35MPa，28d 抗压强度不小于 85MPa。

灌浆套筒材料在满足断后伸长率等指标要求的情况下，可采用抗拉强度超过 600MPa（如 900MPa、1000MPa）的材料，以减小灌浆套筒壁厚和外径尺寸，也可根据生产工艺采用其他强度的钢材。灌浆料在满足流动度等指标要求的情况下，可采用抗压强度超过 85MPa（如 110MPa、130MPa）的材料，以便于连接大直径钢筋、缩短灌浆套筒长度。

3. 适用范围

钢筋套筒灌浆连接技术适用于装配整体式混凝土结构中直径 12～40mm 的 HRB400、HRB500 钢筋的连接，包括预制框架柱和预制梁的纵向受力钢筋、预制剪力墙的竖向钢筋等的连接，也可用于既有结构改造现浇结构竖向及水平钢筋的连接。

4. 工程案例

北京长阳半岛项目、紫云家园项目、长阳天地项目、金域华府项目，沈阳春河里项目、沈阳十二运安保中心项目、南科财富大厦项目、华润紫云府项目、万科铁西蓝山项目，长春一汽技术中心停车楼项目，大连万科城项目，南京上坊青年公寓项目，合肥蜀山四期公租房项目，上海佘北大型居住社区项目、青浦新城项目、浦东新区民乐大型居住社区项目、龙信老年公寓项目、龙信广场项目，成都锦丰新城项目，西安兴盛家园项目，乌鲁木齐龙禧佳苑项目，福建建超工业化楼项目。

3.3.9 装配式混凝土结构建筑信息模型应用技术

1. 技术内容

利用建筑信息模型（BIM）技术，实现装配式混凝土结构的设计、生产、运输、装配、运维的信息交互和共享，实现装配式建筑全过程一体化协同工作。应用 BIM 技术，装配式建筑、结构、机电、装饰装修全专业协同设计，实现建筑、结构、机电、装修一体化；BIM 直接对接生产、施工，实现设计、生产、施工一体化。

2. 技术指标

建筑信息模型技术指标主要有支撑全过程 BIM 平台技术、设计阶段模型精度、各类型部品部件参数化程度、构件标准化程度、设计直接对接工厂生产系统 CAM 技术以及基于 BIM 与物联网技术的装配式施工现场信息管理平台技术。装配式混凝土结构设计应符合《装配式混凝土建筑技术标准》GB/T 51231—2016、《装配式混凝土结构技术规程》JGJ 1—2014 要求。

除上述各项规定外，针对建筑信息模型技术的特点，在装配式建筑全过程 BIM 技术应用中还应注意以下关键技术内容：

（1）搭建模型时，应采用统一标准格式的各类型构件文件，且各类型构件文件应按照固定、规范的插入方式，放置在模型的合理位置。

(2) 预制构件出图排版阶段，应结合构件类型和尺寸，按照相关图集要求进行图纸排版，尺寸标注、辅助线段和文字说明应采用统一标准格式，并满足现行国家标准《建筑制图标准》GB/T 50104 和《建筑结构制图标准》GB/T 50105 的相关规定。

(3) 采用“BIM+MES+CAM”技术，实现工厂自动化钢筋生产、构件加工。应用二维码技术、RFID 芯片等可靠识别与管理技术，结构工厂生产管理系统，实现可追溯的全过程质量管控。

(4) 应用“BIM+物联网+GPS”技术，进行装配式预制构件运输过程追溯管理，施工现场可视化指导堆放、吊装等，实现装配式建筑可视化施工现场信息管理平台。

3. 适用范围

装配式剪力墙结构：预制混凝土剪力墙外墙板、预制混凝土剪力墙叠合楼板、预制钢筋混凝土阳台板、空调板及女儿墙等构件的深化设计、生产、运输与吊装。

装配式框架结构：预制框架柱、预制框架梁、预制叠合板、预制外挂板等构件的深化设计、生产、运输与吊装。

异形构件的深化设计、生产、运输与吊装。异形构件分为结构异形构件和非结构异形构件，结构异形构件包括坡屋面、阳台，非结构异形构件包括排水檐沟、建筑造型等。

4. 工程案例

北京三星中心商业金融项目、合肥湖畔新城复建点项目、北京天竺万科中心项目、成都青白江大同集中安置房项目、北京门头沟保障性自住商品房项目等。

3.3.10 预制构件工厂化生产加工技术

1. 技术内容

预制构件工厂化生产加工技术，指采用自动化流水线、机组流水线、长线台座生产线生产标准定型预制构件并兼顾异形预制构件，采用固定台模线生产房屋建筑预制构件，满足预制构件的批量生产加工和集中供应要求的技术。

预制构件工厂化生产加工技术包括预制构件工厂规划设计、各类预制构件生产工艺设计、预制构件模具方案设计及其加工技术、钢筋制品机械化加工和成型技术、预制构件机械化成型技术、预制构件节能养护技术以及预制构件生产质量控制技术。

非预应力混凝土预制构件生产技术涵盖混凝土技术、钢筋技术、模具技术、预留预埋技术、浇筑成型技术、构件养护技术以及吊运、存储和运输技术等，代表构件有桁架钢筋预制板、梁柱构件、剪力墙板构件等。预应力混凝土预制构件生产技术还涵盖先张法和后张法有粘结预制构件的生产技术，除了建筑工程中使用的预应力圆孔板、双 T 板、屋面梁、屋架、屋面板等，还包括市政和公路领域的预制桥梁构件等，重点研究预应力生产工艺和质量控制技术。

2. 技术指标

工厂化科学管理、自动化智能生产带来质量品质得到保证和提高。构件外观尺寸加工精度可达±2mm，混凝土强度标准差不大于 4.0MPa，预留预埋尺寸精度可达±1mm，保护层厚度控制偏差为±3mm，通过预应力和伸长值偏差控制保证预应力构件起拱满足设计要求并处于同一水平，构件承载力满足设计和规范要求。

预制构件的几何加工精度、混凝土强度、预埋件的精度、构件承载力性能、保护层厚度、预应力构件的预应力要求等尚应符合设计（包括标准图集）及有关标准的规定。

预制构件生产的效率指标、成本指标、能耗指标、环境指标和安全指标，应满足有关要求。

3. 适用范围

预制构件工厂化生产加工技术适用于建筑工程中各类钢筋混凝土和预应力混凝土预制构件。

4. 工程案例

北京万科金域缇香预制墙板和叠合板，沈阳惠生保障房预制墙板、叠合板和楼梯，国家体育场（鸟巢）看台板，国家网球中心预制挂板，深圳大运会体育中心体育场看台板，杭州奥体中心体育游泳馆预制外挂墙板和铺地板，济南万科金域国际预制外挂墙板和叠合楼板，武汉琴台文化艺术中心预制清水混凝土外挂墙板，河北怀来迦南葡萄酒厂预制彩色混凝土外挂墙板，某供电局生产基地厂房预制柱、屋面板和起重机梁，市政公路用预制 T 梁和箱梁、预制管片、预制管廊等。

3.4 预制构件生产过程的质量检查

3.4.1 预制构件钢筋及接头质量检查

1. 钢筋原材检查

钢筋加工前应检查如下内容：

（1）钢筋应无有害的表面缺陷，按盘（卷）交货的钢筋应将头尾有害缺陷部分切除。锈皮、表面不平整或氧化铁皮不能作为拒收的理由。

（2）直条钢筋的弯曲度不得影响正常使用，每米弯曲度不应大于 4mm，总弯曲度不大于钢筋总长度的 0.4%。钢筋的端部应平齐，不影响连接器的通过。

（3）钢筋表面不得有横向裂纹、结疤和折痕，允许有不影响钢筋力学性能和连接的其他缺陷。

（4）弯芯直径弯曲 180°后，钢筋受弯曲部位表面不得产生裂纹。

2. 钢筋加工成型后检查

（1）钢筋下料必须严格按照设计及下料单要求执行，制作过程中应当定期、定量检查，对于不符合设计要求及超过允许偏差的一律不得绑扎，按废料处理。钢筋加工允许偏差见表 3-4。

钢筋加工允许偏差　　表 3-4

项目	允许偏差(mm)	项目	允许偏差(mm)
受力钢筋沿长度方向全长的净尺寸	±10	箍筋内径净尺寸	±5
弯起钢筋的弯折位置	±20	—	—

（2）纵向钢筋（带灌浆套筒）及需要套丝的钢筋，不得使用切断机下料，必须保证钢筋两端平整，套丝长度、丝距及角度必须严格按照设计图纸要求执行。纵向钢筋及梁底部纵筋（直螺纹套筒连接）套丝应符合规范要求，套丝机应当指定专人且有经验的工人操

作，质检人员不定期抽检。

3. 钢筋丝头加工质量检查

钢筋丝头加工质量检查的内容包括：

（1）钢筋端平头：采用砂轮切割机或其他专用切断设备切割，严禁采用气焊切割。

（2）钢筋螺纹加工：使用钢筋滚压直螺纹机将待连接钢筋的端头加工成螺纹。加工丝头时，应采用水溶性切削液，当气温低于0℃时，应掺入15%～20%的亚硝酸钠。严禁用机油作为切削液或不加切削液加工丝头。

（3）丝头加工长度为标准型套筒长度的1/2，其公差为+2P（P为螺距）。

（4）丝头质量检验：操作工人应按要求检查丝头的加工质量，每加工10个丝头用通环、止环规检查一次。

（5）经自检合格的丝头，应通知质检员进行随机抽样检验。以一个工作班内生产的丝头为一个验收批，随机抽检10%，且不得少于10个，填写钢筋丝头检验记录表。当合格率小于95%时，应加倍抽检，复检总合格率仍小于95%时，应对全部钢筋丝头逐个检验，切去不合格丝头，查明原因，解决问题后，重新加工螺纹。

4. 钢筋绑扎质量检查

（1）绑扎过程中，对于尺寸、弯折角度不符合设计要求的钢筋不得绑扎。

（2）钢筋绑扎允许偏差及检验方法见表3-5。

钢筋绑扎允许偏差及检验方法　　表3-5

项目			允许偏差(mm)	检验方法
绑扎钢筋网	长、宽		±10	钢尺检查
	网眼尺寸		±20	钢尺量连续三档，取最大值
绑扎钢筋骨架	长		±10	钢尺检查
	宽、高		±5	钢尺检查
受力钢筋	间距		±10	钢尺量连续三档，取最大值
	排距		±5	
	保护层厚度(含箍筋)	基础	±10	钢尺检查
		柱、梁	±5	钢尺检查
		板、墙、壳	±3	钢尺检查
绑扎箍筋、横向钢筋间距			±20	钢尺量连续三档，取最大值
钢筋弯起点位置			20	钢尺检查
预埋件	中心线位置		5	钢尺检查
	水平高差		+3,0	钢尺和塞尺检查
纵向受力钢筋	锚固长度		−20	钢尺检查

注：1. 检查预埋件中心线位置时，应沿纵、横两个方向量测，并取其中的最大值；

2. 表中梁类、板类构件上部纵向受力钢筋保护层厚度的合格点率应达到90%及以上，且不得有超过表中数值1.5倍的尺寸偏差。

3.4.2 生产模具尺寸检查

1. 模具组装前的检查

所有模具必须清除干净，不得存有铁锈、油污及混凝土残渣。根据生产计划合理选取模具，保证充分利用模台。存在变形超过规定要求的模具一律不得使用，首次使用及大修后的模板应当全数检查，使用中的模板应当定期检查，并做好检查记录。

2. 刷隔离剂

隔离剂使用前确保脱模剂在有效使用期内，隔离剂必须均匀涂刷。

3. 模具组装

边模组装前应当贴双面胶或者组装后打密封胶，防止浇筑振捣过程漏浆。侧模与底模、顶模组装后必须在同一平面内，严禁出现错台，组装后校对尺寸，特别注意对角尺寸，然后使用磁力盒加固。使用磁力盒固定模具时，一定要将磁力盒底部杂物清除干净，且必须将螺栓有效地压到模具上。

3.4.3 预埋件、预留洞口质量检查

1. 预埋件检查

预埋件应按照构件制作图要求进行制作，并准确定位。在各种预埋件进场前，要求供应商出具合格证和质保单，并对产品外观、尺寸、强度、防火性能、耐高温性能等进行检验。

2. 预埋件制作及安装

预埋件一定要严格按照设计给出的尺寸要求制作，制作安装后必须对所有预埋件的尺寸进行验收。预埋件加工允许偏差见表 3-6，模具预留孔洞中心位置允许偏差见表 3-7。

预埋件加工允许偏差 **表 3-6**

检验项目及内容		允许偏差(mm)	检验方法
预埋钢板的边长		0,−5	用钢尺量
预埋钢板的平整度		1	用直尺和塞尺量
锚筋	长度	10,−5	用钢尺量
	间距	±10	用钢尺量

模具预留孔洞中心位置允许偏差 **表 3-7**

检验项目及内容	允许偏差(mm)	检验方法
预埋件、插筋、吊环、预留孔洞中心线位置	3	用钢尺量
预埋螺栓、螺母中心线位置	2	用钢尺量
灌浆套筒中心线位置	1	用钢尺量

注：检查中心线位置时，应沿纵、横两个方向测量，并取其中的较大值。

3. 连接套筒、连接件、预埋件、预留孔洞检查

固定在模板上的连接套筒、连接件、预埋件、预留孔洞位置偏差应按表 3-8 的规定进行检测。

连接套筒、连接件、预埋件、预留孔洞允许偏差 **表 3-8**

项目		允许偏差(mm)	检验方法
钢筋连接套筒	中心线位置	±3	钢尺检查
	安装垂直度	1/40	拉水平线、竖直线测量两端差值且满足连接套筒施工误差要求
	套筒内部、注入口、排出口的堵塞		目视

续表

项目		允许偏差(mm)	检验方法
预埋件(插筋、螺栓、吊具等)	中心线位置	±5	钢尺检查
	外露长度	+5～0	钢尺检查,且满足连接套筒施工误差要求
	安装垂直度	1/40	拉水平线、竖直线测量两端差值,且满足连接套筒施工误差要求
连接件	中心线位置	±3	钢尺检查
	安装垂直度	1/40	拉水平线、竖直线测量两端差值,且满足连接套筒施工误差要求
预留孔洞	中心线位置	±5	钢尺检查
	尺寸	+8,0	钢尺检查
其他需要先安装的部件	安装状况:种类、数量、位置、固定状况		与构件制作图对照及目视

3.4.4 混凝土浇筑前质量检查

混凝土浇筑前应逐项对模具、钢筋、钢筋骨架、钢筋网片、连接套筒、连接件、预埋件、吊具、预留孔洞、混凝土保护层厚度等进行检查验收并填写自检表，混凝土浇筑前质量检查见表 3-9。

混凝土浇筑前质量检查　　表 3-9

序号	检查内容	检查标准	实测数据	自检判定
1	保温板拼装缝	0～3mm		
2	合模尺寸	±2mm		
3	模具对角线	±3mm		
4	侧模垂直度	1mm(直角尺测量)		
5	连接件位置	±10mm		
6	连接件安装深度	0～2mm		
7	连接件完整程度	不允许任何损坏		
8	连接件安装垂直度	1/40		
9	连接件安装数量	不允许任何损坏		
10	钢筋笼长度尺寸	±10mm		
11	钢筋笼宽度尺寸	±5mm		
12	钢筋笼高度尺寸	±10mm		
13	主筋位置、间距	±5mm		
14	箍筋间距	±20mm		
15	保护层厚度	±3mm		
16	外露钢筋尺寸	0～5mm		
17	吊钩安装质量	钢筋型号、锚固长度、外露长度		
18	套筒中心线位置	±3mm		
19	套筒数量	不允许漏放,同时检查套筒与套丝钢筋的紧固程度		
20	套筒与侧模缝隙	0～1mm		

续表

序号	检查内容	检查标准	实测数据	自检判定
21	预埋件中心线位置	±5mm		
22	预埋件安装数量	不允许漏放		
23	预埋件下方穿孔钢筋	钢筋型号、长度,预埋件位于钢筋中心		
24	电器盒型号及数量	严格按图纸安装		
25	电器盒中心线位置	±5mm		
26	电器盒偏斜	不允许偏斜		
27	电器盒高度	－2～0mm		
28	钢筋网片尺寸	±10mm		
29	钢筋网片网眼尺寸	±20mm		
30	预埋件安装垂直度	1/40		
31	预留孔尺寸	0～8mm		
32	木砖数量	不允许漏放		
33	木砖高度	±2mm		

3.4.5 预制构件装饰装修材料质量检查

1. 预制构件门窗框检查

带门窗框、预埋管线的预制构件在制作、浇筑混凝土前，要预先放置好。固定时，要采取防止污染门窗框表面的保护措施，避免框体与混凝土直接接触产生电化学腐蚀，门窗框安装位置允许偏差见表 3-10。

门窗框安装位置允许偏差 **表 3-10**

项目	允许偏差(mm)	检验方法
门窗框定位	±1.5	钢尺检查
门窗框对角线	±1.5	钢尺检查
门窗框水平度	±1.5	钢尺检查

注：当采用计数检验时，除有专门要求外，合格点率应达到 80%及以上，且不得有严重缺陷，可以评定为合格。

2. 外装饰面砖检查

部分项目需要带装饰面层的预制构件，常规采用水平浇筑一次成型反打工艺，构件外装饰允许偏差见表 3-11，生产检查时应注意：

（1）外装饰面砖的图案、色彩、尺寸要和设计要求一致，必要时可做大样图。

（2）面砖铺贴前，先进行模具清理，按照外装饰敷设图的编号分类摆放。

（3）面砖敷设前，要按照图纸控制尺寸和标高在模具上设置标记，并按照标记固定和校正面砖。

（4）面砖敷设后，表面要平整，接缝应顺直，接缝的宽度和深度应符合设计要求。

构件外装饰允许偏差 **表 3-11**

外装饰种类	项目	允许偏差(mm)	检验方法
通用	表面平整度	2	用 2m 靠尺或塞尺检查
石材和面砖	阳角方正	2	用托线板检查
	上口平直	2	拉通线用钢尺检查
	接缝平直	3	用钢尺或塞尺检查
	接缝深度	±5	
	接缝宽度	±2	用钢尺检查

注：当采用计数检验时，除有专门要求外，合格点率应达到 80%及以上，且不得有严重缺陷，可以评定为合格。

3.4.6 构件成品外观及尺寸质量验收

1. 成品质量检查

预制构件拆模完成后，应及时对预制构件的外观尺寸、外观质量及预留钢筋、连接套筒、预埋件和预留孔洞允许偏差进行检查，见表 3-12、表 3-13。

构件外观质量 **表 3-12**

名称	现象	严重缺陷	一般缺陷
露筋	构件内钢筋未被混凝土包裹而外露	纵向受力钢筋有露筋	其他钢筋有少量露筋
蜂窝	混凝土表面缺少水泥砂浆而形成石子外露	构件主要受力部位有蜂窝	其他部位有少量蜂窝
孔洞	混凝土中,孔穴深度和长度均超过保护层厚度	构件主要受力部位有孔洞	其他部位有少量孔洞
夹渣	混凝土中,夹有杂物,且深度超过保护层厚度	构件主要受力部位有夹渣	其他部位有少量夹渣
疏松	混凝土中,局部不密实	构件主要受力部位有疏松	其他部位有少量疏松
裂缝	缝隙从混凝土表面延伸至混凝土内部	构件主要受力部位有影响结构性能或使用功能的裂缝	其他部位有少量不影响结构性能或使用功能的裂缝
连接部位缺陷	构件连接处混凝土有缺陷,连接钢筋、连接件松动	连接部位有影响结构传力性能的缺陷	连接部位有的缺陷不影响结构传力性能
外形缺陷	缺棱掉角、棱角不直、翘曲不平、飞边凸肋等	清水混凝土构件有影响使用功能或装饰效果的外形缺陷	其他混凝土构件有不影响使用功能的外形缺陷
外表缺陷	构件表面麻面、掉皮、起砂、沾污等	具有重要装饰效果的清水混凝土构件有外表缺陷	其他混凝土构件有不影响使用功能的外表缺陷

预制混凝土构件外形尺寸允许偏差 **表 3-13**

项目			允许偏差(mm)	检验方法
长度	板、梁、柱、桁架	<12m	±5	尺量检查
		≥12m 且<18m	±10	
		≥18m	±20	
	墙板		±4	
宽度、高(厚)度	板、梁、柱、桁架截面尺寸		±5	钢尺量一端及中部,取其中偏差绝对值较大处
	墙板的高度、厚度		±3	
表面平整度	板、梁、柱、墙板内表面		5	2m 靠尺和塞尺检查
	墙板外表面		3	
侧向弯曲	板、梁、柱		$L/750$ 且≤20	拉线、钢尺量最大侧向弯曲处
	墙板、桁架		$L/1000$ 且≤20	
翘曲	板		$L/750$	调平尺在两端量测
	墙板		$L/1000$	
对角线差	板		10	钢尺量两个对角线
	墙板、门窗口		5	
挠度变形	梁、板、桁架设计起拱		±10	拉线、钢尺量最大弯曲处
	梁、板、桁架下垂		0	
预留孔	中心线位置		5	尺量检查
	孔尺寸		±5	
预留洞	中心线位置		10	
	洞口尺寸、深度		±10	
门窗口	中心线位置		5	
	宽度、高度		±3	
预埋件	预埋件中心线位置		5	
	预埋件与混凝土面平面高差		0,−5	
	预埋螺栓中心线位置		2	
	预埋螺栓外露长度		+10,−5	
	预埋套筒、螺母中心线位置		2	
	预埋套筒、螺母与混凝土面平面高差		0,−5	
	线管、电盒、木砖、吊环在构件平面的中心线位置偏差		20	
	线管、电盒、木砖、吊环与构件表面混凝土高差		0,−10	
预留插筋	中心线位置		3	
	外露长度		+5,−5	
键槽	中心线位置		5	
	长度、宽度、深度		±5	

注:1. L 为构件长度(mm);

2. 检查中心线、螺栓和孔道位置偏差时,应沿纵、横两个方向量测,并取其中偏差较大值。

2. 成品修补

当在检查中发现有表面破损和裂缝时，要及时进行处理并做好记录。对于需修补的可根据程度分别采用不低于混凝土设计强度的专用浆料修补、环氧树脂修补、专用防水浆料修补，成品缺陷修补见表 3-14。

成品缺陷修补 **表 3-14**

项目		处理方案	检验方法
破损	影响结构性能且不能恢复的破损	废弃	目测
	影响钢筋、连接件、预埋件锚固的破损	废弃	目测
	破损长度超过 20mm	修补	目测、卡尺测量
	破损长度在 20mm 以下	现场修补	
裂缝	影响结构性能且不可恢复的裂缝	废弃	目测
	影响钢筋、连接件、预埋件锚固的裂缝	废弃	目测
	裂缝宽度大于 0.3mm 且裂缝长度超过 300mm	废弃	目测、卡尺测量
	裂缝宽度超过 0.2mm	修补	目测、卡尺测量

3.5 预制构件安全管理与运输

3.5.1 预制构件的产品标识

为了便于构件安装和装车运输时快速找到构件，利于质量追溯，明确各个环节的质量责任，便于生产现场管理，预制构件应有完整的、明显的标识。

构件标识包括直接标识、内埋标识、文件标识三种方式。这三种方式的内容依据为构件设计图纸、标准及规范。

1. 直接标识

构件脱模并验收合格后，应在其醒目位置进行标识。构件标识应包括项目名称、构件编号、生产时间、检测人、质量和“合格”字样。构件标识用水性环保涂料或塑料贴膜等可清除材料。

2. 内埋标识

为了将物联网融合到施工管理中，需要将芯片安装在构件之中。芯片一般布置在表层混凝土 20mm 厚度以内。为方便施工操作，可使用软件根据构件编号生成二维码，贴在构件表面。安装时，可以使用手机安装的客户端查阅相关信息。芯片设置要求如下：

（1）构件 RFID 芯片埋置深度为 20mm。

（2）预制内墙板的 RFID 芯片植入部位：植入面为内墙板生产时的上表面（内墙板紧贴模台的一面为下表面，外露的一面为上表面），高度距墙体底部 1.5m，纵向离墙体端部 0.5m 处。

（3）预制外墙板的 RFID 芯片植入部位：植入面面向建筑物内侧（人面向墙板），高度距底边 1.5m，纵向离右边沿 0.5m 处。

（4）预制梁的 RFID 芯片植入部位：植入面位于梁侧面，面向轴线序数小的方向，例如Ⓑ轴线的梁植入面面向Ⓐ轴线，②轴线的梁植入面面向①轴线，依次类推。埋设位置位于梁底面以上 0.1m 梁高处，纵向距右边沿 0.5m 处。

（5）预制柱的 RFID 芯片植入部位：植入面面向轴线序数小的方向，例如Ⓑ轴线的柱植入面面向Ⓐ轴线，②轴线的柱植入面面向①轴线，依次类推。高度距地面 1.5m，纵向距右边沿 0.1m 处。

（6）预制楼梯的 RFID 芯片植入部位：位于自下至上第三个踏步踢面竖向居中处，人面向楼梯踏步站立，距右侧边沿 0.05m 处。

（7）预制阳台的 RFID 芯片植入部位：人员在房间内面向阳台站立，植入点为距阳台板外边沿 0.5m，纵向距阳台板右侧外边沿 0.5m 处。

（8）预制楼板的 RFID 芯片植入部位：植入面位于预制楼板底层，横、纵方向距离轴线数小的梁或墙各 0.5m。

（9）说明：

1）轴线序数大小：按照②轴大于①轴、③轴大于②轴、Ⓑ轴大于Ⓐ轴、Ⓒ轴大于Ⓑ轴的原则进行轴线序数大小的比较。

2）RFID 芯片埋置时，数字优先级大于字母优先级。如预制柱相邻的两个面均满足上述第（5）条的要求，则优先埋设在面向数字轴线的柱面上。

3）根据上述第（2）～（8）条规则进行 RFID 芯片埋设时，如遇到预留洞口、墙体交接等不便埋设的情况时，分别按照 100mm、200mm、300mm 等 100mm 递增的原则，向数字、字母轴线序数小的方向调整，调整至具备埋设条件的部位。

3. 文件标识（合格证）

构件生产企业应按照有关标准规定或合同要求，对供应的产品签发产品质量证明书，明确重要技术参数。有特殊要求的产品，应提供安装说明书。构件生产企业的产品合格证应包括：合格证编号、构件编号、产品数量、预制构件型号、质量情况、生产企业名称、生产日期、出厂日期、质检员及质量负责人签字等。

3.5.2 预制构件的存放

构件在浇筑、养护后，应按规范要求存放，确保预制构件在运输之前不受损破坏。

1. 预制构件存放要求

构件的存放场地应平整坚实，并具有排水措施。堆放构件时，应使构件与地面之间留有一定空隙。根据构件的刚度及受力情况，确定构件平放或立放，板类构件一般宜采用叠合平放，宽度小于等于 500mm 的板，宜采用通长垫木；宽度大于 500mm 的板，可采用不通长的垫木。垫木应上下对齐，在一条垂直线上，大型桩类构件宜平放。薄腹梁、屋架、桁架等宜立放。构件的断面高宽比大于 2.5 时，堆放时，下部应加支撑或有坚固的堆放架，上部应拉牢固定，以免倾倒。墙板类构件宜立放，立放又可分为插放和靠放两种方式。插放时，场地必须清理干净，插放架必须牢固，挂钩工应扶稳构件，垂直落地；靠放时，应有牢固的靠放架，必须对称靠放和吊运，其倾斜角度应保持大于 80°，板的上部应用垫块隔开。

构件最多堆放层数应按构件强度、地面耐压力、构件形状和质量等因素确定。

2. 预制构件存放注意事项

（1）存放前，应先对构件进行清理。构件清理标准为套筒和预埋件内无残余混凝土、粗糙面分明、光面上无污渍、挤塑板表面清洁等。套筒内如有残余混凝土，应及时清理。预埋件内如有混凝土残留现象，应采用与预埋件匹配型号的丝锥进行清理，操作丝锥时需要注意不能一直向里拧，要遵循"进两圈回一圈"的原则，避免丝锥折断在预埋件内，造成麻烦。外露钢筋上如有残余混凝土，需进行清理。检查是否有卡片等附件漏卸现象，如有漏卸，及时拆卸后送至相应班组。

（2）将清理完的构件装到摆渡车上，起吊时，避免构件磕碰，保证构件质量。摆渡车由专门的转运工人操作，操作时，应注意摆渡车轨道内严禁站人，严禁人车分离操作，人与车的距离保持在 2～3m。将构件运至堆放场地，然后，指挥起重机将不同型号的构件码放到规定的堆放位置，码放时应注意构件的整齐。

（3）预制构件应按吊装、存放的受力特征选择卡具、索具、托架等吊装和固定维稳措施。对于清水混凝土构件，要做好成品保护，可采用包裹、盖、遮等有效措施。预制构件存放处 2m 内不应进行电焊、气焊作业。

3.5.3 构件运输要求

1. 构件码放要求

预制构件一般采用专用运输车运输；采用改装车运输时，应采取相应的加固措施。运输的振动荷载、垫木不规范、预制构件堆放层数过多等，可能使预制构件在运输过程中受损、破坏，同时，也有可能由于运输的不规范导致保温材料、饰面材料、预埋部件等被破坏。

2. 构件出厂强度要求

构件出厂时，混凝土强度实测值不应低于 30MPa，当预应力构件无设计要求时，出厂时的混凝土强度不应低于混凝土立方体抗压强度设计值的 75%。运输时，动力系数宜取 1.5。

3. 运输过程安全控制

预制混凝土构件运输宜选用低平板车，并采用专用托架，构件与托架绑扎牢固。预制混凝土梁、叠合板和阳台板宜采用平放运输；外墙板、内墙板宜采用竖直立放运输；柱可采用平放和立放运输，当采用立放运输时，应防止倾覆。预制混凝土梁、柱构件运输时，平放不宜超过 2 层。托架、车厢板和预制混凝土构件之间应放入柔性材料，构件应用钢丝绳或夹具与托架绑扎，构件边角或锁链接触部位的混凝土应采用柔性垫衬材料保护。

4. 装运工具要求

装车前，转运工应先检查钢丝绳、吊钩吊具、墙板架子等是否完好、齐全。确保挂钩没有变形、钢丝绳没有断股开裂。吊装时，按照要求，根据构件规格型号采用相应的吊具进行吊装，不能有错挂、漏挂。

5. 运输组织要求

装车时，应按照施工图纸及施工计划要求组织装车，注意将同一楼层的构件放在同一辆车上。不可随意装车，以免现场卸车费时、费力，装车时，注意不要磕碰构件。

3.5.4 车辆运输要求

1. 运输路线要求

选择运输路线时，应综合考虑运输路线上桥梁、隧道、涵洞限界和路宽等制约因素，超宽、超高、超长构件可能无法运输。运输前，应提前选定至少两条运输路线，以备不可预见情况发生。

2. 构件车辆要求

为保证预制构件不受破坏，运输时，除应遵守交通法规外，运输车速一般不应超过60km/h，转弯时应低于40km/h。构件运输到现场后，应按照型号、构件所在部位、施工吊装顺序，分类存放，存放场地应为起重机工作范围内的平坦场地。

3.5.5 生产区域内的安全管理

生产区域内的不安全因素较多，因此该区域内的安全管理就显得尤为重要。根据范围可分为车间内的安全和堆放场内的安全。车间内的不安全因素有：水、水蒸气、用电、桁车吊装、运输、构件倾倒等，堆放场内的不安全因素有：倾覆、高空作业、用电、起重机溜绳等。

1. 车间内的安全注意事项

（1）生产线设备操作人员应持证上岗，专人专机。起重工必须经专门安全技术培训和持证后上岗，严禁酒后作业。

（2）车间作业人员应戴安全帽，高处作业应佩挂安全带。

（3）应定期对预制构件吊装作业所用的工器具进行检查，发现有可能存在的使用风险，应立即停止使用。

（4）行车吊装区域内，非作业人员严禁进入。吊运预制构件时，构件下方严禁站人，应待预制构件降落至地面1m以内，方准作业人员靠近，就位固定后，方可脱钩。

（5）吊装作业前必须检查作业环境、吊索具、防护用品。确认吊装区域无闲散人员，障碍已排除，捆绑正确牢固，被吊物与其他物件无连接后方可作业。

2. 桥式起重机安全注意事项

（1）进入现场，必须戴好安全帽、扣好帽带，并正确使用个人劳动防护用具。

（2）操作人员必须身体健康，并经过专业培训考试合格，在取得有关部门颁发的操作证或特殊工种操作证后，方可独立操作。

（3）吊装前，应检查机械索具、夹具、吊环等是否符合要求，并应进行试吊。

（4）吊装时，必须有统一的指挥、统一的信号。

（5）桥式起重机行走道路和工作地点应坚实平整，以防沉陷发生事故。

（6）六级以上大风和雷雨、大雾天气，应暂停露天起重和高空作业。

（7）使用撬棒等工具，用力要均匀，要慢，支点要稳固，防止撬滑发生事故。

（8）构件在未经校正、焊牢或固定之前，不准松绳脱钩。

（9）起吊笨重物件时，不可中途长时间悬吊、停滞。

（10）起重吊装所用钢丝绳，不准触及有电线路和电焊搭铁线或与坚硬物体摩擦。

（11）随时检查行吊滑触线槽与接触器连接是否紧密，防止接触不完全导致断电，且增加接触器损耗。

3. 生产线设备

（1）清理机安全注意事项

1）检查清理机各部件功能是否正常，连接是否可靠。

2）第一次操作前，调节好滚刷与模台的相对位置，后续不再改动。

3）作业时，不得将滚刷降至与模台抱死状态，否则会使电机烧坏。

4）打开电源开关，自动或手动操作清理机。

5）清理机工作时，禁止拆开覆盖件，或在覆盖件打开时，禁止启动清理机。

6）工作结束后关闭电源。

7）定期清理料斗灰尘和维修保养机器。

（2）隔离剂喷涂机安全注意事项

1）检查隔离剂喷涂机油位、各部件功能是否正常，连接是否可靠。

2）打开气路球阀和电源开关，自动或手动操作隔离剂喷涂机。

3）隔离剂喷涂机工作过程中，检查喷涂是否均匀，不均匀可能导致隔离不干净，需及时调整喷头高度、喷射压力。

4）工作结束后关闭电源。

5）注意回收油槽中的隔离剂，避免污染环境。

6）在添加隔离剂前，先释放油箱压力。

7）定期添加隔离剂和维修保养机器。

（3）混凝土输送机安全注意事项

1）检查混凝土输送机各部件功能是否正常，连接是否可靠。

2）工作前确保轨道下无人。

3）打开电源开关，自动或手动操作混凝土输送机。

4）在混凝土输送机工作过程中，严禁用手或工具伸入旋转筒中扒料、出料。

5）工作结束后清洗筒体，关闭电源。

6）定期维修保养机器。

（4）摊铺式布料机安全注意事项

1）操作、维护、保养摊铺式布料机应由专业人员进行。

2）为保证布料机正常运转，拌制的混凝土坍落度宜为100～200mm，粗骨料粒径小于30mm。

3）料斗内的混凝土堵塞下料口时，不得在料斗外用力敲打下料口。

4）布料机停止工作超过一个小时及每天工作结束后，必须将其清洗干净。

5）作业时，严禁用手或工具伸入料斗中扒料、出料。

6）维护、保养摊铺式布料机，应在停机状态下，并切断电源时进行。在启动装置上挂上“正在检修，禁止开机”的标识。

（5）振动台安全注意事项

1）振动台工作时，要与振动体保持距离。

2）振动台工作时，操作人员应佩戴耳套等安全防护装置保护双耳。

3）在模台停稳之前不得启动振动电机。

4）在停止振动之前，不得启动模台上升。

5）在模台振动时，人不得站在模台上工作。

（6）振动赶平机安全注意事项

1）检查振动赶平机各部件功能是否正常，连接是否可靠。

2）打开电源开关，手动操作振动赶平机。

3）振动赶平时，禁止闲人进入设备作业范围。

4）作业时，不得将振动赶平机构降至与模台抱死状态。

5）工作结束后，关闭电源。

6）定期维修保养机器。

（7）拉毛机安全注意事项

1）检查拉毛机各部件功能是否正常，连接是否可靠。

2）打开电源开关，手动操作拉毛机。

3）拉毛机作业时，严禁用手或工具接触拉刀，禁止闲人进入作业范围内。

4）工作结束后关闭电源。

5）定期维修保养机器。

（8）预养护窑安全注意事项

1）检查预养护窑各部件功能、水路是否正常，连接是否可靠。

2）打开电源开关，自动或手动操作预养护窑。

3）预养护时，禁止闲人进入设备作业范围。

4）工作结束后关闭电源。

5）定期维修保养机器。

（9）抹光机安全注意事项

1）检查抹光机各部件功能是否正常，连接是否可靠。

2）打开电源开关，手动操作抹光机。

3）抹光时，禁止闲人进入设备作业范围。

4）工作结束后关闭电源。

5）定期维修保养机器。

（10）码垛机安全注意事项

1）操作、维护、保养码垛机应由专业人员进行。

2）码垛机工作时，其工作区域严禁站人，防止被撞或被压而发生人身安全事故。

3）操作机器前务必确保操作指示灯、限位传感器等安全装置工作正常，钢丝绳紧固可靠。

4）严禁超载运行。

5）在码垛机顶部检修时，做好安全防护措施，防止跌落。

（11）翻板机安全注意事项

1）检查翻板机各部件功能是否正常，连接是否可靠。

2）打开电源开关，手动操作翻板机。

3）翻转前确认拉钩已锁紧，放平后拉钩放松。

4）翻板机工作时，侧翻区域严禁站人，严禁超载运行。

5）工作结束后关闭电源。

6）定期维修保养机器。

（12）模台横移车安全注意事项

1）操作、维护、保养模台横移车应由专业人员进行。

2）模台横移车运动时，其前后严禁站人。

3）禁止两台横移车在不同步情况时运动。

4）禁止横移车轨道上有混凝土或其他杂物时运行。

5）严禁违反操作流程。必须严格按规定的先后顺序进行操作。

6）除操作人员外，工作时禁止闲人进入横移车作业范围内。

（13）边模输送线安全注意事项

1）检查边模输送线各部件功能是否正常，连接是否可靠。

2）打开电源开关，手动操作边模输送线。

3）边模输送时，禁止闲人进入作业范围内。

4）工作结束后关闭电源。

5）定期维修保养机器。

4. 钢筋加工设备

（1）自动钢筋桁架生产线安全注意事项

1）飞溅对人的危害

操作设备时，操作者应穿戴阻燃、绝缘类劳保防护用品。设备运转时，要防止他人靠近设备及工位。

2）飞溅对周围物品的危害

焊接时所产生的火花喷射及熔接后的高温母材，是火灾发生的主要引火源。本设备要与易燃物保持足够的安全距离，熔接后的高温母材勿放在可燃物附近。焊接场所请配置灭火器，以备不时之需。

3）电源危害

严禁触摸设备内外输入回路的导电部分。确保自己和他人有对地绝缘物保护。勿将线缆缠绕在身上或身体其他部分。电源及设备的接地保护应作为常规检查项目由专人执行。只使用安全的具有接地保护的电源。

请确保设备充分接地。对设备进行维修保养前，请关闭设备电源，关闭总电源。如果需要在开机状态下检修，必须有第二人负责随时可以立即关闭电源，必须有警告标志隔离工作区。

4）液压和气路系统

有经验的熟练人员才能被授权在液压和气路系统上工作。定期检查全部管道和接口有无泄漏及损伤，若有，应立即修复。泄漏的油可能会导致事故及火灾的发生。维修之前，整个系统必须减压。

5）电磁场

电流会产生强磁场，可能会影响电子设备的功能。挂板告知戴心脏起搏器的人员禁止靠近作业区域。

6）特殊危险

防止手、头发、衣服和工具靠近任何活动部件，如齿轮、滚轮、轴、轨道、矫直轮。

7）吊运设备时，只可采用安全适合的装备进行，系紧吊运设备的所有吊链或吊带，尽可能地垂直拉起吊链或吊带。

8）安装与运输安全

机器翻倒极易伤人，因此，应将机器平稳放在平而牢固的地方；同时，保证钢筋原材料、半成品、成品运输和吊装安全。

9）防止火灾爆炸

对于防止火灾爆炸，有专门的安全规则，学习相关的各项法规与守则，并遵照执行。经常检查工作环境及周围是否清洁整齐，只能按设备铭牌上标记的等级在相应范围内安装使用。运输前，完全清空冷却液体以及液压油等。

10）设备检修

其他厂家提供的零备件无法保障设计及制造的性能和安全要求。未得到设备制造方许可，勿对设备进行改装，增装或更改任何部件状态不良时，应立即更换。购买零备件时，检查所附的设备零备件表，提供相应的型号。

11）安全检查

所有者或使用者至少每一个月进行一次设备安全检查。以下情况要求由经过培训符合资格的人员进行安全检查：任何零部件更换后，特殊部件的改装、增装或更改后，维修维护后。

（2）自动钢筋网片生产线安全注意事项

1）防止触电

操作人员必须严格遵守说明书中所讲的操作规范；保证焊机可靠接地；要经常检查初级绕组和次级电缆线绝缘层是否完好；在调节焊接变压器时，一定要先切断焊接电源；在修理焊机、检查焊机线路故障、更换电器组件时，要切断电源；在焊机工作期间，应将控制箱门关闭，防止意外触电。

2）防止烧伤

电阻焊产生的辐射热要比闪光焊和手工电弧焊少得多，一般不需要特殊防护。但是如果焊件表面很脏或有锈、油污，焊接规范选择不当（如焊接电流很大，电极压力不足）或者电极压力和接通焊接电流的时间配合不当（预压时间不足，电极压力尚未加上去而焊接电流就接通了）等，都可能引起强烈飞溅，可能烧伤焊工。

为了防止烧伤，除了应该正确地选择焊接规范之外，焊接前应对焊件表面进行清理除锈（应尽量选择符合要求的钢筋）。焊机操作者要戴好手套，穿好工作服，同时佩戴防护眼镜，以便观察和操作。

3）防止粉尘和空气污染

在点焊普通低碳钢丝时，产生的粉尘和空气污染是不大的。但是，在点焊某些有色金属和镀锌钢丝时，会有铅、锌等有害物质放出，为避免工作场所空气混浊和污染，工作场所要通风或加抽风装置。

4）防止机械碰伤

为防止机械碰伤，在焊机检修、调试或更换电极时，必须切断焊机电源。

5）安全操作规范涉及以下人员：设备安装人员、设备操作人员、设备管理人员、设备维护人员。

① 为保证有关人员的人身安全和设备的正确使用，必须严格遵守说明书中的安全事项和操作规范。

② 在安装、使用或维护设备之前务必阅读操作说明书。

③ 不熟练的操作人员使用该设备容易引起事故，造成人员或机器损伤。因此在使用该设备之前，有关人员必须接受培训。

④ 工作人员必佩戴安全帽。

⑤ 严禁超负荷使用设备，尤其禁止加工超过设备允许范围（包括直径、数量和种类）的钢筋，否则将会降低设备使用寿命，对设备造成损坏，甚至会影响人身安全。

⑥ 出现任何紧急情况请按下或踏下急停按钮（在操作面板上）马上停止设备工作。即使没有专门的要求，当进行设备维护、更换零件、维修、清洁、润滑、调整等操作时，都必须切断主电源。

主要术语说明如下：

①“切断主电源”是指：电器断电“ON-OFF”到“OFF”，把主开关旋转到“0”的位置，用钥匙锁上，并且妥善保管钥匙；将配电盘上的开关断开。

② 断开气路系统：关掉总气阀，并且锁上，保管好钥匙。

③ 放掉气路系统中的空气：拧开设备内部储气罐底部的放气阀，排掉气路中的残余空气。

④ 挂起标志：在设备维护、维修、清洁或者调整期间应在操作台上放置标志。需要正常停止设备工作时，通过按动操作台上的“停机”按钮来完成。设备工作时禁止擅自断开供电开关，这样容易损坏设备零件和计算机程序。

当供电总开关闭合时要将控制柜门锁上，防止有人意外触电。控制柜和操作台的钥匙要由专人保管。

如果检查设备的内部，在冷却之前，不要触摸电机或与其相连接的部件，以防烫伤。不得向设备上喷水或其他液体。开机之前必须检查各安全装置是否处于正常状态。生产过程中，车间内所有人员头上都应该佩戴安全帽。

（3）自动数控弯筋机安全注意事项

1）安装时必须保证机身安全接地，电源不允许直接接在按钮上。

2）严禁超载使用弯筋机，尤其是弯曲芯轴。

3）不要加工超出设备工作范围的产品，否则会给操作者带来严重危险。机器即使处于自动工作状态，也须由一位经过培训的人来监管。机器中断使用时，机器负责人必须将所有钥匙保管好，以防他人动用。

4）当进行机器维护、更换零件、维修、清洁、润滑、调整等操作时，必须切断主电源。主电源未切断时不要触碰牵引轮，即使已经停止工作。

5）放线架停止转动时才能靠近。

6）设备工作和维护时，无关人员不要靠近设备。设备工作时，不要穿行于放线架与主机之间，并严禁对设备进行调整。

7）操作人员应穿戴合适的保护手套，穿上钢制护趾安全鞋。禁止穿戴宽松衣服或物品（手镯、项链等），否则会有卷进机器的危险。

8）不要在设备附近跑动，不要在正对出钢筋侧站立。

9）出现任何紧急情况，按急停按钮。

10）如果检查设备的内部，在冷却之前，不要触摸电机或与其相连接的部件，以免烫伤。

11）不得向设备上喷水或其他液体。

12）定期对机身、电控柜及周边进行清洁和保养。

（4）自动数控调直机安全注意事项

1）在使用设备之前请仔细阅读说明书。

2）设备只能由经过专门培训、指定的操作人员操作。

3）不要取下和挪动保护罩。

4）不要擅自更改电气系统。

5）控制系统部分的钥匙必须交由专门人员管理。

6）保持设备（尤其是控制系统和传动机构）的清洁有效。

7）采用通常的保护措施：穿戴个人防护用品，如头盔、手套、工作鞋、头套等。

8）设备上的警告和危险标志不得拆掉，如果损坏请更换同样的标志。

9）设备工作时严禁超载。必须定期对设备进行保养与维护。

5. 其他设备

（1）氧气、乙炔气割安全操作注意事项

1）检验

① 检查设备，安全附件（减压器、回火防止器）及管路是否漏气时，周围不准有明火，禁止抽烟。焊接场地应备有相应的消防器材。

② 所用软管须经过压力试验方可使用。氧气软管试验压力为2.0MPa，乙炔软管试验压力为0.5MPa。不得使用变质、老化、脆裂、漏气的软管。氧气软管为红色，乙炔软管为黑色，与割炬连接时不可乱接。

③ 压力表必须经过鉴定后方可使用，并每半年进行一次检查。

2）放置

① 气瓶禁止敲击、碰撞，要轻拿轻放。乙炔瓶应直立放置。氧气瓶与乙炔瓶间距不应小于5m，二者与动火作业地点间距不应小于10m，并不得在烈日下暴晒。

② 氧气瓶应与其他易燃物品分开保存，严禁与乙炔瓶混装运输。

3）作业

① 射吸式割炬点火时，应先微微开启割炬上的氧气阀，再开启乙炔阀，然后送到火源上点燃。

② 在使用过程中，当乙炔软管着火时，先熄灭割炬上的火焰，然后停气。当氧气软管着火时，应迅速关闭氧气瓶阀门。

③ 禁止将软管放在高温管道和电线之上，不得将软管与电焊线放置在一起。软管经过车道时，应采取保护措施，防止被碾压。

④ 暂停作业时，必须闭紧割炬阀门。长时间停止作业时，须熄灭焊炬，关闭气瓶阀门，放出管中余气。

⑤ 工作完毕或离开工作现场，要拧上气瓶的安全帽，把气瓶放在指定地点。

（2）电焊安全注意事项

1）金属电焊作业人员必须经专业安全技术培训，考试合格方准上岗独立操作，非电焊工严禁进行电焊作业。

2）操作时应穿电焊工作服、绝缘鞋和戴电焊手套、防护面罩等安全防护用品，高处作业时系好安全带。

3）电焊作业现场周围10m内不得堆放易燃易爆物品。

4）操作前，首先检查焊机和工具，如焊钳和焊接电缆的绝缘、焊机外壳保护接地和焊机的各接线点等，确认安全合格后，方可作业。

5）严禁在易燃易爆气体或者液体扩散区域内、运行中的压力管道、装有易燃易爆物品的容器内、受力构件焊接和切割。

6）焊接时，临时接地线头严禁浮搭，必须固定、压紧，用胶布包严。

7）清除焊渣时，应佩戴防护眼镜或面罩。焊条头应集中堆放。

8）电焊机使用前必须检查绝缘及接线情况，接线部分必须使用绝缘胶布缠严，不得腐蚀、受潮及松动。

9）电焊机内部应保持清洁，定期吹净尘土。清扫时，必须切断电源。

10）电焊机启动后，必须空载一段时间。调节焊接电流及极性开关应在空载下进行，直流焊机空载电压不得超过90V，交流焊机空载电压不得超过80V。

（3）锅炉使用安全注意事项

1）蒸汽锅炉出厂时应当附有安全技术规范要求的设计文件、产品质量合格证明、安全及使用维修说明、监督检验证明（安全性能监督检验证书）。

2）从事蒸汽锅炉安装、维修、改造的单位应当取得省级质量技术监督局颁发的特种设备安装维修资格证书。施工单位在施工前，将拟进行安装、维修、改造情况书面告知特种设备安全监督管理部门，并将开工告知送当地质量技术监督部门备案，告知后即可施工。

3）蒸汽锅炉安装、维修、改造完毕后，施工单位要向质量技术监督局、特种设备检验所申报蒸汽锅炉的水压试验和安装监督检查。合格后，报质量技术监督部门、特种设备检验所参与整体验收。

4）蒸汽锅炉验收合格后，使用单位必须按照《特种设备注册登记与使用管理规则》的规定，填写《锅炉（普查）注册登记表》，到质量技术监督局注册，并申领《特种设备安全使用登记证》。

5）司炉人员上岗必须要具有上岗证，值班时必须严格遵守劳动纪律，不得擅离职守，不得做与本单位无关的事情。在操作过程中，严格执行《操作规程》，不得违章操作，并严禁酒后和带病上班。

6）锅炉运行时，应密切注视水位和压力变化，做到“燃烧稳定、水位稳定、气压稳定”。严禁发生缺水、满水事故和超压运行。一旦发现锅炉严重缺水时，严禁向锅炉进水。

7）定期冲洗水位表和压力表，保持其光洁明亮，以便于观察。高低水位自动控制，超压连锁保护装置及其报警装置，必须随时处于灵敏可靠状态，发现问题应及时修复。

8）安全阀要定期做手动试验（每月一次，于每月最后一个白班进行，操作时应轻拉轻放手柄）和汽动试验（每季度最后一个白班进行），以保持其灵敏可靠。

9）认真执行排污制度和操作要求，每次排污量以降低水位25～30mm为宜，应在高压低负荷进行。

10）值班人员应在锅炉内进行巡回检查，以便及时掌握锅炉本体安全附件和各附属设备（如煤气、水泵、电机、阀门等）的运行情况。一旦发现不能向锅炉给水或其他危及锅炉安全运行的情况时，应立即停止运行。

11）经常与水质化验人员取得联系，掌握水质情况，严格执行国家工业水质标准，加强水质管理，避免锅炉内壁生水垢和腐蚀。

12）除值班司炉人员外，其他人不得乱动控制台的按钮、旋钮和锅炉内的阀门、仪表灯，认真填写锅炉运行记录。

（4）蒸汽使用安全注意事项

1）在打开进口阀门之前，检查是否打开排气阀，防止造成热膨胀超压、管道破裂和人员伤害。

2）使用蒸汽结束后，一定要充入气体，排出里面的蒸汽，不得关闭所有阀门，以避免蒸汽冷凝形成真空，导致管道塌陷损坏。

3）通蒸汽时，要把排水阀和放气阀都打开，以便加速排气。充入蒸汽过程要连续、缓慢、低速，直到所有的空气被排除干净。如果环境温度低，阀门要保持开启的状态，防止形成流体锤，对管线阀门造成破坏。

4）为防止高温烫伤，严禁触摸没有做保温层的蒸汽管线。排放阀或放空阀前严禁站人。

5）在运行中，要定期对高压蒸汽管道、保温层，以及管道的支吊架进行巡视检查，发现异常情况时，要及时查明原因，采取措施消除缺陷，防止蒸汽泄漏。

6）操作蒸汽阀门时，应按要求穿戴好个人防护用品，站在蒸汽阀门的侧面进行操作。

7）对于室外蒸汽管道，冬季停止运行后要及时放掉存水，防止冻坏管道及阀门。

3.6 装配式混凝土建筑施工技术

3.6.1 装配式建筑套筒灌浆施工基础知识

常见的装配式连接方式主要有浆锚连接和套筒灌浆连接。但就目前的应用情况看，套筒灌浆连接方式应用更加广泛，市场占有率更高，下面主要围绕套筒灌浆施工工艺展开论述。

重点介绍套筒灌浆的基础知识，包括：灌浆套筒的分类、检验，灌浆料的性能要求，以及与套筒灌浆相关的标准、规范。

1. 灌浆套筒性能要求

（1）灌浆套筒分类

灌浆套筒主要用于预制构件与主体预留钢筋之间的连接，是目前装配整体式建筑最常见的结构连接方式。《钢筋连接用灌浆套筒》JG/T 398—2019 规定了钢筋连接用灌浆套筒的术语和定义、分类及标记、要求、试验方法、检验规则等。

按照材质和制造方式的不同，灌浆套筒分为铸造灌浆套筒和机械加工灌浆套筒。

根据内部构造的不同，灌浆套筒主要分为全灌浆套筒和半灌浆套筒。其中，半灌浆套筒根据机械连接一端钢筋螺纹加工方式的不同，分为镦粗直螺纹灌浆套筒、剥肋滚轧直螺纹灌浆套筒、直接滚轧直螺纹灌浆套筒。灌浆套筒分类如图 3-1 所示。

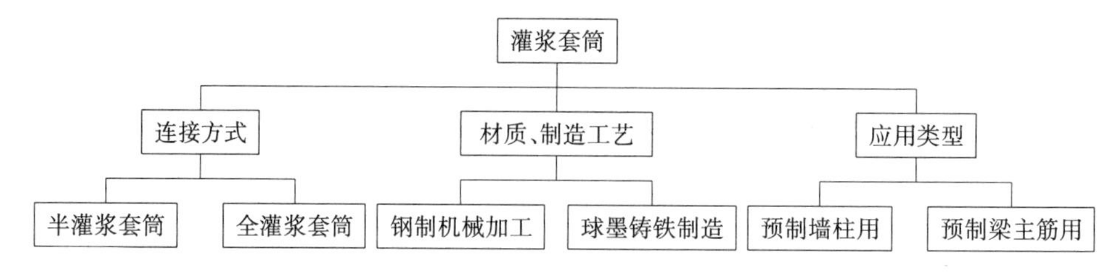

图 3-1　灌浆套筒分类

另外，灌浆套筒在其表面，都有一串字母与数字组合的编号，表示套筒的种类与规格。

(2) 灌浆套筒材质要求

铸造灌浆套筒宜选用球墨铸铁，机械加工灌浆套筒宜选用优质碳素结构钢、低合金高强度结构钢、合金结构钢或其他经过接头型式检验确定符合要求的钢材。表 3-15 和表 3-16 分别给出了球墨铸铁灌浆套筒的材质要求与机械加工灌浆套筒材质要求。

球墨铸铁灌浆套筒的材质要求　　**表 3-15**

抗拉强度(MPa)	断后伸长率(%)	球化率(%)	硬度(HBW)
≥500	≥7	≥85	170～230
≥500	≥7		180～250
≤500	≥7		190～270

机械加工灌浆套筒材质要求　　**表 3-16**

材料	屈服强度(MPa)	抗拉强度(MPa)	断后伸长率(%)
45 号圆钢	≥355	≥600	≥16
45 号圆钢	≥355	≥590	≥14
Q390	≥390	≥490	≥18
Q345	≥345	≥470	≥20
Q235	≥235	≥375	≥25
40Cr	≥785	≥980	≥9

注：当屈服现象不明显时，用规定塑性延伸强度 $R_{P.02}$ 表示。

(3) 灌浆套筒尺寸要求

灌浆套筒应符合《钢筋连接用灌浆套筒》JG/T 398—2019 的有关规定。灌浆套筒灌浆端最小内径与连接钢筋公称直径的差值不宜小于表 3-17 规定的数值，用于钢筋锚固的深度不宜小于插入钢筋公称直径的灌浆套筒灌浆段。

灌浆套筒尺寸偏差　　**表 3-17**

项目	铸造灌浆套筒			机械加工灌浆套筒		
钢筋直径(mm)	10～20	22～32	36～40	10～20	22～32	36～40
内、外径允许偏差(mm)	±0.8	±1.0	±1.5	±0.5	±0.6	±0.8

续表

项目	铸造灌浆套筒			机械加工灌浆套筒
壁厚允许偏差(mm)	±0.8	±1.0	±1.2	±12.5%或±0.4较大者
长度允许偏差(mm)	±2.0			±1.0
最小内径允许偏差(mm)	±1.5			±1.0
剪刀槽两侧凸台顶部轴向宽度允许偏差(mm)	±1.0			±1.0
剪刀槽两侧凸台径向高度允许偏差(mm)	±1.0			±1.0
直螺纹精度	《普通螺纹 公差》GB/T 197—2018中6H级			《普通螺纹 公差》GB/T 197—2018中6H级

(4) 灌浆套筒检验规则

根据《钢筋套筒灌浆连接应用技术规程》JGJ 355—2015中对套筒检验的相关要求，灌浆套筒检验主要分为出厂检验和型式检验两种。

1) 出厂检验

① 检验项目

材料性能、尺寸偏差和外观质量。

② 组批规则

材料性能检验应以同钢号、同规格、同炉（批）号的材料作为一个检验批。尺寸偏差和外观质量检验应以连续生产的同原材料、同规格、同炉（批）号、同类型的1000个灌浆套筒为一个检验批，不足1000个仍可作为一个检验批。

③ 取样数量及方法

材料性能检验每批随机抽取2个，尺寸偏差和外观质量检验每批随机抽取10%，连续10个检验批一次性检验均合格时，尺寸偏差和外观质量的取样数量可由10%降低为5%。

④ 判定规则

在材料性能检验中，若2个试样均合格，则该批灌浆套筒材料性能判定为合格；若有1个试样不合格，则需另外加倍抽样复检，复检全部合格时，则仍可判定该批灌浆套筒材料性能为合格；若复检中仍有1个试样不合格，则该批灌浆套筒材料性能判定为不合格。

在尺寸偏差及外观质量检验中，若灌浆套筒试样合格率不低于97%，则该批灌浆套筒判定为合格；若合格率低于97%，则应另外抽取双倍数量的灌浆套筒试样进行检验，若合格率不低于97%，则该批灌浆套筒仍可判定为合格；若合格率仍低于97%，则该批灌浆套筒应逐个检验，合格后方可出厂。

2) 型式检验

① 检验条件

有下列情况之一时，应进行型式检验：

A. 灌浆套筒产品定型时。

B. 灌浆套筒材料、工艺、规格进行改动时。

C. 型式检验报告超过4年时。

② 检验项目

A. 对中接头试件应为 9 个，其中 3 个做单向拉伸试验，3 个做高应力反复拉压试验，3 个做大变形反复拉压试验。

B. 偏置接头试件应为 3 个，做单向拉伸试验。

C. 钢筋试件应为 3 个，做单向拉伸试验。

D. 全部试件的钢筋均应从同一炉（批）号的 1 根或 2 根钢筋上截取。

③ 取样数量及方法

材料性能检验应从同钢号、同规格、同炉（批）号的材料中抽取，取样数量为 2 个。尺寸偏差和外观质量检验应从连续生产的同原材料、同炉（批）号、同类型、同规格的套筒中抽取，取样数量为 3 个。抗拉强度试验的灌浆接头取样数量为 3 个。

④ 判定规则

所有检验项目合格方可判定为合格。

（5）标识、包装、运输和贮存

1）标识

灌浆套筒表面应刻印清晰，持久性标识。标识至少应包括厂家代号、型号及可追溯材料性能的生产批号等信息。灌浆套筒包装箱上应有明显的产品标识，标识内容包括：产品名称、执行标准、灌浆套筒型号、数量、质量、生产批号、生产日期、企业名称、通信地址和联系电话。

2）包装

① 灌浆套筒包装应符合《一般货物运输包装通用技术条件》GB/T 9174—2018 的规定。灌浆套筒应用纸箱、塑料编织袋或木箱按照规格、批号包装，不同规格、批号的灌浆套筒不得混装。通常情况下采用纸箱包装时，纸箱强度应保证运输要求，箱外应用足够强度的打包带捆扎牢固。

② 灌浆套筒出厂时应附有产品合格证，样式可参见《一般货物运输包装通用技术条件》GB/T 9174—2008 中附录 A 的规定。产品合格证内容应包括：产品名称、灌浆套筒型号、生产批号、材料牌号、数量、检验结论、检验合格签章、企业名称、通信地址和联系电话等。

③ 有较高防潮要求时，应用防潮纸将灌浆套筒逐个包裹后装入木箱。

3）运输和贮存

① 灌浆套筒在运输过程中应有防水、防雨措施。

② 灌浆套筒应贮存在具有防水、防雨、防潮的环境中，并按规格型号分别码放。

2. 灌浆料

（1）灌浆料性能要求

钢筋连接用套筒灌浆料是指用水泥、级配砂、掺合料、膨胀剂、外加剂等混合而成的专用的水泥基无收缩灌浆料。《钢筋连接用套筒灌浆料》JG/T 408—2019 详细规定了灌浆料的物性要求和试验方法。

普通灌浆料与套筒灌浆料的物性要求见表 3-18，从表中可以看出：相对于普通灌浆料，套筒灌浆料具有高流动性、早强高强、微膨胀性。

普通灌浆料与套筒灌浆料的物性要求 **表 3-18**

物性要求	时间	普通灌浆料	套筒灌浆料
流动度(mm)	0min	≥290	≥300
	30min	≥260	≥260
抗压强度(MPa)	1d	≥20	≥35
	3d	≥40	≥60
	28d	≥60	≥85
竖向膨胀率(%)	3h	0.1～3.5	≥0.02
	3～24h	0.02～0.5	0.02～0.5

(2) 灌浆料检验规则

灌浆料的检验规则按照《混凝土结构工程施工质量验收规范》GB 50204—2015、《水泥基灌浆材料应用技术规范》GB/T 50448—2015、《钢筋连接用套筒灌浆料》JG/T 408—2019 的相关要求执行。

1) 性能要求

根据《钢筋连接用套筒灌浆料》JG/T 408—2019，灌浆料的性能指标见表 3-19 和表 3-20。

常温型套筒灌浆料的性能指标 **表 3-19**

检测项目		性能指标
流动度(mm)	初始	≥300
	30min	≥260
抗压强度(MPa)	1d	≥35
	3d	≥60
	28d	≥85
竖向膨胀率(%)	3h	0.02～2
	24h 与 3h 差值	0.02～0.40
28d 自干燥收缩(%)		≤0.045
氯离子含量(%)		≤0.03
泌水率(%)		0

注：氯离子含量以灌浆料总量为基准。

低温型套筒灌浆料的性能指标 **表 3-20**

检测项目		性能指标
−5℃流动度(mm)	初始	≥300
	30min	≥260
8℃流动度(mm)	初始	≥300
	30min	≥260

续表

检测项目		性能指标
抗压强度(MPa)	−1d	≥35
	−3d	≥60
	−7d+21d	≥85
竖向膨胀率(%)	3h	0.02～2
	24h与3h差值	0.02～0.40
28d自干燥收缩(%)		≤0.045
氯离子含量(%)		≤0.03
泌水率(%)		0

注：1. −1d代表在负温养护1d，−3d代表在负温养护3d，−7d+21d代表在负温养护7d转标准养护21d；
2. 氯离子含量以灌浆料总量为基准。

2）试验方法

① 称取1800g水泥基灌浆料，精确至5g；按照产品设计（说明书）要求称量拌合用水，精确至1g。

② 按照《钢筋连接用套筒灌浆料》JG/T 408—2019中附录A的相关要求拌和水泥基灌浆料。

③ 将浆体灌入试模，待浆体与试模的上边缘平齐，成型过程中不应振动试模，应在6min内完成拌和成型。

④ 将装有浆体的试模在成型室内静置2h后移入养护箱。

⑤ 抗压强度试验方法按照《水泥胶砂强度检验方法（ISO法）》GB/T 17671—2021中的有关规定执行。

3）标识、包装、运输和贮存

① 标识

包装袋（筒）上应标明产品名称，净质量，使用说明，生产厂家（包括单位地址、电话），生产批号，生产日期，保质期等内容。

② 包装

A. 套筒灌浆料应采用防潮袋（筒）包装。

B. 每袋（筒）净含量宜为25kg或50kg，且不小于标识质量的99%。

③ 运输和贮存

A. 产品运输和贮存时不应受潮和混入杂物。

B. 产品应贮存在通风、干燥、阴凉处，运输过程中应注意避免阳光长时间照射。

3. 其他材料

（1）管堵

管堵由橡胶或塑料制成，用于灌浆前和灌浆后对灌浆孔进行封堵。灌浆前封堵，目的是防止杂物和混凝土在浇筑时进入管内；灌浆后封堵，目的是防止已灌入套筒内的灌浆料泄漏。使用管堵时，应注意注浆孔与出浆孔的孔径不同：出浆孔的孔径小，一般为20mm；注浆孔的孔径较大，一般为25mm。在进行堵浆时应选择对应孔径的管堵，以保证堵浆的效果。

（2）密封环

一般为橡胶材质，锥形密封环有利于钢筋对中且安装方便；安装于套筒的预埋端，防止预制构件制作时混凝土进入套筒。

4. 检验检测

《钢筋套筒灌浆连接应用技术规程》JGJ 355—2015 第 7.0.5 条规定："灌浆套筒埋入预制构件时，工艺检验应在构件生产前进行；当现场灌浆施工单位与工艺检验时的灌浆单位不同，灌浆前应再次进行工艺检验。"这表明，如果现场灌浆施工单位与工艺检验时的灌浆单位不同，则需要进行重复的工艺试验。另外，应对不同钢筋生产企业的进厂钢筋进行接头型式检验。

（1）接头型式检验

《钢筋套筒灌浆连接应用技术规程》JGJ 355—2015 第 7.0.6 条规定："灌浆套筒进厂（场）时，应抽取灌浆套筒并采用与之匹配的灌浆料制作对中连接接头试件，并进行抗拉强度检验；检查数量：同一批号、同一类型、同一规格的灌浆套筒，不超过 1000 个为一批，每批随机抽取 3 个灌浆套筒制作对中连接接头试件。"另外需要注意的是，灌浆料最终强度周期为 28d，故接头型式检验应该在构件生产前提前进行。当然，为缩短试验周期，在 28d 内，只要同步灌浆料试块强度达到 85MPa 就可送检。

1）接头型式检验条件

属于下列情况时，应进行接头型式检验：

① 灌浆套筒材料、工艺、结构改动时。

② 灌浆料型号、成分改动时。

③ 钢筋强度等级、肋形发生变化时。

2）用于型式检验的钢筋、灌浆套筒、灌浆料应符合《钢筋混凝土用钢 第 2 部分：热轧带肋钢筋》GB/T 1499.2—2018、《钢筋混凝土用余热处理钢筋》GB 13014—2013、《钢筋连接用灌浆套筒》JG/T 398—2018、《钢筋连接用套筒灌浆料》JG/T 408—2019 的规定。

3）每种套筒灌浆连接接头型式检验的试件数量与检验项目应符合下列规定：

① 对中接头试件应为 9 个，其中 3 个做单向拉伸试验、3 个做高应力反复拉压试验、3 个做大变形反复拉压试验。

② 偏置接头试件应为 3 个，做单向拉伸试验。

③ 钢筋试件应为 3 个，做单向拉伸试验。

④ 全部试件的钢筋均应从同一炉（批）号的 1 根或 2 根钢筋上截取。

4）用于型式检验的套筒灌浆连接接头试件应在检验单位监督下由送检单位制作，并应符合下列规定：

① 3 个偏置接头试件应保证一端钢筋插入灌浆套筒中心，另一端钢筋偏置后，钢筋横肋与套筒壁接触。9 个对中接头试件的钢筋均应插入灌浆套筒中心。所有接头试件的钢筋应与灌浆套筒轴线重合或平行，钢筋在灌浆套筒插入深度应为灌浆套筒的设计锚固深度。

② 接头试件应按照相关规定进行灌浆。对于半灌浆套筒连接，机械连接端的加工应符合《钢筋机械连接技术规程》JGJ 107—2016 的有关规定。

③ 采用灌浆料拌合物制作的 40mm×40mm×160mm 试件不应少于 1 组，并宜留设不少于 2 组试件。接头试件及灌浆料试件应在标准养护条件下养护。

④ 接头试件在试验前不应进行预拉。

5）进行型式检验时，灌浆料抗压强度不应小于 80MPa，且不应大于 95MPa。当灌浆料 28d 抗压强度合格指标高于 85MPa 时，型式检验时的灌浆料抗压强度低于 28d 抗压强度的较大值。型式检验时灌浆料抗压强度低于 28d 抗压强度合格指标 f_g 时，应检验灌浆料 28d 抗压强度。

6）型式检验的试验方法应符合《钢筋机械连接技术规程》JGJ 107—2016 的有关规定，并应符合下列规定：

① 接头试件的加载力应符合《钢筋套筒灌浆连接应用技术规程》JGJ 355—2015 的相关规定。

② 偏置单向拉伸接头试件的抗拉强度试验应采用零到破坏的一次加载。

③ 大变形反复拉压试验前后，反复 4 次变形加载值应分别取 $2\xi_{yk}L_g$ 和 $5\xi_{yk}L_g$，其中，ξ_{yk} 是应力为屈服强度标准值时的钢筋应变，计算长度 L_g 应按下列公式计算：

全灌浆套筒连接：

$$L_g = L/4 + 4d_s \tag{3-1}$$

半灌浆套筒连接：

$$L_g = L/2 + 4d_s \tag{3-2}$$

式中 L——灌浆套筒长度（mm）；

d_s——钢筋公称直径（mm）。

7）当型式检验的灌浆料抗压强度符合 5）的规定，且型式检验结果符合下列规定时，可评定为合格：

① 强度检验：每个接头试件的抗拉强度实测值不应小于连接钢筋抗拉强度标准值。

② 变形检验：对于残余变形和最大力下总伸长率，相应项目的 3 个试件实测的平均值，应符合套筒灌浆连接接头的变形性能规定。

8）型式检验应由专业检测机构进行，并应按《钢筋套筒灌浆连接应用技术规程》JGJ 355—2015 的规定出具检验报告。

（2）接头工艺检验

灌浆施工前，应对不同钢筋生产企业的进厂钢筋进行接头工艺检验。施工过程中，当更换钢筋生产企业，或同生产企业生产的钢筋外形尺寸与已完成工艺检验的钢筋有较大差异时，应再次进行工艺检验。接头工艺检验应符合下列规定：

1）灌浆套筒埋入预制构件时，工艺检验应在预制构件生产前进行。当现场灌浆施工单位与工艺检验时的灌浆单位不同，灌浆前应再次进行工艺检验。

2）工艺检验应模拟施工条件制作接头试件，并应按接头提供单位提供的施工操作要求进行。每种规格的钢筋应制作 3 个对中套筒灌浆连接接头，并应检查灌浆质量。

3）采用灌浆料拌合物制作的 40mm×40mm×160mm 试件不应少于 1 组。

4）接头试验件及灌浆料试件应在标准养护条件下养护 28d。

5）每个接头试件的抗拉强度、屈服强度应符合《钢筋套筒灌浆连接应用技术规程》JGJ 355—2015 的相关规定，3 个接头试验残余变形的平均值应符合《钢筋套筒灌浆连接应用技术规程》JGJ 355—2015 的规定，灌浆料抗压强度应符合《钢筋套筒灌浆连接应用技术规程》JGJ 355—2015 规定的 28d 抗压强度要求。

6）接头试件在量测残余变形后可再进行抗拉强度试验，并应按《钢筋机械连接技术规程》JGJ 107—2016 规定的钢筋机械连接型式检验单向拉伸加载试验进行。

7）第一次工艺检验中 1 个试件的抗拉强度或 3 个试件的残余变形平均值不合格时，可再抽取 3 个试件进行复检，复检仍不合格判定为工艺检验不合格。

8）工艺检验应由专业检测机构进行，并应按《钢筋套筒灌浆连接应用技术规程》JGJ 355—2015 附录 A 第 A.0.2 条规定的格式出具检验报告，报告样式如表 3-21 所示。

钢筋套筒灌浆连接接头试件工艺检验报告 **表 3-21**

<table>
<tr><td>接头名称</td><td colspan="3"></td><td colspan="3">送检日期</td><td colspan="2"></td></tr>
<tr><td>送检单位</td><td colspan="3"></td><td colspan="3">试件制作地点</td><td colspan="2"></td></tr>
<tr><td>钢筋生产企业</td><td colspan="3"></td><td colspan="3">钢筋牌号</td><td colspan="2"></td></tr>
<tr><td>钢筋公称直径(mm)</td><td colspan="3"></td><td colspan="3">灌浆套筒类型</td><td colspan="2"></td></tr>
<tr><td>灌浆套筒品牌、型号</td><td colspan="3"></td><td colspan="3">灌浆料品牌、型号</td><td colspan="2"></td></tr>
<tr><td>灌浆施工人及所属单位</td><td colspan="8"></td></tr>
<tr><td rowspan="6">对中单向拉伸试验结果</td><td colspan="2">试件编号</td><td colspan="2">No. 1</td><td colspan="2">No. 2</td><td>No. 3</td><td>要求指标</td></tr>
<tr><td colspan="2">屈服强度(N/mm²)</td><td colspan="2"></td><td colspan="2"></td><td></td><td></td></tr>
<tr><td colspan="2">抗拉强度(N/mm²)</td><td colspan="2"></td><td colspan="2"></td><td></td><td></td></tr>
<tr><td colspan="2">残余变形(mm)</td><td colspan="2"></td><td colspan="2"></td><td></td><td></td></tr>
<tr><td colspan="2">最大力下总伸长率(%)</td><td colspan="2"></td><td colspan="2"></td><td></td><td></td></tr>
<tr><td colspan="2">破坏形式</td><td colspan="2"></td><td colspan="2"></td><td></td><td>钢筋拉断</td></tr>
<tr><td rowspan="3">灌浆料抗压强度试验结果</td><td colspan="7">试件抗压强度量测值(N/mm²)</td><td rowspan="2">28d 合格指标(N/mm²)</td></tr>
<tr><td>1</td><td>2</td><td>3</td><td>4</td><td>5</td><td>6</td><td>取值</td></tr>
<tr><td></td><td></td><td></td><td></td><td></td><td></td><td></td><td></td></tr>
<tr><td>评定结论</td><td colspan="8"></td></tr>
<tr><td>检验单位</td><td colspan="8"></td></tr>
<tr><td>试验员</td><td colspan="3"></td><td colspan="3">校核</td><td colspan="2"></td></tr>
<tr><td>负责人</td><td colspan="3"></td><td colspan="3">试验日期</td><td colspan="2"></td></tr>
</table>

3.6.2 灌浆设备与工具

1. 灌浆料检测工具及仪器

（1）灌浆料制作工具

灌浆料的制作工具主要包括：温度计、电子秤、搅拌机、量杯、铁皮桶等。表 3-22 详细列出了灌浆料的制作工具，包括其名称、规格参数。

灌浆料制作工具 **表 3-22**

工具名称	规格参数	图片
温湿度计	—	
电子秤	30～50kg	
量杯	3L	

续表

工具名称	规格参数	图片
平底金属筒(最好为不锈钢制)	ϕ300×H400,30L	
电动搅拌机	功率:1200~1400W 转速:0~800r/min 电压:单相 220V/50Hz 搅拌头:不锈钢螺旋杆	

(2) 灌浆料检测工具

对于灌浆料的检测主要分为两个方面：一方面需要对其流动度进行检测，以保证在灌浆的过程中，不会发生因流动度不足而导致灌浆不密实的情况；另一方面需要对灌浆料的强度进行检测，确保其能够满足结构施工要求。以下从流动度检测和强度检测两个方面对灌浆料的检测工具进行介绍。

灌浆料流动度检测工具规格参数如表 3-23 所示。

灌浆料流动度检测工具规格参数　　表 3-23

工具名称	规格参数	图片
圆锥试模	上口×下口×高:70mm×100mm×60mm	—
钢化玻璃板	长×宽×高:500mm×500mm×6mm	—

灌浆料的抗压强度检测工具主要有：试块试模、机油、毛刷、钢丝刷及勺子等。表 3-24 详细列出了灌浆料抗压强度检测工具规格参数。

灌浆料抗压强度检测工具规格参数　　表 3-24

工具名称	规格参数	图片
试块试模	长×宽×高:40mm×40mm×16mm 三联模	—

2. 灌浆设备

(1) 电动灌浆设备

电动灌浆设备主要是指灌浆机械，以下主要介绍目前应用较为广泛的两种灌浆泵，即 GJB 型灌浆泵与螺杆灌浆泵，表 3-25 对比了两者的优缺点。

GJB 型灌浆泵与螺杆灌浆泵优缺点对比　　表 3-25

对比项目	GJB 型灌浆泵	螺杆灌浆泵
工作原理	泵管挤压式	螺杆挤压式
优点	流量稳定,快速慢速可调,适合泵送不同黏度灌浆料。故障率低,泵送可靠,可设定泵送极限压力	适合低黏度、骨料较粗的灌浆料灌浆。体积小、质量轻,便于运输
缺点	使用后需要认真清洗,防止浆料固结堵塞设备	螺旋泵胶套寿命有限,骨料对其磨损较大,需要更换。扭矩偏低,泵送力量不足,不易清洗

（2）手动灌浆工具

手动灌浆工具适用于单仓套筒灌浆，例如梁接头或者制作灌浆接头试件，以及水平缝连通腔不超过 30cm 的少量接头灌浆、补浆施工。

3. 灌浆设备和工具的清洗、存放及保养

灌浆设备和工具的正常运转和使用，对灌浆施工作业意义重大，可以为灌浆施工质量提供保障，因此，灌浆设备使用完毕后应及时清理，且应按照要求存放，并定期做好维护保养工作。

（1）灌浆设备和工具的清洗要求

1）灌浆设备和工具的清洗应由专人负责。

2）搅拌设备、灌浆机、手动灌浆器及其他设备、工具在使用完毕后应及时清理，清除残余的灌浆料。

3）灌浆作业的试验用具应及时清理，试模应及时刷油保养。

4）清理设备时应用柔软干净的抹布，防止对搅拌桶及设备造成损伤和污染。

5）设备及工具清理干净后，应把表面残留的水擦干净，防止设备生锈。

6）清洗完的设备及工具应及时覆盖，防止其他作业工序对设备及工具造成污染。

7）螺杆式灌浆机宜将螺杆卸掉，单独对探杆清洗。

8）挤压式灌浆机应把软管清洗干净，可以用与软管直径相同的海绵球清洗。

（2）灌浆设备和工具的存放要求

1）灌浆设备和工具的存放应由专人负责。

2）灌浆设备和工具应存放在固定的场所或位置。

3）灌浆设备和工具应摆放整齐，设备和工具上严禁放置其他物品。

4）灌浆设备和工具存放时应防止其他作业或因天气原因对其造成损坏和污染。

5）存放设备场所的道路应畅通，方便设备进出。

6）应建立设备、工具存放和使用台账。

（3）灌浆设备和工具的保养要求

1）灌浆设备和工具应由专人负责管理和保养。

2）应建立灌浆设备和工具保养制度。

3）灌浆设备和工具日常管理应以预防为主，发现问题及时维修。

4）灌浆设备的易损部件及易损坏的工具应有一定数量的备品备件。

5）建立灌浆设备保养台账，按照说明书的要求对设备及时进行保养。

6）灌浆的计量设备须进行定期校验。

7）对灌浆设备所有螺栓、螺母和螺钉应经常检查是否松动，发现松动应及时拧紧。

8）带有减速机的设备 3～4 个月应更换一次减速机齿轮油。

3.6.3 预制构件套筒灌浆施工

1. 灌浆连接一般规定

（1）施工单位应当在钢筋套筒灌浆连接施工前，单独编制套筒灌浆连接专项施工方案。专项施工方案应当由施工单位技术负责人审核签字、加盖单位公章，经总监理工程师审核签字、加盖执业印章后方可实施。专项施工方案中应明确吊装灌浆工序作业时间节点、灌浆料拌和、分仓设置、补灌工艺和坐浆工艺等要求。

（2）从事钢筋套筒灌浆连接施工作业的人员必须经过专业技术培训，考核合格后持证上岗，班组成员应相对固定。

（3）施工单位应指派专职检验人员，对现场灌浆料拌合物的制备、灌浆料拌合物流动度检验、灌浆料强度检验试件的制作、灌浆施工，进行全过程监督并记录。

（4）钢筋套筒灌浆连接相关供货单位宜指派专人协助施工单位进行钢筋套筒灌浆连接施工作业及相关施工机具的维护、修理，并协助施工单位监督灌浆质量。

（5）监理单位应指派专业监理工程师对现场灌浆料拌合物的制备、灌浆料拌合物流动度检验、灌浆料强度检验试件的制作、灌浆施工，进行全过程监督并记录。

（6）施工单位应对现场灌浆施工进行全过程视频拍摄，视频内容应包含：灌浆施工人员、专职检验人员、旁站监理人员、灌浆部位构件编号、灌浆料拌合物的制备、灌浆料拌合物流动度检验和灌浆料强度检验试件的制作、灌浆施工、全部出浆管出浆，及时封堵等情况。

（7）对于首次施工，宜选择有代表性的单元或部位进行试制作、试安装、试灌浆。

（8）套筒灌浆连接应采用由接头型式检验和工艺检验确定的相匹配的灌浆套筒和灌浆料，经检验合格后方可使用。

2. 灌浆施工工艺

（1）灌浆施工一般工艺流程

预制构件安装校正后可进行灌浆施工，预制混凝土构件的灌浆施工一般工艺流程如下：分仓处理与接缝封堵→正式灌浆前的准备工作→灌浆料制备→灌浆料检验（流动度检验＋强度检验）→签发灌浆令→灌浆操作→填写灌浆施工记录并由监理签字，整理资料→灌浆连接维护。

（2）分仓处理与接缝封堵

1）清理并湿润接缝

吊装完成后用气泵对接缝处进行疏通，清理表面浮灰，确保接缝内无油污、浮渣等。接缝清理完毕后，可用喷雾润湿接缝，接缝表面不应存在明水。

2）分仓处理要求

分仓材料通常采用抗压强度为50MPa以上的坐浆料，常温下一般在分仓24h后可灌浆。

仓体越大，灌浆阻力越大、灌浆压力越大、灌浆时间越长，对封缝的要求越高，灌浆不满的风险越大。根据实践经验总结得出：采用电动灌浆泵灌浆时，一般单仓长度不超过1.5m；采用手动灌浆枪灌浆时，单仓长度不宜超过0.3m。分隔条宽度宜为30～50mm。

为了防止坐浆料遮挡套筒孔口，分隔条与连接钢筋外缘的距离应大于40mm。分仓缝宜和墙板垫片结合在同一位置，防止垫片造成连通腔内灌浆料流动受阻。分仓后在构件相对应位置做出分仓标记，记录分仓时间，便于指导灌浆。

3）接缝封仓作业

在进行接缝封仓作业时，应使用专用封堵材料，并按说明书要求加水搅拌均匀。封堵时，先向连通灌浆腔内填塞封缝料内衬（内衬材料可以是软管、PVC管，也可以是钢板），然后对填塞封缝料内衬的区域填抹1.5～2cm深的封缝料（确保不堵塞套筒孔），一段填抹完后抽出内衬进行下一段填抹。接缝封堵必须保证封堵严密、牢固可靠，否则在进行压力注浆时会产生漏浆。此外，封缝料不应减小结合面的设计面积。填抹完毕，封缝料抗压强度达到 30MPa 后才可灌浆。

另外，对于预制外墙而言，在该预制构件吊装前，应事先在其安装位置靠外侧用密封带固定封边。密封带要有一定厚度，压扁到接缝高度（一般 2cm）后，还要有一定的强度，要求密封带不吸水。在预制构件吊装前，密封带固定安装在底部基础的平整表面上。

3. 正式灌浆前的现场准备工作

（1）工具及物料准备

1）对预制构件中的每个灌浆套筒进行编号，并做出标记，以便于灌浆施工过程中的记录。

2）逐个检查各灌浆套筒以及注浆管、出浆管内有无杂物，可用空压机向灌浆套筒的注浆孔内吹气，以吹出杂物。

3）检查并确保构件和所有支撑的形态都被可靠固定，防止灌浆和养护过程中的移动。

4）检查并确保灌浆料搅拌设备和灌浆设备运转正常、无故障。

5）准备好制备灌浆料拌合物以及灌浆所需的各项材料、工具、配件。

6）应检查灌浆料产品包装上的有效期。

（2）灌浆料制备

在进行灌浆料制备之前，应确认灌浆料是否与型式检验灌浆料一致，如不一致则要重新进行型式检验或者更换与型式检验一致的灌浆料。确认灌浆料满足要求后，按照以下流程完成灌浆料的制备工作：

1）准备灌浆料（打开包装袋，检查灌浆料有无受潮结块或其他异常）和清洁用水。

2）准备施工用具。主要包括：温湿度计、电子秤和刻度杯、不锈钢制浆桶、手提变速搅拌器、灌浆枪、灌浆泵（应有停电应急措施）、卷尺、三联模。

3）取适量灌浆料及水，在电子秤上称量干粉和水。灌浆料加水量应按灌浆料使用说明书的要求确定，并应按质量计量。

4）放料时，一般先将水倒入搅拌桶，然后加入约 70%干粉料，用专用搅拌器搅拌 1～2min 且大致均匀后，再将剩余干粉料全部加入，再搅拌 3～4min 至彻底均匀。静置 2～3min 排气，使浆料气泡自然排出，使用小铲子刮掉表面气泡，然后进行试验和留样。

5）灌浆料拌合物的温度宜为 10～30℃。当环境温度低于 5℃或高于 35℃时，应采取有效措施调节水温。

6）灌浆料拌合物制备完成后，任何情况下不得再次加水，散落的拌合物不得二次使用，剩余的拌合物不得再次添加灌浆料、水后混合使用；灌浆料拌合物宜在 30min 内用完；搅拌结束后，将手持搅拌器在旁边清水桶中搅拌，清洗搅拌器叶片。

（3）灌浆料检验

1）流动度检验

每工作班应检查灌浆料拌合物初始流动度不少于 1 次，指标应符合现行行业标准《钢筋连接用套筒灌浆料》JG/T 408 的有关规定，具体要求如表 3-26 所示。

灌浆料性能指标　　表 3-26

物性要求	时间	套筒灌浆料
流动度(mm)	0min	≥300
	30min	≥260
抗压强度(MPa)	1d	≥35
	3d	≥60
	28d	≥85
竖向膨胀率(%)	3h	0.02～2
	3h 与 24h 之间的差值	0.02～0.4

① 工具准备

A. 应采用符合《行星式水泥胶砂搅拌机》JC/T 681—2005 要求的搅拌机，拌和水泥基灌浆料。

B. 截锥圆模应符合《水泥胶砂流动度测定方法》GB/T 2419—2005 的规定，尺寸为下口内径 100±0.5mm，上口内径 70±0.5mm，高 60±0.5mm。

C. 玻璃板尺寸 500mm×500mm，并应水平放置。

② 流动度试验步骤

灌浆料的流动度试验应按下列步骤进行：

A. 称取 1800g 水泥基灌浆料，精确至 5g；按照产品设计（说明书）要求的用水量称量好拌合用水，精确至 1g。

B. 湿润搅拌锅和搅拌叶，但不得有明水。将水泥基灌浆料倒入搅拌锅内，开启搅拌机，同时加入拌合水，应在 10s 内加完。

C. 按水泥胶砂搅拌机的设定程序搅拌 240s。

D. 湿润玻璃板和截锥圆模内壁，但不得有明水。将截锥圆模放置在玻璃板中间位置。

E. 将水泥基灌浆料浆体倒入截锥圆模内，直至浆体与截锥圆模上口平齐。徐徐提起截锥圆模，让浆体在无扰动条件下自由流动直至停止。

F. 测量浆体最大扩散直径及与其垂直的直径，计算平均值，精确到 1mm，作为流动度初始值；应在 6min 内完成上述搅拌和测量过程。

G. 将玻璃板上的浆体装入搅拌锅内，并采取防止浆体水分蒸发的措施。自加水拌入 30min 时，将搅拌锅内的浆体按照 C～E 步骤试验，测定结果作为 30min 的保留值。

2）强度检验

根据需要，进行灌浆料现场抗压强度检验。每工作班取样不得少于 1 次。

① 工具选择

A. 抗压强度试验试件应采用尺寸为 40mm×40mm×160mm 的棱柱体，且宜使用可拆卸钢制试模。

B. 抗压强度试验应按《水泥胶砂强度检验方法（ISO 法）》GB/T 17671—2021 中的规定执行。

② 抗压强度试验步骤

为了确保试验的准确性，严格按照以下步骤进行试块的抗压强度试验：

A. 称取 1800g 水泥基灌浆料，精确至 5g；按照产品设计（说明书）要求的用水量称量好拌合用水，精确至 1g。

B. 湿润搅拌锅和搅拌叶，但不得有明水。将水泥基灌浆料倒入搅拌锅中，开启搅拌机，同时加入拌合水，应在 10s 内加完。

C. 按水泥胶砂搅拌机的设定程序搅拌 240s。

D. 将浆体灌入试模，至浆体与试模的上边缘平齐，成型过程中不应振动试模。应在 6min 内完成搅拌和成型过程。

E. 将装有浆体的试模在成型室内静置 2h 后移入养护箱。

F. 抗压强度试验应按《水泥胶砂强度检验方法（ISO 法）》GB/T 17671—2021 中的有关规定执行。

3）签发灌浆令

在钢筋套筒灌浆施工前，施工单位及监理单位应联合对灌浆准备工作、实施条件、安全措施等进行全面检查，应重点核查套筒内连接钢筋长度及位置、坐浆料强度、接缝分仓、分仓材料性能、接缝封堵方式、封堵材料性能、灌浆腔连通情况等是否满足设计及规范要求。在每个班组每天灌浆施工前，签发一份灌浆令（表 3-27），灌浆令由施工单位项目负责人和总监理工程师同时签发，灌浆令在当日有效。

灌浆令 **表 3-27**

<table>
<tr><td>工程名称</td><td colspan="4"></td></tr>
<tr><td>灌浆施工单位</td><td colspan="4"></td></tr>
<tr><td>灌浆施工部位</td><td colspan="4"></td></tr>
<tr><td>灌浆施工时间</td><td colspan="4">自　年　月　日　时起至　年　月　日　时止</td></tr>
<tr><td rowspan="5">灌浆施工人员</td><td>姓名</td><td>考核编号</td><td>姓名</td><td>考核编号</td></tr>
<tr><td></td><td></td><td></td><td></td></tr>
<tr><td></td><td></td><td></td><td></td></tr>
<tr><td></td><td></td><td></td><td></td></tr>
<tr><td></td><td></td><td></td><td></td></tr>
<tr><td rowspan="7">工作界面完成检查及情况描述</td><td rowspan="2">界面检查</td><td colspan="3">套筒内杂物、垃圾是否清理干净　是□　否□</td></tr>
<tr><td colspan="3">注浆孔、出浆孔是否完好、整洁　是□　否□</td></tr>
<tr><td rowspan="2">连接钢筋</td><td colspan="3">钢筋表面是否整洁、无锈蚀　是□　否□</td></tr>
<tr><td colspan="3">钢筋的位置及长度是否符合要求　是□　否□</td></tr>
<tr><td rowspan="2">分仓及封堵</td><td colspan="3">封堵材料：封堵是否密实　是□　否□</td></tr>
<tr><td colspan="3">分仓材料：是否按要求分仓　是□　否□</td></tr>
<tr><td>通气检查</td><td colspan="3">是否通畅　是□　否□
不通畅预制构件编号及套筒编号：</td></tr>
<tr><td rowspan="4">灌浆准备工作情况描述</td><td>设备</td><td colspan="3">设备配置是否满足灌浆施工的要求　是□　否□</td></tr>
<tr><td>人员</td><td colspan="3">是否通过考核　是□　否□</td></tr>
<tr><td>材料</td><td colspan="3">灌浆料品牌：　检验是否合格　是□　否□</td></tr>
<tr><td>环境</td><td colspan="3">温度是否符合灌浆施工要求　是□　否□</td></tr>
</table>

续表

审批意见	上述条件是否满足灌浆施工条件 同意灌浆□　　　　不同意，整改后重新申请□		
	项目负责人		签发时间	
	总监理工程师		签发时间	

注：本表由专职检验人员填写。　　　　　　专职检验人员：　　　　　　日期：

4. 竖向预制构件灌浆连接施工

(1) 灌浆施工步骤

应按照以下流程进行操作：

1) 向灌浆设备料斗内加入清水并启动灌浆设备，对料斗和注浆管进行冲洗和润滑，持续开动灌浆设备，直至把所有的水从料斗和注浆管中排出。将灌浆料拌合物倒入灌浆设备料斗并开启灌浆设备，观察出浆情况，直至圆柱状灌浆料拌合物从出浆管喷嘴连续流出，方可灌浆。

2) 灌浆时，同一分仓区域，只能采用一处灌浆，两处以上同时灌浆会夹住空气，形成空气夹层，所以严禁两处灌浆。灌浆过程始终保持从一个固定注浆口压入灌浆料，不得随意更换注浆口。

3) 当灌浆料从分仓段内出浆孔出浆时，应及时用专用橡胶塞封堵。待所有出浆孔封堵完毕后，保持压力 1min，拔除注浆管。同时，立刻封堵注浆口，避免灌浆腔内经过保持压力的浆体溢出灌浆腔，造成注浆不实。拔除注浆管到封堵橡胶塞时间间隔不得超过 1s。

4) 正常情况下灌浆料要在自加水搅拌开始 30min 内灌完。严禁将流到地上的灌浆料回收到灌浆机。

5) 通过控制注浆压力控制灌浆料流速，控制依据为灌浆过程中本灌浆腔内已经封堵的注浆孔或出浆孔的橡胶塞能承受低压注浆压力不脱落。如果出现脱落，立即封堵注浆孔或出浆孔，并调节压力。

6) 灌浆完毕后，及时清理溢流灌浆料，防止灌浆料凝固而污染楼面、墙面。

(2) 问题处理

灌浆过程中经常会出现各类突发状况，灌浆作业者应充分准备好预案，并按照要求处置。下面列出了灌浆作业时常见的问题。

1) 漏浆

若出现漏浆，则停止灌浆并及时用环氧胶或快干砂浆封堵漏浆部位；若漏浆严重，则提起墙板重新封仓、灌浆。

灌浆完成后发现漏浆，必须进行二次补浆，二次补浆压力应比注浆时压力稍低，补浆时须打开靠近漏浆部位的出浆孔。选择距漏浆部位最近的注浆孔注浆，待浆体流出，无气泡后，用橡胶塞封堵。

2) 无法出浆

灌浆施工时若出现无法出浆的情况，应查明其原因，采取的施工措施应符合下列规定：

① 对于未密实饱满的竖向连接灌浆套筒，在灌浆料加水拌和 30min 以内时，应首选

从注浆孔补灌；当灌浆料拌合物已无法流动时，可从出浆孔补灌，并应使用手动设备结合细管压力灌浆。

② 补灌应在灌浆料拌合物高于出浆孔最低点 5mm 时停止，并应在灌浆料拌合物凝固后再次检查其位置是否满足要求。

(3) 灌浆连接维护

灌浆作业结束后，在灌浆料同条件试块强度达到 35MPa 后，方可进入后续施工（扰动），且应满足下列要求：

1) 当环境温度在 15℃以上时，24h 内预制构件不得受扰动。

2) 当环境温度在 5～15℃时，48h 内预制构件不得受扰动。

3) 当环境温度在 5℃以下时，视情况而定。

如对预制构件接头不采取加热保温措施，要保持加热 5℃以上至少 48h，期间构件不得受扰动。

灌浆完成后，施工专职检查人员要填写《钢筋套筒灌浆施工记录表》（表 3-28），监理人员应填写《监理人员旁站记录表》（表 3-29）。此外，还要留存照片和视频资料。灌浆施工视频记录文件应采用数字格式，按楼栋编号分类归档保存，文件名应包含楼栋号、楼层数、预制构件编号；视频记录文件宜按照单个构件的灌浆施工划分段落，宜定点、连续拍摄。

钢筋套筒灌浆施工记录表 **表 3-28**

工程名称：　　　施工单位：　　　灌浆日期：　　年　　月　　日

天气状况：　　　灌浆环境温度：　　℃

<table>
<tr><td rowspan="3">浆料搅拌</td><td colspan="9">批次：　　干粉用量：　　kg　　搅拌时间：　　　　施工员：</td></tr>
<tr><td colspan="9">试块留置：是□ 否□；组数：　　组（每组 3 个）；规格：40mm×40mm×160mm（长×宽×高）；流动度：　mm</td></tr>
<tr><td colspan="9">异常现象记录：</td></tr>
<tr><td>楼号</td><td>楼层</td><td>构件名称及编号</td><td>灌浆孔号</td><td>开始时间</td><td>结束时间</td><td>施工员</td><td>异常现象记录</td><td>是否补灌</td><td>有无影像资料</td></tr>
<tr><td></td><td></td><td></td><td></td><td></td><td></td><td></td><td></td><td></td><td></td></tr>
<tr><td></td><td></td><td></td><td></td><td></td><td></td><td></td><td></td><td></td><td></td></tr>
<tr><td></td><td></td><td></td><td></td><td></td><td></td><td></td><td></td><td></td><td></td></tr>
<tr><td></td><td></td><td></td><td></td><td></td><td></td><td></td><td></td><td></td><td></td></tr>
<tr><td></td><td></td><td></td><td></td><td></td><td></td><td></td><td></td><td></td><td></td></tr>
<tr><td></td><td></td><td></td><td></td><td></td><td></td><td></td><td></td><td></td><td></td></tr>
<tr><td></td><td></td><td></td><td></td><td></td><td></td><td></td><td></td><td></td><td></td></tr>
<tr><td></td><td></td><td></td><td></td><td></td><td></td><td></td><td></td><td></td><td></td></tr>
<tr><td></td><td></td><td></td><td></td><td></td><td></td><td></td><td></td><td></td><td></td></tr>
<tr><td></td><td></td><td></td><td></td><td></td><td></td><td></td><td></td><td></td><td></td></tr>
</table>

注：1. 灌浆开始前，应对各种灌浆口编号；

2. 灌浆施工时，环境温度超过允许范围时应采取措施；

3. 灌浆料搅拌后须在规定时间内灌注完毕；

4. 灌浆结束应立即清理灌浆设备。

监理人员旁站记录表 **表 3-29**

专职检验人员： 日期：

工程名称：____________ 编号：____________

旁站的关键部位、关键工序		施工单位	
旁站开始时间	年 月 日 时 分	旁站结束时间	年 月 日 时 分
旁站的关键部位、关键工序施工情况： 灌浆施工人员通过考核 是□ 否□ 专职检验人员到岗 是□ 否□ 设备配置满足灌浆施工要求 是□ 否□ 环境温度符合灌浆施工要求 是□ 否□ 灌浆料配合比搅拌符合要求 是□ 否□ 出浆口封堵工艺符合要求 是□ 否□ 出浆口未出浆，采取的补灌工艺符合要求 是□ 否□ 不涉及□			
发现的问题及处理情况： 旁站监理人员(签字)：________ 年 月 日			

注：本表一式一份，项目监理机构留存。

5. 横向预制构件灌浆连接施工

在装配式建筑中，除了常见的竖向预制构件外，还有横向预制构件采用套筒灌浆连接方式。根据《钢筋套筒灌浆连接应用技术规程》JGJ 355—2015 的规定：当预制构件采用水平连接时，应进行每个套筒独立灌浆作业。

(1) 灌浆施工流程

由于水平预制构件中采用灌浆连接方式的预制构件主要为预制叠合梁，因此以下以预制叠合梁为例，对其纵筋套筒灌浆施工操作控制工艺流程进行详解（图 3-2）。受施工工艺的限制，预制叠合梁等水平构件的纵筋连接通常采用在施工现场安装全灌浆套筒进行单独灌浆的作业方式。

图 3-2 横向预制构件灌浆施工流程图

1) 验收

首先对灌浆套筒和匹配的灌浆料进行进场验收。通常灌浆套筒和灌浆料的选择，由现场施工单位完成，省去施工单位与预制构件生产单位之间的协调环节。

2) 标记

在预制构件吊装前，用记号笔在待连接钢筋上做插入深度定位标记（标记画在钢筋上部，要清晰、不易脱落），然后将套筒全部套入一侧预制叠合梁的连接钢筋上。

3) 套筒安装就位

预制构件吊装后，检查两侧预制构件伸出的待连接钢筋位置及长度偏差，合格后将套筒按标记移至两根待连接钢筋中间，安装时，应转动套筒使灌浆嘴朝向正上方±45°，并检查套筒两侧密封圈是否正常。

4）灌浆料制备

横向预制构件的灌浆料制备要求与竖向预制构件的灌浆料制备要求相同。

5）套筒灌浆

由于预制叠合梁用套筒是每个接头单独灌浆，因此一般使用手动灌浆枪灌浆。灌浆时用灌浆枪的注浆口从套筒的一端向套筒内灌浆，至灌浆料从套筒另一端的出浆口处流出为止。

灌浆完成后，立刻检查套筒两端是否漏浆并及时处理。灌浆料凝固后，检查注浆口、出浆口，凝固的灌浆料上表面应高于套筒上沿。

6）后续施工

由于预制叠合梁用灌浆套筒在现浇带内，暴露在外，且预制叠合梁构件跨度大、固定支撑难度大，故灌浆完成后，在同步灌浆料试块强度达到35MPa前，不得踩踏套筒，不得进行对预制构件接头有扰动的后续施工。

（2）灌浆施工

以下内容按照中国建筑业协会标准《钢筋套筒灌浆连接施工技术规程》T/CCIAT 004—2019中关于横向预制构件的连接要求编写。受施工工艺的限制，预制叠合梁等水平构件的纵筋连接通常采用在施工现场全灌浆套筒单独灌浆的作业方式。

1）预制构件吊装前检查

① 预制构件与现浇区段结合面应洁净、无油污，并应符合设计及现行行业标准《装配式混凝土结构技术规程》JGJ 1—2014的有关规定。

② 高温干燥季节宜对预制构件与现浇区段结合面做浇水湿润处理，但不得形成积水。

③ 外露连接钢筋表面不应粘连混凝土、砂浆等，不应发生锈蚀；外露钢筋应顺直，当外露连接钢筋倾斜时，可用钢管套住校正。

④ 外露连接钢筋的位置、尺寸偏差应符合表3-30的规定，超过允许偏差应处理。

外露连接钢筋的位置、尺寸允许偏差 **表3-30**

项目		允许偏差(mm)	检验方法
外露连接钢筋	中心位置	+2,0	尺量
	外露长度	+10,0	

⑤ 检查预制构件的类型及编号。

⑥ 检查灌浆套筒内有无异物，管路是否畅通，当灌浆套筒或管路内有杂物时，应清理干净。

2）横向预制构件安装

水平钢筋套筒灌浆连接主要用于预制叠合梁。以下从灌浆方式、连接钢筋标记、注浆孔与出浆孔位置、灌浆套筒封堵、预制叠合梁水平连接钢筋偏差等方面提出施工措施要求。

① 灌浆套筒各自应独立灌浆。

② 连接钢筋的外表面应标记插入灌浆套筒最小锚固长度，标记位置应准确，颜色应

清晰。

③ 灌浆套筒安装就位后，注浆孔、出浆孔位于套筒水平轴正上方±45°的锥体内，安装注浆管、出浆管时应确保安装牢固，且注浆管、出浆管管口高度应超过灌浆套筒外表面最高位置。塞紧灌浆套筒两端的橡胶塞，确保钢筋与灌浆套筒间隙密封，灌浆时不漏浆。

④ 吊装横向预制构件时，确保预制构件位置准确，确保两端外露连接钢筋对接良好，两端外露连接钢筋轴线偏差不应大于5mm，水平间距不应大于30mm，超过允许偏差的应予以处理。构件位置校准完成后，设置临时支撑固定。

3）横向预制构件灌浆施工

横向预制构件灌浆施工的要点在于灌浆料拌合物流动的最低点要高于灌浆套筒外表面最高点，此时可停止灌浆，并及时封堵注浆管、出浆管管口。为了方便观察注浆管、出浆管内灌浆料拌合物高度变化，用于灌浆套筒的注浆管、出浆管宜采用透明或半透明材料。横向预制构件的具体灌浆施工流程如下：

① 向灌浆设备料斗内加入清水并启动灌浆设备，对料斗和注浆管进行冲洗和润滑处理，持续开动灌浆设备，直至把所有的水从料斗和注浆管中排出。

② 将灌浆料拌合物倒入灌浆设备料斗并启动灌浆设备，直至圆柱状灌浆料拌合物从出浆管持续流出，方可灌浆。

③ 采用压浆法从灌浆套筒的注浆管注入灌浆料拌合物，当灌浆套筒的注浆管、出浆管内的灌浆料拌合物均高于灌浆套筒外表面最高点时，应停止灌浆，并及时封堵注浆管、出浆管管口。

④ 同一连接区段的灌浆套筒全部灌浆完毕后30s内，发现注浆管、出浆管内灌浆料拌合物下降至灌浆套筒外表面最高点以下时，应检查灌浆套筒的密封或灌浆料拌合物的排气情况，并及时补灌或采取其他措施。

⑤ 完成灌浆后，将灌浆设备料斗装满水，启动灌浆设备，直至清洁的水从出浆管喷嘴流出，并排净，方可关闭灌浆设备。

⑥ 灌浆施工结束且灌浆料拌合物凝固后，应进行灌浆质量检查。检查时，观察凝固后的灌浆料拌合物凹处表面最低点是否高于套筒外表面最高点，发现问题应及时采取有效措施处理。

4）连接部位保护

① 灌浆后应加强连接部位保护，避免受到任何冲击或扰动，灌浆料同条件养护试件抗压强度达到35MPa后，方可进行对接头有扰动的后续施工。

② 临时固定措施的拆除应在灌浆料抗压强度能确保结构达到后续施工承载力要求后进行。

上述两条保护措施有其适用范围，具体说明如下：

A. 为及时了解接头养护过程中灌浆料实际强度变化，明确可进行对接头有扰动施工的时间，应留置灌浆料同条件养护试件。灌浆料同条件养护试件应保存在构件旁边，并采取适当的防护措施。当有可靠经验时，灌浆料抗压强度也可根据考虑环境温度因素的抗压强度增长曲线由经验确定。

B. 上面的规定主要适用于后续施工可能对接头有扰动的情况，包括预制构件就位后立即进行灌浆作业的先灌浆工艺及所有预制框架柱的竖向钢筋连接。对浇筑边缘构件与预制楼板叠合层，进行灌浆施工的预制剪力墙结构，可不执行上面的规定。

C. 此种施工工艺无法再次吊起预制墙板，且拆除预制构件的代价很大，故应采取更加可靠的灌浆及质量检查措施。通常情况下，环境温度在15℃以上时，24h内不可扰动连接部位；环境温度在5～15℃时，48h内不可扰动连接部位；环境温度在5℃以下时，视情况而定。如对预制构件连接部位采取加热保温措施，须加热至5℃以上，并保持至少48h，期间不可扰动连接部位。

③ 检查与验收

主要包括：灌浆接头型式检验报告、施工前灌浆接头工艺检验、灌浆套筒及灌浆料进厂（场）检验、灌浆施工中灌浆料抗压强度检验、灌浆料拌合物流动度检验及灌浆质量检验。以下主要介绍横向预制构件灌浆施工的检查验收。

A. 流动度

在灌浆施工中，灌浆料拌合物的流动度应符合现行行业标准《钢筋连接用套筒灌浆料》JG/T 408的有关规定。

检查数量：每个工作班取样不得少于1次。

检验方法：检查灌浆施工记录及流动度试验报告。

B. 抗压强度

在灌浆施工中，灌浆料的28d抗压强度应符合现行行业标准《钢筋套筒灌浆连接应用技术规程》JGJ 355的有关规定，用于检验抗压强度的灌浆料试件应在施工现场制作。

检查数量：每个工作班取样不得少于1次，每楼层取样不得少于3次，标准养护28d后进行抗压强度试验。

C. 质量检验

灌浆施工结束且灌浆料拌合物凝固后，应进行灌浆质量检验。检验时取下出浆孔堵孔塞，检查凝固后的灌浆料拌合物凹处表面最低点是否高于出浆孔最低点5mm，发现问题应及时采取有效措施处理。

检查数量：全数检查。

检验方法：检查灌浆施工记录。

D. 不合格处理

当施工过程中灌浆料抗压强度、灌浆质量不符合要求时，应由施工单位提出技术处理方案，经监理、设计单位认可后进行处理，经处理后的部位应重新验收。

检查数量：全数检查。

检验方法：检查处理记录。

6. 灌浆施工常见问题及解决方法

（1）漏浆

1）问题表现及影响

灌浆过程中，由于分仓及封仓不密实的原因，导致结构灌浆不饱满，或灌浆料进入非灌浆处，造成质量隐患。

2）原因分析

① 灌浆过程中，由于封缝材料强度不足，灌浆后期压力较高出现漏浆。

② 连通腔灌浆完成后，密封材料处不严密，进而缓慢渗漏灌浆料。

③ 分仓时，隔仓密封材料宽度不足，或未形成有效隔离，在压力下灌浆料串仓泄漏，导致套筒灌浆饱满后缓慢漏浆。

3）预防措施

① 使用性能可靠的密封材料，预留封缝材料同条件试块，待抗压强度达到灌浆要求时，方可灌浆。

② 严格按照封缝施工流程操作，保证坐浆层封缝严密。

4）处理措施

灌浆时若出现漏浆，则停止灌浆，及时用环氧胶或快干砂浆封堵漏浆部位，进行补灌；若漏浆严重，则提起预制墙板重新封仓、灌浆。

（2）难以灌入结构

1）问题表现及影响

灌浆过程中，使用灌浆设备无法将正常拌和的灌浆料送入灌浆孔道，接头灌浆饱满度存在重大隐患。

2）原因分析

① 灌浆料骨料过于粗大、流动性差，灌浆料在灌浆孔道内阻力大。

② 灌浆套筒内存在杂物，堵塞灌浆孔道。

③ 灌浆设备工作压力不足，无法保证灌浆料的正常输送。

3）预防措施

① 严格按照《钢筋套筒灌浆连接应用技术规程》JGJ 355—2015 的要求，使用与灌浆套筒相匹配的灌浆料。

② 逐个检查各灌浆套筒以及注浆管、出浆管内有无杂物，可采用空压机向灌浆套筒的注浆孔内吹气以吹出杂物。

③ 使用满足本结构接头灌浆压力所需性能的专用灌浆设备。

（3）封浆料堵塞进浆孔道

1）问题表现及影响

封浆料进入套筒下口，堵塞进浆孔道。

2）原因分析

接缝封堵或分仓时，没有正确操作，导致封浆料进入套筒孔内。

3）预防措施

① 为了防止坐浆料遮挡套筒孔口，分仓缝与连接钢筋外缘的距离应大 40mm。

② 分仓缝宜和墙板垫片结合在同一位置，防止垫片造成连通腔内灌浆料流动受阻。

③ 封堵时，先向连通灌浆腔内填塞封缝料内衬（内衬材料可以是软管、PVC 管，也可以是钢板），然后对填塞封缝料内衬处填抹 1.5～2cm 厚封堵料，确保不堵塞套筒孔口。

4）处理措施

① 用錾子剔除注浆口处的砂浆。

② 用空压机或水清洗灌浆通道，确保从注浆口到出浆口通道的畅通。

③ 对此套筒进行单个灌浆。

(4）异物堵塞注浆口、出浆口

1）问题表现及影响

制作 PC 构件时，有碎屑或异物进入注浆口、出浆口内，堵塞灌浆料通道，导致无法灌浆或灌浆不饱满等质量问题。

2）原因分析

构件制作、运输和堆放过程中有杂物进入。

3）防治措施

① 安装注浆孔、出浆管后，用密封塞堵住出口，防止杂物进入。

② 如果杂物为混凝土碎渣或石子等硬物，则用钢錾子或手枪钻剔除。

③ 如果杂物为密封胶塞或 PE 棒等塑料，则用钩状的工具或尖嘴钳从注浆口或出浆口处挖出。

(5）钢筋贴套筒内壁，堵塞注浆孔。

1）问题表现及影响

钢筋偏斜，构件安装完成后，钢筋贴壁堵塞注浆孔，难以灌浆。

2）原因分析

贴壁钢筋与灌浆腔或灌浆接头内孔间隙过小，灌浆料无法顺利通过。

3）防治措施

① 生产时，选择套筒内腔注浆孔处沟槽深度大的灌浆套筒，使用与套筒匹配的灌浆料。

② 施工时，发现堵孔，可将灌浆料从溢浆孔灌入套筒内空腔。

(6）灌浆料流动性不足

1）问题表现及影响

灌浆料流动性不足，导致孔道内灌浆困难，影响接头连接质量。

2）原因分析

① 使用凝结时间短的不合格灌浆料，在自然条件下，灌浆料凝结时间最低不得少于 30min。

② 未按照灌浆料使用说明进行拌制，灌浆料搅拌过程不充分，或水灰比偏低，导致灌浆料流动度降低；灌浆料搅拌后，静置时间过长，在灌浆前未进行二次搅拌。

3）防治措施

① 使用灌浆料前，严格按照相关规程进行进场检验，避免灌浆料未检先用，杜绝使用不合格品。

② 灌浆料使用时，应严格按照厂家提供的使用说明，规范搅拌方法，控制水灰比。

(7）留取灌浆料试块抗压强度不合格

1）问题表现及影响

现场按楼层、班组留取 28d 灌浆料试块抗压强度检验不合格。

2）原因分析

① 使用的灌浆料质量不合格。

② 未按规范要求制作灌浆料试块。

③ 灌浆料试块在现场成型，养护不当。

3）防治措施

① 使用质量稳定的灌浆料产品。使用前检查产品外观，做好灌浆料现场制作的各项记录。

② 加强灌浆施工队伍的建设，掌握灌浆料的正确使用和试块制作要求，灌浆料充分硬化具有一定强度后脱模。

③ 试块上标记清晰、正确的成型时间，将试块放置在标准养护环境下养护 28d 后送检。

3.7 装配式混凝土结构工程实例

随着国家大力发展装配式建筑的系列政策落地，标准规范也逐步跟进，我国装配式建筑项目如雨后春笋般出现。目前，我国装配式建筑已完成从试点示范阶段向全面发展阶段过渡，形成了一批有颜值、有内涵的装配式建筑项目。

为总结和推广经验，下面介绍我国代表性装配式住宅项目。

3.7.1 深圳裕璟幸福家园

该项目建筑面积 6.5 万 m^2，造价 1.97 亿元，项目预制率约 50%，装配率在 70%以上。项目以科研设计一体化为技术支撑，以 BIM 为高效工具，以智能建造平台为保障手段，创新推行以“研发＋设计＋采购＋制造＋管理”的装配式建筑 REMPC 管理模式。曾被称为深圳质量最好的保障房，创造了诸多“第一”。

3.7.2 上海宝业中心

上海宝业中心是宝业集团股份有限公司设立在上海地区的企业总部，亦是目前国内装配式公共建筑的示范作品。地下车库墙板及楼板采用预制叠合墙板、楼板，建筑外立面采用“GRC＋PC”预制墙板。上海宝业中心外立面的总构件数量为 854 块，通过标准化模具的“魔幻”变化，在工厂制造出孔洞大小不一的 GRC 单元式幕墙，加之集成保温、防水、遮阳等功能，使幕墙成为集成使用功能及外面装饰的创新部品部件。

3.7.3 中海鹿丹名苑

该项目是当时国内在建最高的装配式住宅大楼，其中，8 号楼、9 号楼为装配式施工，结构高度分别为 147m、124m，总建筑面积为 59300m^2，2015 年 8 月 12 日开工，历经 370d 已成功封顶。

中海鹿丹名苑项目是深圳市首个使用 PC 构件柱的工程，该工程采用了混凝土＋铝模＋PC 的新形式，预制构件类型包含预制凸窗、叠合板、楼梯构件，预制率 15%以上，装配率达到 30%以上。

3.7.4 长春一汽技术中心乘用车所全装配式立体预制停车楼

该项目为全国首例预制装配式立体停车楼项目，建筑总占地面积 11583.04m^2，抗震设防烈度为 7 度，地下部分为现浇混凝土结构，地上部分采用预制装配式大跨双 T 板—剪力墙结构体系，总建筑面积约 7.9 万 m^2，共 7 层，建筑高度 24m。

该楼装配率达 90%以上。车位沿剪刀型坡道双向布置，可停放 2400 辆轿车。该项目对从结构体系研发、构件生产到安装工艺开展了系统研究，形成一套完整的装配式停车楼建造技术。

3.7.5 上海江湾镇 384 街坊 A03B-11 地块项目

该项目建筑面积 87189m^2，在±0.00 标高以上的一、二层采用现浇混凝土方式建造，东侧、西侧两座塔楼及向下投影部分采用装配式方式建造。单体预制率≥25%，采用预制叠合梁、叠合板、预制柱、预制楼梯等预制构件，装配式实施比例为 39.3%。

3.7.6 新兴工业园服务中心

该项目建筑面积约 9 万 m^2，其中酒店和公寓采用了装配式结构体系。酒店建筑高度 77.6m，从±0.000 开始装配，除核心筒外所有结构构件均为工厂化预制，建筑内部采用一体化内装的装配式轻质内墙板，整体预制装配率达 56%。公寓采用框架结构，地上建筑面积 41347.07m^2，地下 1 层、地上 11 层，高度 42.90m，部分构件采用预制装配式构件，构件种类包括叠合板、预制楼梯，预制装配率 20%。集中商业采用框架结构，地下 2 层、地上 5 层，地上建筑面积 6609.1m^2。公交场站 1 层，高度 6m，建筑面积 1815.3m^2。

3.7.7 南京万科上坊保障房 6-05 栋

该项目采用全预制装配整体式钢筋混凝土框架加钢支撑结构，装配率达 81.3%，是全国已建成的框架结构中高度最高、预制率最高的工程。15 层楼实现无外脚手架、无现场砌筑、无抹灰的绿色施工。混凝土梁柱部分采用 37mm 厚 ALC 纳米保温板，围护结构节能率达到 65%。

3.7.8 北京郭公庄公租房

该项目主体结构和内部装修全部按照装配式建造方式进行设计和建造，主体结构采用装配式剪力墙结构（PC 结构）。采用预制混凝土构件的部位包括外墙、楼板、楼梯、阳台板和空调板，预制率为 35%～40%。外墙采用三明治复合墙体，由外叶墙（50mm 厚）、保温层（70mm 厚）和内叶墙（200mm 厚）组成。楼板、阳台板和空调板均采用叠合楼板方式；楼梯采用预制混凝土楼梯段。

3.7.9 合肥蜀山产业园公租房

该项目总建筑面积 34 万 m^2，现为国内装配式建筑最大体量的单项工程。工程承包采用 EPC 模式，项目运用装配整体式剪力墙结构，整体预制装配率为 63%，达到国内领先水平。

3.7.10 哈尔滨新新怡园

该项目总建筑面积 30295m^2，地下 1 层、地上 28 层，附有 3 层框架结构的裙房，抗震设防烈度 7 度（0.1g）。其中预制构件包括剪力墙、叠合梁、叠合板、楼梯等；地下室部分采用了预制的防水外墙、叠合梁、叠合板。

3.7.11 北京市昌平区北七家镇——B1号楼安置房项目

该项目建筑面积8260.38m^2，地下1层、地上10层，为国内首栋EVE预制圆孔板剪力墙结构（装配式）小高层住宅。EVE预制圆孔板剪力墙结构是采用工业化生产的预制圆孔墙板、空调板、叠合楼板、叠合梁和楼梯等预制混凝土构件，在现场进行装配式施工，通过与现浇混凝土的有效结合和可靠连接，形成的整体式混凝土结构。

3.7.12 海门市龙馨家园老年公寓项目

该项目主体结构采用预制装配整体式框架—剪力墙结构。总建筑面积21265.1m^2，其中，地上25层、面积18605.6m^2，地下2层、面积2659.5m^2，建筑高度85.2m，预制率52%，总体装配率达到80%，全装修。

该项目为“十二五”国家科技支撑计划课题示范工程；江苏省首批建筑产业现代化示范项目；国家3A住宅性能、广厦奖候选项目；国内首批建筑高度达到80m以上的装配整体式混凝土建筑；国内首批采用CSI体系建造技术的装配式建筑；老年人卫生间为整体式卫浴产品，厨房为整体式集成厨房；国内首批绿色设计、绿色施工、绿色运营的装配式混凝土建筑。

3.7.13 沈阳万科春河里项目

该项目建筑面积约55.7万m^2，其中17号楼采用日本鹿岛建设的全PC框架—核心筒体系，装配率达65%；4号、7号、10号楼首次研发超80m限高工业化体系，并成功通过专家认证，单体装配率27%；2号、3号楼单体装配率38%。

建筑立面效果充分表现出PC建筑简洁的韵律之美。该项目也将工业化景观部品应用于园区景观。同时，2号、3号楼建筑节能率达55.3%，获取了三星级绿色建筑设计标识认证；10号楼获取了一星级绿色建筑设计标识认证。

3.7.14 北京万科假日风景项目B3、B4号工业化住宅楼

该项目采用了预制外墙、叠合楼板、预制楼梯、预制阳台、预制空调板、太阳能等技术。根据北京万科企业有限公司对该项目建造全过程的实测，总工期比传统模式缩短了将近三个月，采用产业化技术后项目可减少40.6%的废钢筋、52.3%的废木料、55.3%的废砖块，同时还可以减少建造过程中19.3%的水耗和2.9%的电耗。

3.7.15 哈尔滨洛克小镇小区14号楼项目

该项目建筑面积1.8万m^2，建筑层数18层；采用黑龙江宇辉集团装配式剪力墙体系，其最大构件尺寸长7.1m、宽2.86m，墙厚200mm。

3.7.16 合肥天门湖保公租房3号楼项目

该项目为18层装配式叠合板剪力墙结构住宅，建筑面积1.7万m^2，采用叠合式剪力墙结构体系，是安徽省首幢采用工业化生产方式建设的高层保障房项目。

3.7.17 雅世·合金公寓

该项目总建筑面积约7.8万m^2，采用数十项先进技术——管线与结构墙体分离系统、

干式供暖系统、集中管道井系统、同层排水系统、无负压供水系统、内保温系统、负压式新风系统、烟气直排系统等。

3.7.18 海门中南世纪城96号楼

该项目总高度为95.4m，建筑面积约为2.8万m^2，采用夹心墙+预制剪力墙板外墙和内墙、预制混凝土叠合板、预制混凝土楼梯、预制混凝土叠合阳台板及空调板、预制混凝土叠合梁，主体工程预制率为73.7%。

4 装配式木结构技术

4.1 装配式木结构建筑

4.1.1 概述

作为装配式建筑的三大类型之一，现代木结构建筑的发展在2016年迎来了一系列利好政策，并被正式列入国家发展战略。

在国家政策的推动下，木结构建筑相关标准规范的制定修订工作，在2016年也取得了可喜成果。我国完成了国家标准《木结构设计规范》GB 50005—2003和《木骨架组合墙体技术规范》GB/T 50361—2005的修订工作；完成了国家标准《装配式木结构建筑技术标准》GB/T 51233—2016和《多高层木结构建筑技术标准》GB/T 51226—2017的制定工作；开展了编制工程建设强制性标准《木结构技术规范》的研究工作。这些标准规范的实施，将进一步促进木结构的推广应用，进一步推动木结构建筑行业的升级换代。

用发展的眼光来看，现代木结构建筑在我国具有很大的市场潜力和发展前景。一方面是基于木材本身具有的绿色环保和可持续发展的优良特性，另一方面是现代木结构更加适合于建筑工业化的发展，因此国家提倡大力发展装配式木结构建筑。对于未来的发展方向，木结构将在以下几方面得到广泛应用：一是在绿色节能建筑中占有重要地位；二是在政府投资的文教建筑中得到大量应用；三是体现个性化的休闲娱乐建筑；四是旅游度假建筑；五是传统文化和宗教文化建筑；六是大跨度、大空间结构建筑；七是装配式工业化建筑。

《木结构设计标准》GB 50005—2017、《多高层木结构建筑技术标准》GB/T 51226—2017和《装配式木结构建筑技术标准》GB/T 51233—2016的颁布实施，将弥补我国多高层木结构建筑和装配式木结构建筑技术标准的空缺，将极大地推动我国木材行业、木结构建筑行业的快速发展。可以预见，未来木结构建筑将有广阔的发展前景。

4.1.2 国外木结构建筑在我国的推广

加拿大木业携手加拿大驻沪总领馆于2017年3月3日在上海举办了“木结构和预制装配化研讨会”。研讨会邀请了来自加拿大的预制化建筑专家、加拿大顶尖建筑咨询公司Caterra的首席执行官Brad-ley Parsons先生以及来自英国的Milner建筑事务所合伙人

MichaelZajic。同济大学何敏娟教授、加拿大木业技术总监张海燕、苏州昆仑绿建技术总监周金将做了主题演讲。来自行业的约200名嘉宾参会。

加拿大木业具有专业的技术团队，致力于将高度预制化的现代木结构建筑体系推广到中国市场，为中低密度建筑以及中高密度混合结构建筑提供优秀的解决方案。

4.1.3 现代木结构建筑发展趋势

1. 我国现代木结构建筑用木材资源状况

目前我国木结构所用木材绝大多数依靠进口，主要的木材进口国有加拿大、俄罗斯，部分木材由芬兰、美国进口。近几年，也有日本生产的木材进入到我国木结构建筑材料市场。

随着我国20世纪70、80年代大量种植的人工林进入成材期，部分人工林木材可逐渐用作结构材料。人工林结构材料的主要树种为杉木、落叶松。我国可利用的人工林木材资源储量不可小视。发展木结构建筑需要的木材资源现阶段完全可以从国际市场上获得，并且国际市场完全能满足我国木结构建筑市场对木材的需求。从长远看，随着我国林业可持续发展道路的不断推进，我国林业资源经过一定时间的恢复、培养和发展，达到可持续发展的良性循环时，国产木材资源就会得到根本性的改变。当今，国际上木材资源丰富的国家和地区长期关注着我国木结构建筑市场，并在我国积极推广和应用木结构建筑，帮助培养和发展我国的木结构建筑市场。现阶段可以充分利用国际上丰富的木材资源来发展、积累和做大做强我国的木结构建筑行业。

2. 木结构建筑应用情况

2003年以来，我国现代木结构建筑逐渐在经济发达的沿海地区开始得到应用。随着我国经济的发展及节能环保政策的落实，人们对绿色环保的木结构建筑越来越喜爱。目前，我国木结构建筑的应用十分广泛，主要用于3层及3层以下的民用建筑。按木结构建筑功能区分有以下几类建筑：

（1）民居：主要为独栋独户自建方式新建的居民住宅。

（2）住宅建筑：主要为开发商统一建造的独立别墅、连体别墅、旅游度假别墅等。

（3）综合建筑：包括会议中心、多功能场馆、博览建筑、游乐园项目。我国这类木结构建筑占有较大的比例，是通常应用的木结构建筑类型，应用范围遍及全国各地。建筑规模大小不一，结构形式各不相同。

（4）旅游休闲建筑：包括度假别墅、酒店、敬老院、俱乐部会所、休闲会所，这类建筑经常采用木结构建筑形式。

（5）文体建筑：教学楼、培训中心、体育馆、体育训练馆。目前，这类建筑只有很少一部分采用木结构建造。但是，这类建筑也是我国木结构建筑最有发展前景的市场所在。

（6）寺庙建筑：包括寺庙大殿、门楼、塔楼，以及家族祠堂。随着人们继承和发扬传统文化的认识不断提高，以及对宗教文化的尊重，木结构建筑在体现传统文化的建筑中已得到适当的应用。虽然采用现代木结构建造的寺庙建筑形式及风格与传统木结构建筑有较大的不同，但是采用现代木结构建造寺庙建筑，对于继承和发扬传统文化，使传统文化适应社会的发展，具有积极的意义。

（7）整体移动木结构建筑：目前，我国采用较多的装配式木结构建筑主要为整体移动木结构建筑和整体移动的小型单身公寓。

我国木结构建筑应用情况表明：

(1) 现代木结构建筑已在我国各地被广泛采用；

(2) 现代木结构建筑已经进入普通百姓的生活中；

(3) 现代木结构建筑应用范围十分广泛，能适应各种建筑功能的需求，能满足不同建筑风格的设计；

(4) 基于我国木结构建筑业的实际情况，无论木结构建筑以何种形式存在、以何种方式建造，目前都已进入快速发展的阶段。

3. 当前我国推广应用木结构建筑的主要障碍

(1) 木结构建筑适用范围受到一定限制。

目前，我国的标准规范中规定木结构建筑仅适用于3层及3层以下的建筑，因此，只能建造低密度的民用建筑和公共建筑，在最新制定的国家标准《多高层木结构建筑技术标准》GB/T 51226中，木结构建筑允许的层数和高度已有所提高。该标准规定，当按防火要求进行设计时，一般情况下可建造5层及5层以下的木结构建筑。但当层数和高度超过防火规定时，其防火设计应经专门论证来确定。

(2) 木结构建筑的行政审查不顺畅。

一些地方的建筑管理相关部门对木结构建筑的认识不深、了解不够或存有片面误解，使木结构建筑在行政审批、工程报建、图纸审查和质量监督时不顺畅，遇到的阻碍比其他结构形式的建筑要大，因而影响木结构建筑的推广应用。

(3) 木结构建筑技术的教育和科研跟不上。

近几年，个别高校恢复了木结构建筑技术的本科生选修课程教育，一些高校恢复了木结构专业的研究生培养。但是，整体上我国开展木结构建筑技术的研究和教育的力度仍然不强。

(4) 木结构建筑技术的专业人员不能满足市场需要。

长期以来，有关木结构建筑技术的教育和培训没有开展，使木结构专业技术人员相对较少，跟不上市场发展的需要。

(5) 规范标准不能满足市场需要。

近10年我国与木结构建筑技术和结构材料相关的国家标准不断地编制和修订，并颁布实施。但规范标准的编制始终跟不上市场发展的需要。木结构建筑行业的规范体系还需要进一步完善。

(6) 现代木结构建筑的相关产品质量没有建立与国际接轨的监督管理机制。

国际上木结构建筑技术先进的国家，对木结构相关产品的监督管理都建立了第三方认证的机制，保证了木结构相关产品在建筑施工过程中的质量和安全性能。第三方认证的机制与我国建筑通常采用的工地现场检验方式存在矛盾。特别是木结构相关产品一般是在工厂制作加工成构件成品，并且往往尺寸较大，运输到工地后基本无法进行再检测，也无法判断相应检验是否符合相关标准规范的要求，产生了工程质量验收、质量监督等方面的困难。

(7) 装配式木结构建筑的整体生产技术水平相对落后于发达国家。

我国现代木结构建筑产业尚未形成完整的产业链，缺乏装配式木结构建筑先进的加工制作设备与技术。工业化的木结构建筑是工业现代化科学技术手段，以先进集中的大工业生产方式完全取代分散落后的手工业生产方式。目前，国内的木结构建筑正处于预制化阶段。一般是在工厂制作加工装配式木构件、部品，然后送到施工现场装配。虽然很多木结构企业引进了国内最为成熟的工业化加工的预制技术，但是使用率较低。

（8）现代木结构建筑成本高于其他结构形式的建筑。

由于木结构建筑市场还处于发展初期，市场相关制度和监管部门没有健全，木结构企业自身的管理高低不等、企业发展规划长短不同、企业产品优劣不齐。使木结构建筑的成本高于其他结构形式的建筑。

4. 木结构建筑在我国未来的发展趋势

木结构建筑以不同的形式在许多工程中得到了大量应用，但是我国木结构建筑的发展还处于快速发展的初期。对于未来的发展趋势，以下几个方面值得关注：

（1）木结构建筑将在绿色建筑、节能建筑的发展中占有十分重要的地位。

鉴于木材本身具有绿色、可持续发展和节能环保的优良特性，因此，随着我国相关政策的落实，木结构将在我国绿色建筑、节能建筑中占有相当重要的地位，是我国未来木结构建筑发展的主要方向之一。

（2）木结构建筑将在文教建筑中得到大量的应用。

随着人们对教育的重视和政府对全民教育投入的增加，木结构建筑将在我国文教建筑中占有相当重要的地位。木结构建筑最适合幼儿园、小学，也是我国未来木结构建筑发展的主要方向之一。

（3）木结构建筑将在体现个性化的休闲娱乐建筑中得到大量的应用。

随着社会经济的发展，要求建筑展示自身特点的愿望越来越高，木结构建筑能较好地体现个性化、展示不同风采的优点将受到人们的普遍认同。木结构建筑将在一些会所、俱乐部、小型办公楼建筑中占有十分重要的地位，也是我国未来木结构建筑发展的主要方向之一。

（4）木结构建筑将在旅游度假建筑中得到大量的应用。

随着社会经济的发展，人们对生活质量的要求越来越高，对休闲度假的需求越来越强烈。木结构建筑能较好地融入自然风景中，对环境影响十分微小。因此，木结构建筑将在旅游度假建筑中占有十分重要的地位，也是我国未来木结构建筑发展的主要方向之一。

（5）木结构建筑将在体现传统文化、宗教文化的建筑中得到一定的应用。

随着人们继承和发扬传统文化的认识不断提高以及对宗教文化的增重，木结构将在体现这些文化的建筑中得到适当的应用，这方面的建筑是我国未来木结构建筑发展趋势中不可缺少的一个方面。

（6）木结构建筑将在大跨度、大空间建筑中得到适当的应用。

随着社会经济的发展，大跨度、大空间建筑的需求将会越来越多。在大跨度、大空间建筑中利用木结构是未来我国木结构建筑发展趋势中最需要大量关注的一个方向。

（7）木结构建筑将在建筑工业化中得到发展。

随着我国对建筑工业化的要求不断提高，使得更加适合建筑工业化发展的木结构建筑获得了各方面的积极重视和推广，随着政府相关部门为推动木结构建筑工业化的政策落实，装配式木结构建筑必将得到大量应用。

4.1.4 多高层木结构建筑的装配化特点

1. 概述

木结构由于具有材料可再生、保温隔热、可工厂预制和现场安装等特点，在建筑业中的发展越来越受到重视。此外，随着近十年来材料技术的发展，正交胶合木（CLT）等新型工程木产品的出现，使得建造多高层木结构建筑成为可能。为了建筑业的可持续发展，也为了解决大城市人口数量不断增加的问题，业内认为木结构建筑不能局限于以往3层及3层以下的低矮建筑，各国也提出建设标志性的木结构高层建筑。2016年奥地利在维也纳建造了一幢木材使用率达到75%的24层木混合结构建筑，该建筑集酒店、商场于一体，总高度84m，于2017年完工，成为当时世界最高的木结构建筑。

2. 主要结构形式与装配化特点

（1）纯木结构体系

纯木结构指结构承重体系及抗侧力体系均采用木材或木材制品制作的结构。竖向荷载和水平荷载均通过木制的梁、柱、支撑及剪力墙等结构构件最终传输到基础上，全部结构中的连接节点可以是金属连接件，如角钢连接件、金属抗拔件等，也可采用木连接节点，如齿连接、榫卯连接等。以下对纯木结构体系按形式进行分类介绍：

1）木框架与木剪力墙结构体系

工程中木框架部分由胶合木的梁和柱构成，木剪力墙部分由刚度较大的CLT板构成，水平荷载主要由剪力墙承担和传递。2014年建在加拿大北英属哥伦比亚大学（UNBC）校园内名为“木材创意与设计中心”的纯木结构，建筑总高度29.5m，共6层。

其装配化体现在：①全预制的工程木构件。采用了旋切板胶合木（LVL）、正交胶合木（CLT）、刨片胶合木（LSL）和层板胶合木（Gulam），形成建筑主体胶合木（Glulam）框架-CLT核心筒结构。②规范化的装配过程。施工先组装CLT核心筒，再平铺CLT楼板，再安装胶合木（Glulam）柱，接着拼装胶合木（Glulam）梁，以此类推。胶合木（Glulam）框架梁和柱保证了整体结构的延性，框架柱在楼层间竖向连续，框架梁在柱子边断开并插接于柱子两侧。③标准化的连接节点。梁柱节点采用一种特殊的榫接，并用植筋和不锈钢垫板进行加强。CLT楼板底面支承于梁上并用自攻螺钉连接，楼板周边近似于铰接边界条件，结构整体抗侧刚度主要由竖向连续的CLT核心筒提供。墙板上预留凹口，便于框架梁端支承于核心筒剪力墙上。

2）木框架加支撑结构体系

该结构体系的竖向荷载可由框架梁柱承受并传递，水平荷载主要由斜撑和木框架承受。挪威第二大城市卑尔根于2014年建成的当时世界最高的名为“Treet”的木结构建筑，共14层，总计高度52.8m，共包含64个公寓单元。该建筑就是采用的胶合木框架加支撑体系。电梯井以及部分内墙采用了CLT板。CLT板墙体和胶合木支撑不设于同一柱间。

Treet木结构建筑的设计与建造充分展现了连接节点的标准化、房屋单元的预制化和施工的装配化特点。

3）轻型木结构体系

轻型木结构是用规格材、木基结构板或石膏板制作的木构架墙体、楼板和屋盖系统构成的单层或多层建筑结构。近十多年在我国各地都有一些应用，目前主要建造方式停留于对规格材和板材等的现场下料、拼接、安装；装配化程度高一些的，能在工厂预制墙板和楼屋盖，现场安装。少数小型木屋的装配化程度较高，可全屋预制，到现场与基础连接、接通水电后即可投入使用。国外轻型木结构装配化技术已很成熟，大多数可做到全屋或分段工厂预制、现场拼装。

轻型木结构的预制化木结构单元建筑技术，使现场组装时间成为整个项目建设过程（用户与供应商协商、房屋设计、构造设计、产品生产和现场组装）中耗用时间最短的一段，它极大地减少了现场施工的工作量，具有极高的装配化程度。

（2）上下组合的木混合结构体系

上下组合的木混合结构体系指由纯木结构与其他材料采用上下组合方式建造构成的混合结构体系。已建成的上下组合的木混合结构建筑底部均采用混凝土结构，也有科研机构开展了底部采用钢框架的上下组合的木混合建筑的研究。

2008 年在伦敦建成的 Stadthaus 公寓，其下部 1 层为混凝土结构，上部 8 层为 CLT 木结构，该建筑的楼板、电梯和楼梯井全部由 CLT 制成，相对于上部为木框架、底部为混凝土的混合结构来说，CLT 木剪力墙的底侧刚度更接近于混凝土。在水平地震作用或风荷载作用下各楼层的内力分布更均匀，结构侧向以弯曲变形为主。

（3）同一楼层内不同材料组成的木混合结构体系

有时，木结构也与其他材料的结构如混凝土结构、钢结构在同一楼层内组合，形成混合结构体系。目前已建成的多高层木混合建筑中，也有采用木结构与竖向连续的混凝土核心筒混合形成的木混合结构的工程实例。这种结构形式具有很好的抗侧性能。

2016 年在加拿大英属哥伦比亚大学建成一幢 18 层的木—混凝土混合建筑。该建筑体系为胶合木框架—混凝土核心筒混合木结构体系，为当前已建成的最高的木结构建筑，总高达到了 53m。

（4）非承重木骨架组合墙体

非承重木骨架组合墙体是在由规格材制作的木骨架外部覆盖墙面板，并在木骨架之间的空隙内填充保温隔热及隔声材料而构成的非承重墙体。非承重木骨架组合墙体可用于钢筋混凝土结构或钢结构的非承重内墙或外墙。本书主要介绍非承重木骨架组合墙体用于混凝土结构建筑非承重外填充墙，建筑主体结构为钢筋混凝土结构。木骨架组合墙体可在工厂预制，在施工现场安装或全部在施工现场组装。

非承重木骨架组合墙体最早是由北欧国家在 20 世纪 50 年代开发的，目的是通过使用保温性较好、相对较薄的木结构外墙来增加建筑室内使用面积，提高建筑的保温节能性能，以及通过采用预制墙体构件来提高现场施工效率。这项技术被逐渐推广到荷兰、法国、奥地利、瑞士、德国、英国，以及其他欧洲国家。2003 年前后，在瑞典，木骨架组合墙体的市场份额曾占到多层住宅建筑的 90%。此项技术近几年也被加拿大用在多层住宅建筑中。

木骨架组合墙体具有轻型木结构构件的特性。例如，因为木材的热传导系数较低，所以和混凝土、钢结构或砌块结构构件相比，木质构件的热桥效应更低，具备更好的保温节能性能。木骨架组合墙体的墙骨柱之间可填充软质纤维保温材料，这种保温材料比建筑常用的刚性或半刚性外保温或内保温材料性能更好、价格更低。木骨架组合墙体与其他材料的墙体相比，在保温性能相当的情况下，墙体的厚度较小，建筑使用面积增加，尤其是在寸土寸金的城市中心地区其性价比更高。例如，在瑞典，与典型砌块墙体保温性能相当的木骨架组合墙体，其厚度只有砌块墙体的一半，与典型的多户住宅建筑相比，可增加3%的室内使用面积。鉴于木骨架组合墙体的保温隔热优势，这种墙体也常用于被动房屋。此外，和轻钢填充墙相比，由于木材容易加工和连接，在木骨架组合墙体上安装外窗及外饰面更为便捷，还能减少热桥效应，提高节能性能，降低建筑成本。

在施工过程中，将建筑的结构和非结构部分适当分开，可以最大限度地发挥不同材料或者系统的优点，并且通过使用更专业的施工队伍，能提高每道施工程序的质量。木骨架组合墙体现场组装非常方便，通常，当墙体上方的混凝土楼板浇筑好以后，进入养护阶段时，即可在其下方进行木质墙体的组装和安装，极大地缩短施工周期，减少湿作业。如果各方面条件都允许，也可在工厂进行墙体预制，这通常需要更全面细致地协调、测量及运输。

木结构建筑设计使用年限是50年，其实只要在设计和施工中对防潮、防虫和防火有合理的认识，采取正确的设计和施工保障措施，木结构建筑能够历久弥新。木骨架组合墙体的设计和施工重点是混凝土结构和非承重木骨架组合墙体的连接，应确保密封性、长期耐久性、保温隔热性能以及防火安全。

现行规范规定，木骨架组合墙体适用于建筑高度不大于18m的住宅建筑，建筑高度不大于24m的办公建筑和丁戊类厂房（库房）的非承重外墙，以及房间面积不超过100m^2，高度为54m以下普通住宅和高度为50m以下的办公楼的房间隔墙。

木骨架组合墙体适用于各种不同的气候区，包括严寒和寒冷地区、夏热冬冷地区、夏热冬暖地区及温和地区。在严寒和寒冷气候条件下，木骨架组合墙体更能充分发挥保温节能优势，降低北方地区建筑物的供热负荷。此外，严寒和寒冷地区相对干燥，不存在或者只存在很少的白蚁危害，更容易实现建筑物的长期耐久性。建筑围护结构的设计应考虑木骨架组合墙体在不同气候条件下应用的特点。

4.2 装配式木结构工程实例

4.2.1 国外装配式木结构建筑实例

1. 全球最高全木结构大楼——Brock Commons 项目

（1）项目概述

该项目位于加拿大哥伦比亚省某大学校园内，是一栋学生宿舍大楼。这栋大楼作为政府推动的示范项目，旨在证明混合结构的重型木结构建筑无论从技术上，还是从经济上都能够很好地满足建筑行业的需求。利用目前先进的建筑科技，高层木结构建筑可以变得更加安全、经济。

（2）结构

整栋大楼的结构由底层混凝土框架和两个混凝土核心筒组成，并支撑17层的重型木结构楼板。竖向荷载由木结构承受，两个混凝土核心筒负责侧向稳定。楼板结构为五层

CLT 板，集中荷载作用在胶合木柱上，柱网尺寸为 2.85m×4m。该 CLT 楼板为双向楼板，结构与混凝土楼板相似。为了避免竖向荷载通过 CLT 楼板来传递，柱之间的竖向荷载由钢节点直接传递，并为 CLT 楼板提供承载面。CLT 楼板和胶合木梁构件被石膏板包覆，满足耐火极限的要求。屋面结构由预制钢梁和自带防水层的金属面板构成，该结构可以满足施工时的防水要求。

2. CLT——未来都市革命性的建筑

Cross Laminated Timber（CLT）源自德国、奥地利及瑞士，是一个全新的木构工法，具有永续环保、省能、施工迅速、低污染、低噪声等优点。

4.2.2 国内装配式木结构建筑实例

1. 淹城初中体育馆

淹城初中体育馆总投资 3000 万元，建筑总面积 3899m^2，建筑高度 18.1m，包括一个篮球场、两个羽毛球场和一个容纳近 500 人的看台。该项目最大的亮点就是结构为单层大跨木结构与钢筋混凝土框架组合建筑体系，纵向跨度为 29.6m。

淹城初中体育馆效果图如图 4-1 所示，木结构施工现场如图 4-2 所示。

图 4-1　淹城初中体育馆效果图

图 4-2　淹城初中体育馆木结构施工现场

2. 上海西郊宾馆意境园

上海西郊宾馆意境园是重型木结构体系建筑，木结构意境图见图 4-3，木结构屋架见图 4-4。

图 4-3　木结构意境图

图 4-4　木结构屋架

5 装配式装修技术

5.1 概念

5.1.1 定义

采用干式工法，将工厂生产的内装部品在现场进行组合安装的装修方式。

5.1.2 应用优势

（1）原材料环保、安全健康。

（2）品质稳定、美观耐用。

（3）穿插施工，高效便捷。

（4）工厂化程度高，综合成本优势明显。

（5）轻量化且耐久性好。

5.1.3 装配式装修工程的特点

（1）一体化设计。最佳设计结合点为建筑设计阶段的一体化设计，有利于成本优化、配置优化、避免重复与浪费。对于目前很多项目进入装修施工前期才开始装配式装修方案、工程设计的，工程界面的确定直接影响到设计质量、部品制造、工程准备、工序交接、工程程序顺畅程度等。

（2）工程组织。从一体化设计的组织管理，到现场的标段划分，到施工面移交，到工序交接等，装配式装修特征鲜明，需要建设单位的设计管理、总承包单位的工程组织及管理更加规范化与程序化。装配式装修对现场工程组织程序的不规范更加敏感，需要建设单位、总承包单位对装配式装修或建筑产业化要持续加深理解。

（3）工序交接与交叉。与传统模式不同，装配式装修工序交接需要施工面系统移交。工序交叉方面，上道工序未完成对装配式装修的影响很大。

（4）门窗洞预留尺寸在工厂已完成，尺寸偏差完全可控。室内门需预留的木砖、混凝土块在工厂也已完成，定位精确，现场安装简单，安装质量易保证。

（5）保温板夹在两层混凝土板之间，且每块墙板之间有有效的防火分隔，可以达到系统防火 A 级，避免大面积火灾隐患；且保温效果好，保温层耐久性好。

装配式装修取消了内外墙粉刷，墙面均为混凝土墙面，有效地避免了开裂、空鼓、裂缝等墙体质量通病，防水抗渗效果好。平整度良好，可预先涂刷涂料或采用艺术混凝土作为饰面层，避免外饰面施工过程中的交叉污损风险。

（6）装配式建筑与传统建筑外观等其他方面对比

1）外观方面

传统建筑：建筑风格单一，做工粗糙。

装配式建筑：建筑经专业设计，风格多样，美观精致。

2）功能方面

传统建筑：户型设计随意，布局陈旧，房间尺寸浪费或使用不足。

装配式建筑：布局合理，功能齐全，结合传统使用习惯与先进科技手段。

3）建设周期

传统建筑：工期持续超过10个月，事务繁多。

装配式建筑：建设周期短。

4）产品品质

传统建筑：手工测量，可能有偏差。

装配式建筑：工厂生产，误差可控。

5）环保方面

传统建筑：废料多，污染严重。

装配式建筑：产品工厂生产、现场组装、节水节材、生态环保。

5.1.4 装配式装修工程典型问题

1. 设计管理引发的工程问题

某项目，规模很大。建设单位因规模大，户型较少（4个户型），将设计交由4家设计单位完成。

出现的主要问题：

（1）不同设计标段的同一户型，因由不同设计单位设计，机电点位位置差异较大，而设计没有统一管理，导致装配式装修深化设计实施难度大，下单工序复杂度过高。

（2）随意变更导致成本无法控制。由于建设单位对样板定样把握不清晰，工程施工后出现变更，导致部分加工部品作废，工程成本增量超过建设单位预期。

建议：

（1）一体化设计依然是解决设计问题的关键。

（2）装配式装修设计管控的重要性需要建设单位高度重视。

（3）样板引路、样板定样必须坚决执行。

（4）给予设计足够的时间。

2. 工程界面管理引发的工程问题

某项目，总承包单位以传统装修分包思路控制时间，为保障工程进度，错误划分工程界面，导致工程进度与质量出现大量问题。

出现的主要问题：

（1）基层龙骨由总承包单位划分给传统工序施工，面层安装交由装配式装修工序完成。由于传统工序龙骨安装无法与装配式装修误差体系匹配，导致龙骨调平时间加长，且质量无法保证。

(2) 按照传统装修思维要求装配式装修工序抢工，导致进度减缓与质量问题大量出现。

(3) 地面基层找平为传统工序施工，地面面层及墙面面层为装配式装修工序施工，踢脚线下口与地面交接处出现缝隙大小不均、波浪形缝隙等问题影响观感质量验收。

建议：

(1) 误差体系匹配决定了工序划分，而不能随意划分。

(2) 总承包商必须对装配式装修或建筑产业化有深刻的认知，理解产业化后的建造途径与传统途径的明显不同。

(3) 将交付的建筑作为一个完整的产品来对待。

(4) 对装配式装修的技术周期及不同工序的组织、周期可压缩性等需要深入认知。

3. 工序交叉管理引发的工程问题

某项目，总承包单位为抢回耽误的施工进度，要求装配式装修工序强行进场施工，导致施工进度与成品保护出现大量问题。

出现的主要问题：

(1) 工作面（交付的空间）不完整，导致现场测量放线工序无法实施。

(2) 土建工序与装配式装修工序并行，严重影响装配式装修流水工序与节奏，导致进度迟缓。

(3) 非合理与倒逻辑的工序交叉导致大量成品被破坏，严重影响进度。

建议：

(1) 装配式装修或建筑产业化对工序交叉有完全不同的逻辑，需要认真对待、细致组织，尤其是工程进度管理需要全面策划，不能过于随意。

(2) 总承包单位必须对装配式装修或建筑产业化有深刻的认知，理解产业化后的建造途径与传统途径的明显不同。

(3) 将建造所有工序作为一个完整的产品制造链对待。

5.2 装配式装修技术发展趋势

2016 年国家出台《关于大力发展装配式建筑的指导意见》，明确提出力争用 10 年左右，使装配式建筑占新建建筑面积比例达到 30%。在中国经济加快转型的背景下，建筑产业的转型升级将提速中国住宅产业化进程，并将深层次影响百姓的居住理念。

5.2.1 装配式建筑与装修是住宅产业发展的必然趋势

装配式建筑包括装配式建筑结构与装配式装修。国务院办公厅《关于大力发展装配式建筑的指导意见》要求：“推进建筑全装修，实行装配式建筑装饰装修与主体结构、机电设备协同施工。积极推广标准化、集成化、模块化的装修模式，促进整体厨卫、轻质隔墙等材料、产品和设备管线集成化技术的应用，提高装配化装修水平。倡导菜单式全装修，满足消费者个性化需求。”

住宅产业与住宅装修有着不可分割的联系，现阶段全装修住宅的推行，能够统筹实施和切实贯彻节能和可持续建筑的发展，是推动产业进步的动力和加快住宅产业化发展进程中的切入口，而部品作为组成住宅的基本单元，则成为提升住宅品质和节能环保的有效载体。

5.2.2 装配式装修是推动住宅全装修的重要抓手

随着社会经济发展，在国家大力推进住宅产业化与健康绿色建筑的今天，室内整体装修产业化将会迎来深入发展。装配式装修是装配式建筑的重要组成部分，是一种以工厂化部品应用、装配式施工建造为主要特征的装修方式，其本质是以部品化的方式解决传统装修质量问题，以提升品质和效率并减少人工和资源能源消耗为核心目标，推广装配式内装修势在必行。

通过产业化、规模化的道路，装配式装修不断丰富完善自身的各个部件、部品、饰面等，不断研发新品，提高设计能力，将装配式装修的整体效果、品质提升到新的高度，施工成本也越来越低。

5.2.3 装配式装修在住宅项目中的应用情况

建设部在 2002 年推行了《商品住宅装修一次到位实施导则》，提倡商品住宅均精装修销售，全国商品住宅市场全装修住宅销售比例开始明显上升。

从效果看，全屋装配式装修技术体系可以实现七项升级：一是减少建筑垃圾排放和污染，降低资源和能源消耗。二是保证住宅的抗震和使用寿命，避免业主擅自敲掉承重墙和更改排水管线等不顾房屋结构与安全的行为。三是简化传统装修繁复的工序，避免顺序混乱给整个施工过程带来诸多矛盾。将传统手工作业升级为工厂化生产、现场装配，重庆泷悦华府叠墅样板房装配式装修已实现工厂化率 80%以上。四是保证装修质量，装修材料环保性能优良，保障基础支撑部件使用功能实现长寿化，以绿色建材保证装修绿色、安全、耐久，避免劣质建材的使用对住户健康安全造成的损害。五是降低故障率。通过标准化的备用件、精准化的装配，在装修管线布置环节充分考虑维修的方便性等，实现大幅降低维修率。六是降低装修成本，实现了建筑装修一体化，与传统装修相比较，可以实现节约工费 57.8%，原材料基本无浪费。七是缩短装修工期，$145m^2$ 的两居室住房 5 个装修工人 22d 交付，即装即住。

5.2.4 装配式装修实操经验——重庆泷悦华府叠墅样板房项目

重庆泷悦华府叠墅样板房项目在项目实施层面，更强调各专业的集成设计和系统的配套性。从理论转化成工程实践的载体是施工图纸，施工图纸的转化能力决定了实体的真实度和可靠度。装配式住宅精装修设计阶段考虑到各系统的组合。项目使用集成卫浴、集成墙板，取消湿作业，采用工厂化预制、部件化安装的模式，大大提升了施工效率。风格和材料的统一，是集中采购的前提和保证，有利于成本、施工工艺以及施工工期的控制。

（1）装配式住宅精装修图纸和建筑图纸配套转化，为全装修部品体系提供了可实现的基础。

1）精装修施工图与建筑扩初图同步完成，降低使用面积的损耗率。

2）墙面为预制混凝土内墙板（承重），采用附墙轻钢龙骨和附墙管线安装，比较灵活地调整轻钢龙骨档距和管线走向。

3）厨房的窗户结合吊地柜之间的位置设计。卫生间的窗户不顶到梁下方，考虑集成吊顶安装高度（含排气管尺寸）合理设计；梁上预留空调管线的孔洞；卫生间门口预留50mm细石混凝土做挡水条。

4）楼（地）面为现浇结构，预留出卫生间降板的位置，降板空间预留不小于250mm，施工图纸上明确了同层排水的施工工艺和施工位置。厨卫集成吊顶采用膨胀螺栓固定，满足装饰工艺和管线走向的要求。

（2）装配式住宅精装修各专业综合规划，对电、暖、水、通风和内装进行组合。

1）内装部品合理排布，管路敷设在轻钢龙骨间隙中，同时依据面层定位点位，适当调整内装部品的排布起止点，做到全装配式核点安装。

2）内装部品合理排布，水路敷设在轻钢龙骨卡槽里。同时依据水专业接驳点定位出水口，灵活调整内装部品的排布起止点，将出水末端部品直接核点安装。由于事先规划了内装部品的位置，还能在需求增强的位置事先埋设埋板，后期固定其他外挂部品时直接在面层量尺安装。

3）在吊顶中预留风道位置，通过固定间距调整预留风道的位置，并充分利用高度调整风道的截面尺寸，确保功能性和实际效果。

（3）装配式住宅精装修施工综合图的绘制。

施工综合图需要由建设单位主持，由总承包单位主导，设计单位为主力，分包单位配合完成。施工综合图利用BIM技术实现并交付，从而验证组装的合理性。

5.3 装配式建筑装修施工实例

5.3.1 方案设计

以某BIM展厅设计方案为例，其步骤为：平面布置→平面剖析→效果设计→深化设计。根据设计加工生产构配件后，在现场装配组装。

（1）平面设计：平面布置图、平面剖析图。

（2）效果设计：展厅效果图、展厅效果剖析图、休息室效果图、休息室效果剖析图。

（3）深化设计：平面布置图、平面铺装图、天花布置图、天花尺寸图、立面索引图、立面图、节点图。

5.3.2 装配式装修施工顺序

装配式装修施工顺序一般为：顶棚龙骨安装→装饰板安装→顶棚灯具安装→墙体龙骨安装→装饰板安装→板缝处理→地面铺装。

6 装配式建筑相关技术

6.1 装配式建筑安全文明及特殊季节施工

6.1.1 装配式建筑施工安全管理要求

1. 安全生产管理概述

（1）装配整体式混凝土预制构件施工安全生产管理的依据和要求

1）在安全生产管理中，应遵守国家、地方的相关法律法规以及规范、规程中对施工安全生产的具体要求。

2）应按照《建筑施工安全检查标准》JGJ 59—2011、《建设工程施工现场环境与卫生标准》JGJ 146—2013 的规定执行。

3）施工现场临时用电的安全、施工现场消防安全应符合相关标准的规定。

（2）安全生产管理监督机构

1）应制定安全生产管理目标，并设立安全生产管理网络，明确安全生产责任制，对安全生产计划进行监督检查。

2）通过安全生产管理网络监督施工现场安全生产管理，并分责任人、分部门落实安全生产责任制。

（3）安全生产管理制度

应针对装配整体式混凝土预制构件的施工特点，制定安全生产管理制度。

1）安全教育培训和持证上岗制度

①宜设立装配整体式混凝土预制构件施工样板区，并利用宣传画、安全专栏等多种形式，组织安全教育培训。

②对机械设备和特种作业人员，应按要求进行安全技术培训考核，取得作业上岗证后，才能进行作业。

2）安全生产档案管理制度

安全生产档案是安全生产管理的重要组成部分，应按法定的程序编制安全生产档案。安全生产档案的建立，必须做到规范化，并由专人保管。

3）制定安全操作规程

①必须严格执行安全技术规程、岗位操作规程。在施工前，应进行安全技术交底，严

格操作规范及安全纪律。

②应根据国家和行业法律法规及规范规程，结合施工现场的实际情况制定安全操作规程。对于新工艺的应用，也应制定相应的安全操作规程。

4）事故应急救援预案编制、实施与演练制度

①应对施工过程中存在的重大风险源进行识别，建立健全危险源管理规章制度，并根据各危险源的等级确定负责人，并定期检查。

②制定事故的应急救援预案，经上级责任人审批合格后，应组织演练，全体员工应熟悉和掌握应急救援预案的内容，清楚具体实施的程序和方法，各相关部门积极配合，做好本职范围内的应急救援工作。

5）安全生产责任制度

安全生产责任制是基本的安全制度，也是所有安全制度的核心。施工现场应按要求配备安全管理人员，人员数量应满足建筑面积 1 万 m^2 以下，1 人；建筑面积 1 万～5 万 m^2，不少于 2 人；建筑面积 5 万 m^2 以上，不少于 3 人。

6）安全生产许可证制度

许可证在有效期 3 年期满的前 3 个月办理延期的，且未发生死亡事故的，经原发证机关同意，可不再审查延期 3 年。

7）专项施工方案专家论证制度

涉及深基坑、地下暗挖、高大模板工程的专项施工方案，还应组织专家论证。

8）施工起重机使用登记制度

施工单位应当自施工起重机和整体提升脚手架、模板等自升式架体验收合格之日起 30 日内，向建设主管部门或其他有关部门登记。

9）安全检查制度

①安全检查的目的是清除安全隐患、防止事故发生、改善施工人员劳动条件。

②安全检查的内容有：查制度、查管理、查整改措施、查记录。

③安全检查的重点：检查“三违”和安全生产责任制的落实。

2. 设备安全管理

预制构件吊装是装配整体式混凝土预制构件施工过程中的主要工序之一，吊装工序在很大程度上依赖起重机械设备。它是施工中的主要风险源之一，因此，规范设备安全技术管理，是装配整体式混凝土预制构件施工中安全管理的重要部分。

（1）塔式起重机安全管理

塔式起重机简称塔机，是指动臂装在高耸塔身上部的旋转起重机。塔式起重机作业空间大，主要用于房屋建筑施工中物料的垂直和水平输送及建筑构件的安装。在装配整体式混凝土预制构件施工中，用于预制构件及材料的装卸与吊装。塔式起重机由金属结构、工作机构和电气系统三部分组成。金属结构包括：塔身、动臂和底座；工作机构包括：起升、变幅、回转和行走四部分；电气系统包括：电动机、控制器、配电柜、连接线路、信号及照明装置。

施工过程中，应规范塔式起重机的安拆、使用、维护保养，防止由塔式起重机引发的生产安全事故，保障人员生命及财产安全。

1）塔式起重机安全操作规定

①驾驶员接班时，应对制动器、吊钩、钢丝绳和安全装置进行检查，发现性能不正常时，应在操作前排除。

②启动前，必须鸣铃或报警，操作中接近人时，亦应给以断续铃声或报警。

③操作应按指挥信号进行，对于紧急停车信号，无论何人发出都应立即执行。

④确认塔式起重机上或其周围无人时，才可以闭合主电源。如电源断路装置上加锁或有标牌时，应由有关人员除掉后才可闭合主电源。

⑤闭合主电源前，应将所有控制器的手柄扳回零位。

⑥工作中突然断电时，应将所有控制器的手柄扳回零位。在重新工作前，应检查塔式起重机动作是否正常。

⑦驾驶员对起重机进行维护保养时，应切断主电源，挂上警示牌或加锁，如有未消除的故障，应通知接班驾驶员。

⑧起重作业十不吊：

A. 指挥信号不明或乱指挥不吊。

B. 超载或物体重量不清不吊。

C. 吊装的物体紧固、捆扎不牢不吊。

D. 吊装物体上有人或浮置物不吊。

E. 安全装置失灵不吊。

F. 光线昏暗，无法看清场地不吊。

G. 埋置物体不吊。

H. 斜拉物体不吊。

I. 重物棱角处与钢丝绳之间未加衬垫不吊。

J. 大雾、大雨、雪、大风等恶劣气候天气不吊。

2）塔式起重机常规检查制度

①每日检查：

A. 驾驶室及机身上的灰尘及油污是否被清除。

B. 所有安全、防护装置。

C. 吊钩、吊钩螺母及防松装置。

D. 制动器性能及零件的间隙和磨损情况。

E. 起升钢丝绳的磨损、断丝、断股等及尾端固定情况。例如当 6×19 型钢丝绳在捻距断丝数达到 10 时，应报废钢丝绳。

F. 起升链条的磨损、变形、伸长情况。

G. 捆绑绳、吊挂链、索具及吊具状况。

H. 声响信号装置及照明装置是否工作正常。

I. 塔式起重机作业场地的周围不应有影响其运行的障碍物，任何部位如臂架等距输电线的最小距离应不小于规定距离。

J. 流动式塔式起重机支撑地面应平整、坚实。

②每周（日）检查：

A. 电缆卷筒、集电器、电缆及插座连接有无损坏。

B. 螺栓连接有无松动和缺损。

C. 所有电气设备的绝缘情况。

D. 线路、油缸、阀、泵、液压部件的泄漏情况及工作情况。

E. 减速器的油量及泄漏情况和工作情况。

F. 所有检查要进行书面记录，定期归档保存。

3）塔式起重机维修保养管理制度

①维修

塔式起重机运行时出现故障或磨损，应通过维修和更换零部件使塔式起重机恢复正常工作，维修工作应做到：

A. 应由专业维修技术人员进行，维修更换的零部件应与原零部件的性能和材料相同。

B. 结构件焊修时，所用的材料、焊条应符合要求，焊接质量应符合要求。

C. 塔式起重机在施工现场处于工作状态时不准进行维修，应停机将所有控制手柄、按钮置于零位，切断电源、加锁或悬挂标志牌，在专人监护下进行维修工作。

②保养

塔式起重机的保养应符合表 6-1 和表 6-2 的规定。

塔式起重机二级保养（每半年一次）内容要求 **表 6-1**

序号	保养部位	保养内容及要求
1	传动	1. 检查各齿轮箱、齿轮、轴，根据磨损程度换新或修复； 2. 根据钢丝绳磨损程度进行保养或调换； 3. 检查大、小车轮是否有啃轨现象，进行调整或修复并做好记录； 4. 根据制动瓦（块）磨损程度，进行调整或调换
2	电气	检查电气箱，清洗电动机，根据情况调换零件

塔式起重机一级保养（每半年一次）内容要求 **表 6-2**

序号	保养部位	保养内容及要求
1	外保养	全面清扫塔式起重机外表，做到无积灰
2	小车	1. 检查传动轴座、齿轮箱、连接器及轴键是否松动； 2. 检查、调整制动器与制动轮间隙，要求间隙均匀、灵敏、可靠
3	润滑	1. 对所有轴承座、制动架、连接器注入适量的润滑脂； 2. 检查齿轮箱油位、油质，并加入新油至油位线； 3. 检查油质，保持良好
4	卷扬机	1. 检查钢丝绳、吊钩及滑轮是否安全可靠； 2. 检查、调整抽动器安全、灵敏、可靠
5	电气安全	1. 检查限位开关是否灵敏、可靠； 2. 检查电气箱，清除烧毛部分并调换触头； 3. 检查电动机、拖铃、导电架是否安全可靠； 4. 检查信号灯

A. 发现安全防护装置、电气、活动连锁装置、可视监控等零部件失灵或有隐患时，应及时排除。

B. 应做好塔式起重机的调整、润滑、紧固、清理等工作，保持塔式起重机的正常运转。

C. 塔式起重机的工作环境比较恶劣，新安装或重新安装的塔式起重机在使用前，对各部位必须进行一次全面润滑。正常运行使用时，按塔式起重机类别进行保养、润滑。

4）塔式起重机作业人员培训考核制度

①塔式起重机作业人员及其相关管理人员应按国家有关规定，经起重机械特种设备安全监督管理部门考核合格，取得国家特种设备作业人员上岗证书后，方可从事相应作业或管理工作。

②特种设备作业人员证书有效期为两年，有效期届满前，应向发证部门提出复审要求。

③应经常组织职工进行政策法规、职业道德的教育，不断提高职工的安全意识、技术素质。

5）塔式起重机的防碰撞措施

①通过严格控制塔式起重机之间的位置关系，可预防低位塔式起重机的起重臂端部碰撞高位塔式起重机塔身，塔式起重机定位必须保证任意两塔间距离均大于较低的塔式起重机臂长 2m 以上，方能确保此部位不发生碰撞。

②塔式起重机在垂直方向的防碰撞措施

A. 低位塔式起重机的起重臂与高位塔式起重机的起重钢丝绳之间的碰撞

因施工需要，装配整体式混凝土结构预制构件吊装量大，塔式起重机会出现交叉作业区。当相交的两台塔式起重机在同一区域施工时，有可能发生低位塔式起重机的起重臂与高位塔式起重机的起重钢丝绳的碰撞。

为杜绝此类事故发生，在施工现场必须对每一台塔式起重机的工作区进行合理划分，尽量避免或减少塔式起重机交叉作业区的出现。当驾驶员及指挥人员观察现场，发现塔式起重机相互覆盖范围区内起重臂可能发生碰撞时，必须先示警，驾驶员要控制起重臂离开相互覆盖区范围，这样才能最大限度地避免发生碰撞事故。因此，必须配备有操作证的、经验丰富的信号工，塔式起重机租赁公司要配备操作熟练、有责任心的驾驶员为现场服务。作业时，应时刻关注本塔式起重机及相关的塔式起重机，确保低位塔式起重机的起重臂不碰撞高位塔式起重机的起升钢丝绳；另外，塔式起重机在每次使用后或在非工作状态下，必须将吊钩升至顶端，同时，将起重小车行走到起重臂根部。当现场风速达到 6 级风，即风速达到 10.8～13.8m/s 时，塔式起重机必须停止作业。

B. 起重臂及下垂钢丝绳同待建结构及脚手架等的碰撞

塔式起重机应有足够的施工高度，充分考虑到吊钩高度、吊索长度、吊物高度及安全高度余量，确保吊装钢筋、模板、脚手架等物料进行水平运输时，物料不与结构及脚手架等较高实体发生碰撞。

C. 塔式起重机与现场周边建筑及设施的碰撞

附近的电力及通信设施应设置防护措施，尤其是高压输电设备，必须按照相关规定保持在一定距离之外。

D. 塔式起重机在夜间作业时的防碰撞措施

塔式起重机应尽量避免在夜间作业。如迫不得已必须在夜间作业，除必须严格遵守防碰撞措施要求外，还必须配置足够的照明设施，且塔式起重机在各相应位置必须装上障碍指示灯，且此时信号工必须跟着吊钩移动。

E. 通信装置要求

塔式起重机操作人员的通信装置主要为对讲机，对讲机必须调整到统一的频道，且必须完好有效，声音清晰。指挥人员所发出的指令必须清楚明了，驾驶员必须完全明白指挥人员的指令要求后才能起钩作业。

6）塔式起重机施工中应遵循的原则

①低塔让高塔原则

②后塔让先塔原则

③动塔让静塔原则

④荷重先行原则

⑤客塔让主塔原则

（2）自行式起重机安全管理

1）自行式起重机安全操作规定

安全管理负责人应对自行式起重机移动、吊装作业进行监督，确保自行式起重机安全操作。基本安全操作规定如下：

①任何情况下，严禁起重机载物行走。

②在起重机吊臂回转范围内，应使用警戒带或其他方式隔离，无关人员不得进入该区域。

③起重机吊钩的防脱钩设施应处于良好状态。

④遵循制造厂家规定的最大负荷能力，以及最大吊臂长度限定要求。

⑤严格按计划实施作业。及时判断和处理异常情况，发现安全措施落实不完善，立即暂停作业。

⑥任何人员不得在悬挂的货物下工作、站立、行走，不得随同货物或起重机升降。在起重机运行时，任何人不得站在起重机上。

⑦指挥信号明确，符合规定。对紧急停车信号，无论由何人发出，都应立即执行。

⑧起重机驾驶员应与指挥人员保持可靠的联络沟通，当联络中断时，应停止所有操作，直到重新恢复联系。

⑨在可能产生易燃易爆、有毒有害气体的空间或环境中工作时，应进行气体检测。

⑩若起重机液压油泄漏，应彻底清除，避免污染环境。

⑪起重机处于工作状态时，不应进行维护、修理及人工润滑。

⑫密切注意货物摆动、提升、下降对起重机稳定性的影响。

⑬在操作过程中，可通过引绳控制货物的摆动，但严禁将引绳缠绕在人员身体上。

⑭操作中，起重机应始终处于水平状态。

⑮避免在电力线路附近使用起重机。当必须在邻近电力线路的危险区域作业时，应制订关键性吊装计划，严格实施。在没有明确告知的情况下，所有空中电缆均应视为带电电缆。如果起重机或货物的回转半径内有电线或危险管道，它们之间的最小距离应遵守相关标准。

⑯严禁起吊重量不明确的埋置物件。

⑰严禁斜拉、斜吊。

⑱如果起重机遭受了异常应力或荷载的冲击，或吊臂出现异常振动、抖动等，禁止作业。

⑲在大雪、暴雨、大雾等恶劣天气或风力达到 6 级时，应停止起吊作业，并卸下货物，收回吊臂。

2）自行式起重机常规检查制度

①使用前检查

使用前，应在新购置、大修改造后、移动到另一现场、连续使用时间在一个月前等情况下，对自行式起重机进行外观检查。因起重机桁架吊臂存在安装、更换、拆除等环节，还应对起重臂进行检查。

②经常性检查

每天工作前，应对控制装置、吊钩、钢丝绳（包括端部的固定连接、平衡滑轮等）和安全装置进行检查，发现异常时，应在操作前排除。若使用中发现有安全装置被损坏或失效（如上限位装置、过载装置等），应立即停止使用。对每次检查及相应的整改情况，应填写检查表，保存。

③定期检查

应对自行式起重机进行定期检查，检查周期可根据起重机的工作频率、环境条件确定，但不得少于每年一次。检查内容由起重机的种类、使用年限等情况综合确定。此项检查应由专业维修人员或指定维修机构进行。

除此之外，自行式起重机还应接受当地政府指定部门的定期检查。从设备启用到报废，定期检查均应保留检查记录。

④建立检查档案

应对所有在公司内使用的起重机建立档案，包括鉴定报告、检验证书、合格证等有效证件资料原件或复印件，报项目主管部门（工程技术处）备案，每台起重机的检查均应保留记录。

（3）垂直运输机械安全管理

1）施工升降机

施工升降机包括传统的施工电梯及施工平台。单纯的施工电梯由轿厢、驱动机构、标准节、附墙、底盘、围栏、电气系统等几部分组成，是建筑施工中经常使用的载人与载货的施工机械。由于其独特的箱体结构使其乘坐既舒适又安全。施工升降机在施工工地上通常配合塔式起重机使用，一般载重量在 1～3t，运行速度为 1～60m/min。施工升降机的种类有很多，按运行方式分为无对重和有对重；按控制方式分为手动控制和自动控制。

施工升降机使用中的安全注意事项如下：

①作业人员必须经考核合格，取得特种作业人员操作证书，方可上岗。

②施工升降机在投入使用前，必须经过坠落试验，使用中应每隔 3 个月做一次坠落试验。对防坠安全器进行调整，切实保证坠落制动距离不超过 1.2m，试验后以及正常操作中每发生一次防坠动作，必须对防坠安全器进行复位。防坠安全器的调整、检修或鉴定均应由生产厂家或指定的单位进行，坠落试验应由专业人员进行操作。

③作业前应重点做好例行保养并检查。作业前应重点检查以下内容：

A. 启动前依次检查：接零接地线、电缆线、电缆线导向架、缓冲弹簧应完好无损；机件无漏电，安全装置、电气仪表灵敏有效。

B. 施工升降机标准节、吊笼（梯笼）整体等结构表面应无变形、锈蚀；标准节连接螺栓无松动。

C. 驱动传动部分工作应平稳无异响，齿轮箱无漏油。

D. 各部位结构应无变形，连接螺栓无松动，节点无开（脱）焊。钢丝绳固定和润滑良好，运行范围内无障碍，装配准确，附墙牢固并符合设计要求。卸料台（通道口）平整，安全门齐全，两侧防护严密。

E. 各部位钢丝绳无断丝、无磨损超标，夹具、索具紧固齐全、符合要求。

F. 齿轮、齿条、导轨、导向滚轮及各润滑点保持润滑良好。

G. 防坠安全器的使用必须在有效期内，超过标定日期要及时标定或更换（无标定应有记录备案）。施工升降机制动器调节松紧要适度，过松吊笼载重停车时会产生滑移，过紧会加快制动片磨损。

H. 施工升降机上下运行行程内无障碍物，超高限位灵敏可靠。吊笼四周围护的钢丝网，不准用板围起来挡风。采用板挡风会增加吊笼（梯笼）摇晃，使施工升降机不安全。

④控制器（开关）手柄应在零位。电源接通后，检查电压是否正常；机件无漏电；电气仪表有效，指示准确。空车升降试运行，试验各限位装置、吊笼门、围护门等处电气连锁限位是否运行良好可靠；测定传动机构制动器的制动力矩是否满足规定要求。以上检查结果确认无误、无损、无异常后，再运行作业。

⑤作业中操作技术和安全注意事项

闭合地面单独的电源开关，关闭底围笼及吊笼门。闭合吊笼内的三相开关，然后按下按钮，施工升降机启动（操纵杆式应把操纵杆推向欲去的方向位置，并保持在这一位置）。按钮式开关按“零”号位，使施工升降机停机（操纵杆式用操纵杆停机）。在顶部和底部施工升降机停靠站时，严禁碰触限位板来自动停车。

A. 对于变速施工升降机，施工升降机停靠前，要把开关转到低速档后再停机。

B. 施工升降机在每班首次运行时，必须从最底层向上运行，严禁自上而下运行。当吊笼升离地面 1～2m 时，要停机试验制动器性能。如不正常，及时修复后方准使用。

C. 吊笼内运人、装物时，荷载要均匀分布，防止偏重；严禁超载运人。不载物时，额定载重每吨不得超过 12 人，吊笼顶不得载人或货物（安装拆卸除外）。

D. 施工升降机应装有灵敏可靠的通信装置，与指挥人员密切联系，按信号操作。开机前，必须响铃示警。当施工升降机停在高处或在地面未切断电源开关前，操作人员不得离开操作岗位，严禁无证开机。

E. 在施工升降机运行中，如发现机械有异常情况，应立即停机，并采取有效措施将梯笼降到底层，排除故障后，方可继续运行。在运行中，发现电气失控时，应立即按下急停按钮。在未排除故障前，不得打开急停按钮。检修均应由专业人员进行，不准擅自检修。如暂时维修不好，在运人时，应设法将人先送出吊笼（通过吊笼顶部天窗出入口进入脚手架或楼层内）。

F. 在施工升降机运行中，不准开启吊笼门，人员不应倚靠吊笼门。

G. 施工升降机运行至最上层和最下层时，严禁用行程限位开关作为停止运行的控制开关。

H. 遇有大雨、大雾、6 级及以上大风以及导轨架、电缆等结冰时，施工电梯必须立即停止运行，并将梯笼降到底层，拉闸切断电源。暴风雨后，应对施工升降机的电气线路和各种安全装置及架体连接等，进行全面检查，发现问题及时维修加固，确认正常后方可运行。

I. 对于变速施工升降机，当施工升降机停靠前，要把开关转到低速档后再停机。作业后，将吊笼（梯笼）降到底层，将各操纵器（开关）转到零位，依次切断电源，锁好电源箱，闭锁吊笼和围护门，做好清洁保养工作。

J. 填写好台班工作日志和交接班记录。

K. 严格执行施工升降机定期检查维修保养制度。

2）物料提升机

物料提升机是一种固定装置的机械输送设备，主要适用于物料的连续垂直提升。

物料提升机使用中的安全注意事项如下：

①在物料提升机安装或拆除前，由技术负责人对全体作业人员进行安全技术交底。各作业人员应认真执行安全生产责任制和安全技术交底，严格遵守安全操作规程。

②在进行物料提升机安装与拆除作业前，必须针对其类型特点、说明书的技术要求，结合施工现场的实际情况，制定详细的施工方案，划定安全警戒区，设监护人员，排除作业障碍。

③物料提升机的吊篮安全停靠装置、钢丝绳断绳保护装置、超高限位装置、钢丝绳过路保护装置、钢丝绳拖地保护装置、信号联络装置、警报装置、进料门及高架提升机的超载限位器、下极限限位器、缓冲器等安全装置必须齐全、灵敏、可靠。

④物料提升机的基础应按图纸要求施工。高架提升机的基础应进行设计计算，低架提升机在无设计要求时，可在素土夯实后，浇筑300mm厚的混凝土。

⑤安装架体时，应先将底架与基础连接牢固。每安装2个标准节（一般不大于8m），应采取临时支撑或临时缆风绳固定，并进行初步校正，确认稳定后，方可继续作业。在拆除缆风绳或附墙架前，应先设置临时缆风绳或支撑，确保架体的自由高度不大于2个标准节（一般不大于8m）。物料提升机组装后，应按规定进行验收，合格后，方可投入使用。

⑥拆除物料提升机的横梁前，先分别对两立柱采取稳固措施，保证单柱的稳定。

⑦全体登高作业人员，必须认真系好安全带，戴好安全帽。严格执行高处作业安全操作规定，不得穿硬底鞋及塑料底鞋。严禁酒后作业。搭设和拆除物料提升机人员，必须持《施工升降机装拆或物料提升机装拆》特种作业有效证件和体检合格证明，方可上岗作业，严禁无证人员作业。不得安排脚手工等人员从事井架装拆作业。

⑧拆除作业宜在白天进行，夜间作业应有良好的照明。因故中断作业时，应采取临时稳固措施。

⑨物料提升机架体外侧应沿全高用立网防护。在建各层与物料提升机连接处，应搭设卸料通道，通道两侧应按临边防护规定设置防护栏杆及挡脚板。

⑩各层通道口处都应设置常闭型防护门。在地面进料口处搭设防护棚，防护棚的尺寸应视架体的宽度和高度而定，防护棚两侧应挂安全立网。

⑪作业时，严禁乱抛材料和工具。传递材料和工具必须由人传递至楼层内或采用吊绳吊至地面。吊绳必须牢固，一次吊物不能超载。

⑫安全网、安全门、缆风绳、卸料平台架等必须在物料提升机拆到该位置后，方可拆除。严禁先拆以上设施，后拆物料提升机。将拆下的材料边拆边运，严禁在脚手板上堆码。运材料时，人应站稳，防止失衡。

⑬指挥信号必须由指定的指挥者发出，其他人员不得指挥。

⑭6 级风以上或雨雪天，停止安装、拆除作业。

⑮物料提升机吊篮内严禁乘人。

⑯在物料提升机调试过程中，如需对其维修保养，应切断电源，并在电箱处挂“禁止合闸”标志，锁好电箱。

3. 构件运输与现场临时道路安全管理

（1）构件运输安全管理

在运输过程中，对预制构件易破损部位应加强保护。同时，应采取合理的堆放及稳定措施，防止预制构件在运输途中损坏或跌落。为保障运输安全，在预制构件运输过程中应采取以下措施：

1）预制构件运输可选用低平板车或大吨位运输车。

2）在预制构件装卸时，配置指挥人员，统一指挥信号。在装卸预制构件时，应保证车体的平衡。

3）运输车上应设专用靠放架，靠放架应具有足够的承载力和刚度。采取直立运输方式时，应设专用插放架，插放架应有足够的承载力和刚度。预制构件重叠平运时，叠放高度不应过高。板块之间或堆放架的受力点处应垫放支垫，垫块位置应保证构件受力合理。

4）运输车上须配置可靠的稳定构件措施与减振措施，防止预制构件移动、倾倒、变形。如在车底铺黄砂或装车时，先在车厢底板上铺两根 100mm×100mm 的通长木枋，在木枋上垫 15mm 的硬橡胶垫或其他柔性垫。

5）采取成品保护措施，对构件易破损部位加强保护，确保运输过程中构件不被损伤。

6）在预制构件运输过程中，车辆启动应慢速，车速应均匀，转弯会车时要减速。

7）预制构件的运输主要依靠汽车通过陆路运输，因此，在选择运输工具以及堆放架时，应考虑城市高架桥及隧道限高等的影响。

（2）现场临时道路及堆场安全管理

预制构件进场前，应合理规划路线。运输车场内行驶路线及临时堆场的地面必须坚实，充分考虑构件运送车辆的长度和重量，加宽现场临时道路。道路下铺设工程渣土并压实，临时道路内配钢筋。运输路线经过地下车库的，应编写地下车库顶板加固方案，对顶板进行加固，以防顶板塌陷。

堆场布置应遵循以下原则：

1）布置在起重机起吊范围内，并避开人行通道。

2）尽量布置在建筑物的外围，并严格分类堆放。

3）堆场四周采用定型化围栏围护，与周围场地分开。在围栏上挂明显的标识牌和安全警示牌。

4）堆场周边道路应考虑作为构件运输的专用道路，不再作为施工主干道路，以防延误构件卸货进度。

预制构件运至现场后进入堆场临时堆放，应在施工方案中提前规划预制构件堆放方案。预制构件运进堆场后，应有序地摆放在规定的位置。选择堆放形式时，应充分考虑预制构件的自身特点、外形尺寸。采用靠放或直立方式时，堆放架必须达到一定的刚度，防止预制构件倾覆。重叠堆放预制构件时，应根据预制构件、垫块承载力确定堆放层数，并根据需要采取防止堆放倾覆的措施。

4. 工具式支撑

随着装配整体式混凝土预制构件的逐步推广和安全设计需求的不断提高，对预制构件安装施工机具的要求也越来越高。工具式支撑是用于预制构件安装的专用支撑，它具有装拆便捷、安全可靠、施工管理方便等特点。工具式支撑可分为竖向构件安装专用工具式支撑和水平构件安装专用工具式支撑。

（1）竖向构件安装专用工具式支撑

竖向构件安装主要指预制剪力墙、预制墙（板）、预制柱等构件的安装，所使用的工具式支撑主要包括丝杠、螺套、支撑杆、手把和支座等部件。支撑杆两端焊有内螺纹旋向相反的螺套，中间焊有手把。螺套旋合在丝杠无通孔的一端，丝杠端部设有防脱挡板，丝杠与支座耳板以高强度螺栓连接。支座底部开有螺栓孔，在预制构件安装时，用螺栓将其固定在预制构件的预埋螺母上。通过旋转把手带动支撑杠转动，上丝杠与下丝杠随着支撑杆的转动同时拉近或伸长，达到调节支撑长度的目的，进而调整预制竖向构件的垂直度和位移，满足预制构件安装施工的需要。

为确保施工安全，施工时应符合下列规定：

1）工具式支撑应通过螺栓或预留孔洞拉结的方式与预制构件可靠连接。

2）深化设计时，应确定预埋件或预埋吊环的位置。

3）施工前，应检查预制构件上支撑拉结点的质量、拉结点处混凝土裂缝等问题，避免对工具式支撑的可靠连接造成安全隐患。

4）吊装预制构件时，应先安装工具式支撑，再松开吊钩。

（2）水平构件安装专用工具式支撑

水平构件安装主要指预制叠合楼板、预制梁等构件的安装，所使用的工具式支撑主要包括早拆柱头、插管、套管、插销、调节螺母及摇杆等部件。套管底部焊接底板，底板上留有定位的 4 个螺栓孔。套管上部焊接外螺纹，在外螺纹表面套上带有内螺纹的调节螺母；插管上套插销后插入套管内，插管上配有插销孔，插管上部焊有中心开孔的顶板。早拆柱头由上部焊有 U 形板的丝杠、早拆托座、早拆螺母等部件组成。早拆柱头的丝杠坐于插管顶板中心孔中。通过选择合适的插销孔插入插销，再用调节螺母微调高度便可达到所需求的支撑高度。

为确保施工安全，施工时应符合下列规定：

1）支撑位置与间距应根据施工验算确定。

2）宜选用可调标高的定型独立钢支撑，钢支撑的顶面标高应符合设计要求。

5. 外墙防护

装配整体式混凝土预制构件施工宜采用安全围挡或外防护架，特殊结构或必要的预制外墙板安装时，可选用落地式脚手架。

（1）安全围挡

安全围挡指预制构件尚未吊装时所采用的围挡。施工中采用安全围挡时，应注意以下几点：

1）采用安全围挡隔离时，楼层围挡高度不应低于 1.50m，阳台围挡高度不应低于 1.10m，楼梯临边应加设高度不小于 0.9m 的临时栏杆。

2）安全围挡应与结构层有可靠连接，满足安全防护需要。

3）安全围挡设置应采取吊装一件预制外墙板，拆除相应位置围挡的方法，按吊装顺序，逐块进行。预制外墙板就位后，应及时安装上一层围挡。

（2）外防护架

外防护架具有组装简便、安拆灵活、安全性高、周转次数多等优点。

外防护架通常采用角钢焊接架体，还需要准备脚手板、钢丝网等一般脚手架所用材料。考虑到项目结构的不同，应着重考虑凸窗、阳台等位置的外防护架结构。外防护架的安装及拆卸流程：

1）每栋楼防护结构可考虑制作 2 套，预制构件吊装前可把防护架提前安装在预制构件上一起吊装。

2）预制构件进场后，将已经拼装完成的防护架安装在预制外墙板上。

3）防护架随预制构件同时起吊安装在施工楼层。

4）待上层预制外墙板进场后，将下层预制外墙板上的防护架用塔式起重机吊运拆除，并安装在新进场的预制外墙板上，同下层预制外墙板同时吊装到施工楼层，后期均按此循环流水施工。

5）外防护架在施工过程中，应遵守以下规定：

①防护架在吊升过程中，人员严禁在操作架上施工。

②防护架在吊升阶段，在吊装区域下方用警戒线设置安全区，安排专人监护，该区域不得随意进人。

③当防护架拆除吊升时，上面不得站人或施工。

④防护架的受力等荷载值应经验算。

⑤搭拆外防护架必须由经安全技术教育的专业人员来担任，并经常对专业人员进行身体检查，凡患有高血压、心脏病的人员不得上脚手架操作。

⑥严格按平面图及剖面图搭设，遵守搭拆程序及要求。搭拆前施工员应向施工班组进行详细的安全交底。搭拆完成后，施工班组应进行仔细的自检，并由安全部门进行验收，如有不合格处，及时整改，必须待验收通过后方能使用。

⑦遇有恶劣天气影响施工安全时，不得进行防护架的搭设。

⑧防护架搭设完毕要按专门制度验收后挂牌使用，防护架不得堆物，各连接节点应由专人按规定时间检查整理，使用中的防护架不得拆除任何一个部件。

⑨防护架验收合格后，必须进行日常保养及定期的全面检查和整修，才能保证其安全使用。

⑩必须设置专职的保养工，负责日常检查和保养及定期的检查和维修。日常检查和保养必须每日进行一次，定期的检查和维修每月进行一次，如遇强风或雷雨天气应认真检查、整修后，方可使用。

⑪防护架的搭拆必须按照施工组织设计的规定程序进行。拆除脚手架时，施工区应设

置警戒区，并由专人监护。

⑫遵守其他搭拆脚手架的一般规定。

6.1.2 装配式建筑施工环境保护要求

1. 道路控制措施

（1）对周围交通的详细情况进行摸底调查，内容包括：道路路幅、路基承载能力、高峰时段、地下管线设置情况等。

（2）严格按既定的装配式建筑施工顺序、运输路线、装配方式等组织本工程的装配式结构施工。

（3）基地内的临时施工便道等尽可能实现环通，减少车辆交汇的概率。在基地临时施工便道的交叉口设置交通指（禁）令标志（牌），夜间有照明。

（4）根据施工进度情况，分阶段编制机械、预制构件的进出场运输计划。大型设备进场，必须与业主及有关政府交通管理部门进行协调，统一调整好进场道路及邻近城市交通道路的关系及运转，保证交通正常。

（5）大型车辆进出口的路面下如有地下管线、共同沟等，必须铺设厚钢板或浇筑混凝土加固。

（6）运用现代化的管理手段和通信手段，进行实时动态调度，使预制构件的运输既满足施工要求，又不影响交通安全。

2. 大气污染控制

（1）搭设封闭式临时专用垃圾道运输施工垃圾或采用容器吊运施工垃圾，严禁随意抛撒施工垃圾。施工垃圾要及时清运，适量洒水，减少扬尘。

（2）对于粉细散装材料，采用室内（或封闭）存放或严密遮盖。卸运时，采取有效措施，减少扬尘。

（3）现场的临时道路地面做硬化处理，防止道路扬尘。

（4）选用环保型低排放施工机械，并在排气口下方地面浇水冲洗干净，防止排气产生扬尘。

（5）预制构件生产时应在混凝土和预制构件生产区域使用收尘、除尘装备以及防止扬尘散布的设施，并应通过修补区、道路和堆场除尘等方式系统控制扬尘。

3. 水污染控制

（1）现场设置冲洗台和沉淀池，清洗机械和运输车的废水经三级沉淀达标后，排入相应的市政管线。

（2）控制施工产生的污水流向，并在合理位置设置沉淀池，施工污水经沉淀后，排入污水管，防止污染环境。

（3）现场存放油料的库房应进行防渗漏处理，贮存和使用须采取一定措施，防止跑、冒、滴、漏，造成水体污染。

（4）厕所设化粪池，与环保部门联系定期抽粪，严禁直接排入市政污水管网。

（5）预制构件生产企业应有针对混凝土废浆水、废混凝土和构件的回收利用措施。

4. 噪声污染控制

（1）整个基地用围墙封闭，与外界隔离，处于封闭状态施工。

（2）制定合理的施工计划，确保附近居民有足够的休息时间。进行强噪声、大振动作业时，严格控制作业时间；必须昼夜连续作业的，采取降噪减振措施，并提前与周边居民取得联系，做好周围群众安抚工作，并报有关环保单位备案后施工。

（3）选用环保型的低噪声、低排放施工机械，改进施工工艺。

（4）教育、督促施工班组人员在施工中做到轻提轻放，严禁随便乱捆、乱敲工具和材料，杜绝不必要的噪声产生。

（5）对某些不可避免的噪声，设置隔声屏障。

（6）施工现场遵照相关标准制定降噪的相应制度和措施。

（7）预制构件生产企业宜选用噪声小的生产装备，并应在混凝土生产、浇筑过程中采取降低噪声的措施。在夜间生产时，应采取措施防止光和噪声对周边居民的影响，在预制构件运输过程中，应保持车辆整洁。

5. 光污染控制

夜间施工时，大功率的照明灯必须向场地内照明，并尽可能降低照明灯的高度，确保不对周围环境造成光污染。

6. 市容环卫保证措施

（1）建立环保保证体系。落实专人负责生活区、办公区、施工现场的环境保洁，协调好市容监察部门的工作，不因施工而影响市容环境卫生。

（2）项目的所有施工人员在施工前，必须了解本工程的环保方针及环保目标、指标，接受社会各方在项目施工中的环保要求。

（3）积极按政府及建设单位的有关要求，做好在施工过程中渣土和建筑垃圾的收集、运输等工作。

（4）加强施工现场管理，确保施工现场整洁。落实现场外出车辆的清洁措施。

（5）外运车辆进出大门前要冲洗，同时对车辆封盖。保持车辆出入口路面平整、湿润，减少地面扬尘污染，并尽量减缓车辆行驶速度。

（6）按照卫生标准和环境卫生作业要求，设置相应的生活垃圾容器，实行生活垃圾袋装化，并落实专人负责清运。

（7）预制构件生产企业应设置废弃物临时放置点，并应指定专人负责废弃物的分类、放置及管理工作。废弃物清运必须由合法的单位进行。有毒有害废弃物应利用密闭容器装存，及时处置。

7. 危险品处置

（1）选择有资质的专业单位进行相关处理工作，签订有关责任协议，规范经营行为。

（2）在施工中处理被列入国家危险废物名录中的危险废物时，须向有关部门申报登记，按国家有关规定进行处置。对易燃、易爆及高污染的大宗材料，均应设置贮存指定区域。

（3）对在施工中必须使用的机油、涂料、油漆等，均要存放在指定区域，并备有消防设施及防泄漏措施。

（4）及时清除建筑物施工中产生的建筑垃圾，对废油抹布、废涂料、油漆桶、水泥袋等进行集中分类堆放，并按废弃物处置规定进行处置。

6.1.3 灌浆施工安全文明控制要点

本节主要介绍灌浆作业安全生产要点和灌浆作业文明生产要点两方面的内容。

1. 灌浆作业安全生产要点

(1) 对每个新参加灌浆的作业人员应进行安全操作规程培训，培训合格方可上岗操作。

(2) 新项目施工前，对所有作业人员进行安全操作规程培训，培训合格方可上岗操作。

(3) 灌浆作业前，技术人员应对所有作业人员进行安全和技术交底。

(4) 电动灌浆机电源应有防漏电保护开关。

(5) 电动灌浆机应有接地装置。

(6) 电动灌浆机工作期间严禁将手伸向灌浆机出料口。

(7) 清洗电动灌浆机时，应切断其电源。

(8) 移动电动灌浆机时，应切断其电源。

(9) 严禁使用不合格的电缆作为电动灌浆机的电线。

(10) 电动灌浆机开机后，严禁将枪口对准作业人员。

(11) 电动灌浆机拆洗应由专人操作。

(12) 灌浆料、坐浆料搅拌人员须佩戴绝缘手套，穿绝缘鞋，佩戴口罩和防护眼镜。

(13) 搅拌作业人员裤腿口要绑紧。

(14) 搅拌作业时，工人应握紧手持搅拌机。如果没有握紧，搅拌机搅拌时传力不均，搅拌机就有可能失控，对作业人员造成伤害。

(15) 作业人员在对预制构件边缘接缝进行封堵、分仓及灌浆作业时，须佩戴安全绳，水平钢筋套筒灌浆连接的作业人员应佩戴安全绳。

(16) 施工过程中使用的工具、螺栓、垫片等材料应有专用的工具袋，防止施工过程中工具、材料发生坠落。

(17) 作业时发现安全隐患，应立即排除。

2. 灌浆作业文明生产要点

(1) 搅拌灌浆料、坐浆料时，应避免灰尘对环境造成污染。

(2) 落地的灌浆料拌合物以及出浆口溢出来的灌浆料拌合物应及时清理，存放在专用的废料收集容器内。

(3) 有外叶板的预制外墙灌浆时，应防止漏浆对预制外墙面造成污染。

(4) 采用坐浆料进行接缝封堵及分仓时，应精心操作，避免坐浆料污染预制外墙面。

(5) 现场的设备、工具和材料应存放整齐，留出作业通道。

(6) 试验用具使用后应及时清理，并按顺序摆放整齐。

(7) 灌浆料、坐浆料应分区域整齐堆放，并设置标识牌。

(8) 灌浆料、坐浆料搅拌完成后应及时清理搅拌现场，保持施工现场的卫生。

(9) 灌浆料、坐浆料等材料的包装袋以及其他包装物应及时回收，不可随意丢弃。

(10) 灌浆口、出浆口部位应做好防护，防止溢出来的灌浆料拌合物污染预制构件及楼面等。

（11）清洗搅拌桶和灌浆设备的废水应集中收集处理。

6.1.4 特殊季节灌浆施工注意事项

1. 冬期施工

（1）温度高于5℃时，灌浆工作可正常进行，但需要密切关注温度的变化。在灌浆完成24h内，保证温度不低于5℃，否则，须采取保温措施。

（2）温度在0～5℃时，灌浆料须采用温水搅拌，搅拌用水温度在22～28℃。灌浆保压封堵完成后，在预制墙体靠近室内一侧灌浆缝向上延伸30cm、水平延伸30cm内覆盖防火棉被，用木枋、钢管对防火棉被固定，防火棉被覆盖保温时间持续24h。

（3）温度低于0℃时，停止一切注浆工作。

2. 冬期施工养护

（1）注意拆模时间。在正常温度下，灌浆料浇筑完成3d即可拆模，在温度低的环境中应适当推迟拆模时间。

（2）在未浇筑时可用温水搅拌，室外施工应覆盖棉被，或选用防冻型灌浆料，以保证早期强度和施工质量。

3. 夏季施工

夏季注浆施工宜选择在上午和晚上进行。夏季温度高于30℃时，用冷水搅拌（可在水中适量添加冰块，加水前需要对冰块过滤），搅拌用水温度在8～15℃。灌浆施工前，须对预制构件及邻近的底面进行洒水降温。

4. 夏季施工养护

（1）灌浆前24h采取措施，防止灌浆部位受到阳光直射或其他热辐射。

（2）采取适当降温措施，与水泥基灌浆料接触的混凝土基础和设备底板的温度不应大于35℃。

（3）浆体入模温度不应大于30℃。

（4）灌浆后应及时采取保湿养护措施。

6.2 装配式BIM技术

6.2.1 BIM在装配式建筑设计、施工及运维阶段的应用

进化过程：手工绘图→2D CAD→3D CAD→BIM技术。

1. BIM产生的背景

BIM产生的背景如图6-1所示，其主要瓶颈如图6-2所示。

（1）什么是BIM?

BIM是Building Information Modeling的简称，即建筑信息模型。BIM技术包含以下3个方面的内容：

1）BIM数据：BI Model（模型）。

2）BIM应用：BI Modeling（建模）（包含可以利用和创建BIM数据的软件，简称BIM软件）。

3）信息管理：BI Management（管理）（包含BIM数据及BIM应用产生的数据管理）。

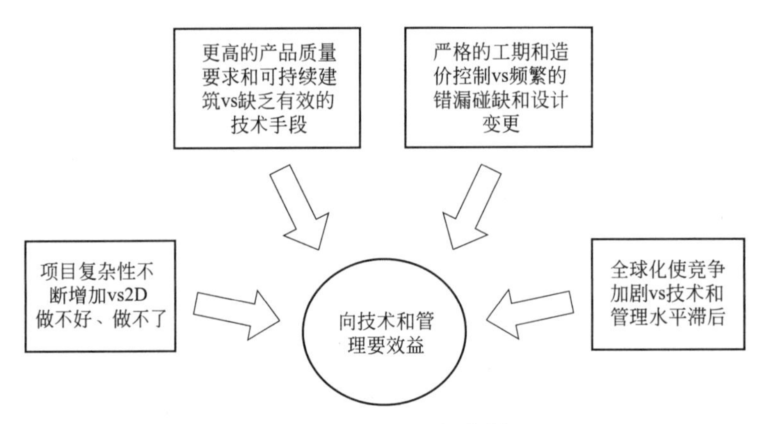

图 6-1　BIM 产生的背景

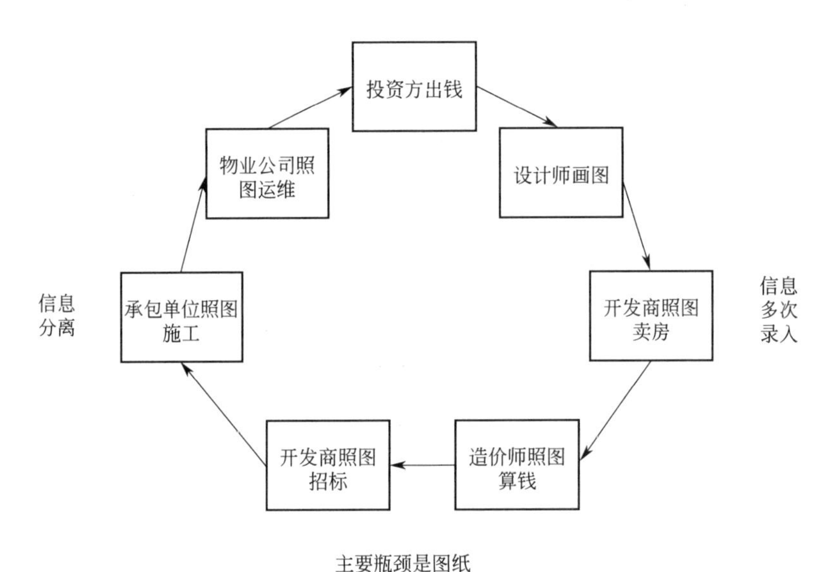

图 6-2　主要瓶颈

（2）各阶段 BIM 改善工作内容

规划阶段：规划策划、场地分析、性能预测、成本估算。

设计阶段：方案论证、可视化设计、协同设计、工程量统计、性能化分析、管线综合。

施工阶段：施工进度模拟、数字化建造、物料跟踪、施工组织模拟、施工现场配合、竣工模型交付。

运维阶段：维护计划、资产管理、空间管理、建筑系统分析、灾害应急模拟。

（3）BIM 相关软件

真正意义上的 BIM 软件包括建模、检查及 BIM 数据转换软件等，如图 6-3 所示。

（4）BIM 相关标准

BIM 相关标准见表 6-3。

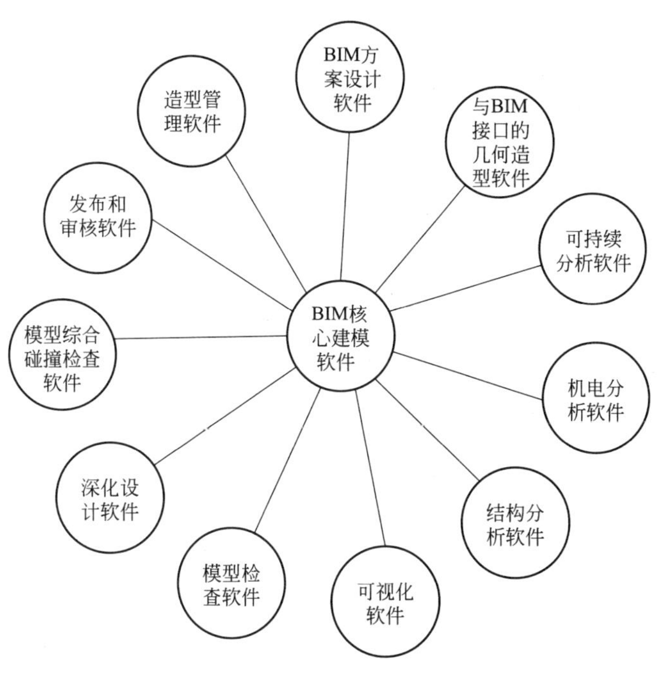

图 6-3　BIM 应用软件

BIM 相关标准　　表 6-3

类型	名称	简介	发布时间	发布机构
国家标准	《建筑信息模型应用统一标准》GB/T 51212—2016	通过开展广泛的调查研究，组织了大量的课题研究，本标准适用于建筑工程全寿命期内建筑信息模型的建立、应用和管理	2016 年 12 月	住房和城乡建设部
CBDA 团体标准	《建筑装饰装修工程 BIM 实施标准》T/CBDA-3—2016	根据《关于首批中装协标准立项的批复》的要求，本标准为我国建筑装饰装修行业工程建设的团体标准	2016 年 9 月	中国建筑装饰协会
河北省地方标准	《建筑信息模型应用统一标准》DB13(J)/T 213—2016	通过广泛的调查研究，总结了近年来河北省 BIM 应用实践经验，结合河北省建筑业发展的需要，编制本标准，是省内第一个申请立项的 BIM 应用标准	2016 年 7 月	河北省住房和城乡建设厅

2. BIM 技术应用趋势与发展展望

（1）BIM 技术与绿色建筑

BIM 技术应用于绿色建筑可实现的功能如图 6-4 所示。

（2）BIM 技术与 EPC

BIM 技术在 EPC 项目中的应用如图 6-5 所示。

（3）BIM 技术与装配式建筑

BIM 技术的使用能够为预制装配式建筑的生产提供有效帮助，使得装配式工程精细化更容易实现，进而推动现代建筑产业化的发展，促进建筑业发展模式的转型。

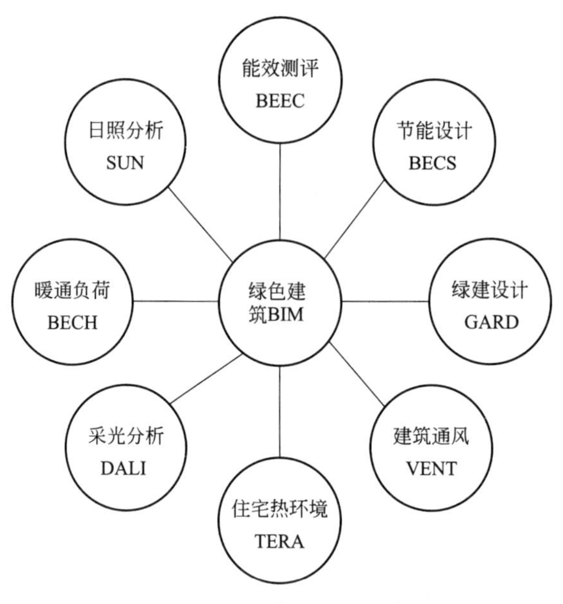

图 6-4　BIM 技术与绿色建筑

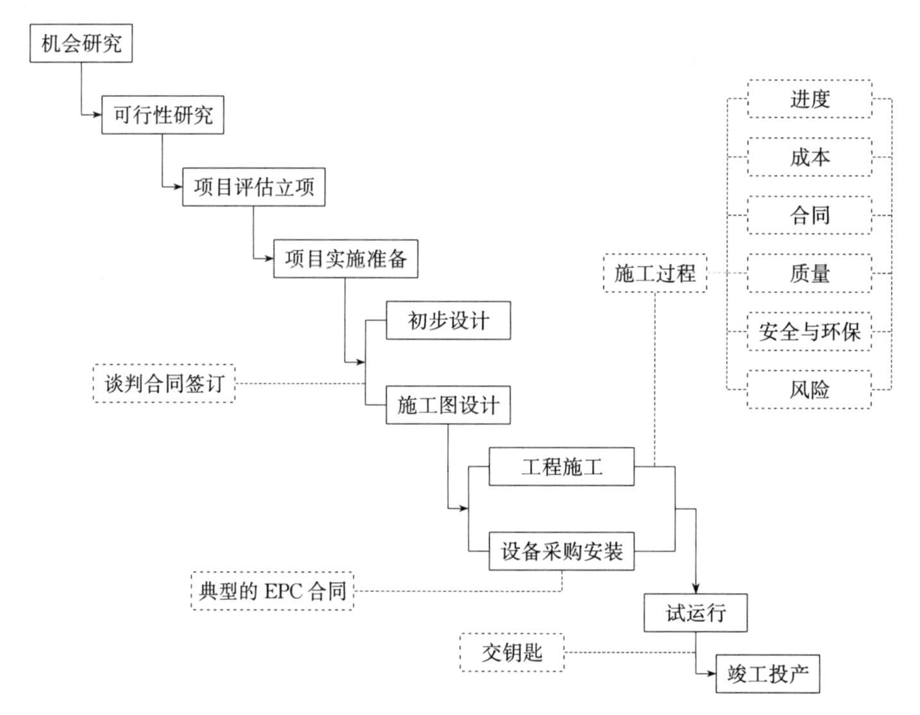

图 6-5　BIM 技术与 EPC

6.2.2　BIM 在项目管理中的应用与协同

1. BIM 在项目各方管理中的应用

（1）业主单位与 BIM 应用

一般来说，业主单位 BIM 项目管理应用流程如图 6-6 所示。

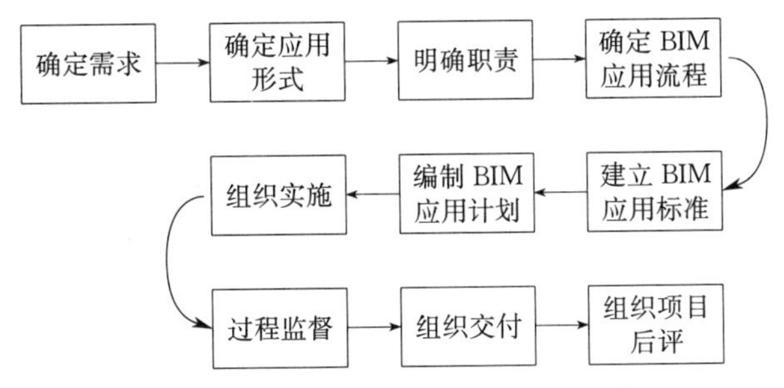

图 6-6　业主单位 BIM 项目管理应用流程

（2）设计单位与 BIM 应用

1）设计单位 BIM 技术应用形式

①已成立 BIM 设计中心多年，基本具备设计人员直接使用 BIM 技术进行设计的能力。

②成立了 BIM 设计中心，由 BIM 设计中心与设计所结合，二维设计与 BIM 设计阶段应用同步进行。

③刚开始接触 BIM 技术，由咨询公司提供 BIM 技术培训、二维设计完成后的 BIM 翻模和咨询工作。

2）设计单位 BIM 技术应用流程

设计单位 BIM 技术应用流程如图 6-7 所示。

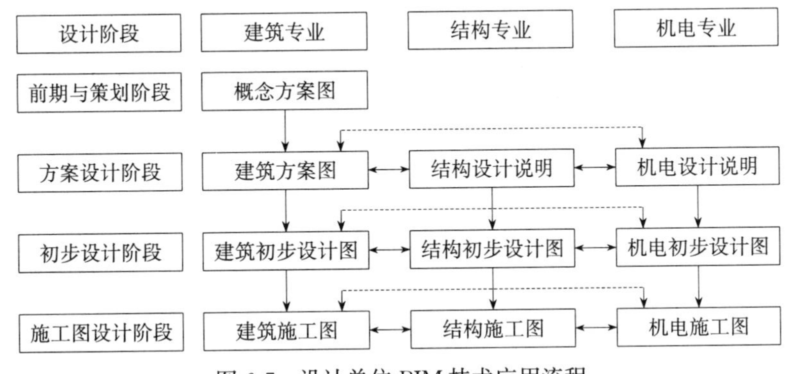

图 6-7　设计单位 BIM 技术应用流程

3）BIM 模式下的设计流程

BIM 模式下的设计流程如图 6-8 所示。

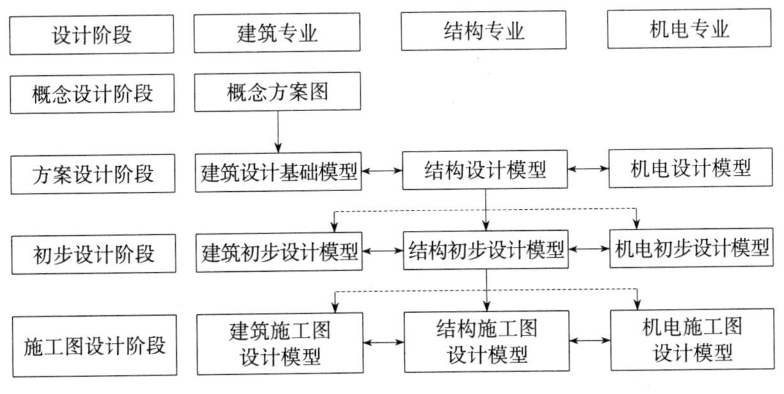

图 6-8　BIM 模式下的设计流程

(3) 施工单位与 BIM 应用

1) 施工单位 BIM 项目管理的应用需求

①理解设计意图

可视化的设计图纸会审能帮助施工人员更快、更好地解读工程信息，并尽早发现设计错误，及时进行设计联络。

②降低施工风险

利用模型进行直观的“预施工”，预知施工难点，更大程度地消除施工的不确定性和不可预见性，保证施工技术措施的可行、安全、合理和优化。

③把握施工细节

在设计单位提供的模型基础上进行施工深化设计，解决设计信息中没有体现的细节问题和施工细部做法，更直观、更切合实际地对现场施工人员进行技术交底。

④更多的工厂预制

为构件加工提供最详细的加工详图，减少现场作业，保证质量。

⑤提供便捷的管理手段

利用模型进行施工过程荷载验算、进度物料控制、施工质量检查等。

2) 施工单位 BIM 技术应用形式

①成立施工深化设计中心，由该中心配合项目部组织具体施工过程 BIM 技术实施。

②成立集团协同平台，对下属项目提供软硬件及云技术协同支持。

③委托 BIM 技术咨询公司，在项目建设过程中摸索 BIM 技术对于项目管理的支持。

④完全委托 BIM 技术咨询公司，进行投标阶段 BIM 技术应用，被动解决建设方 BIM 技术要求。

⑤提供便捷的管理手段，利用模型进行施工过程的荷载验算、进度物料控制、施工质量检查等。

3) 施工单位 BIM 技术常见应用内容

根据不同的应用深度，可以分为 A、B、C 三个等级，施工单位 BIM 技术常见应用点如表 6-4 所示，其中 C 级主要集中于模型应用，从深化设计、施工策划到施工组织，从完善、明确施工标的物的角度进行各业务点 BIM 技术应用。B 级在 C 级的基础上，增加了基于模型进行技术管理的内容，如进度管理、安全管理等项目管理内容。A 级则基本包含了目前的施工阶段 BIM 技术应用，既包含了 B、C 级应用深度，也包含了三维扫描、放线、协同平台等更广泛的 BIM 技术应用。

施工单位 BIM 技术常见应用点 **表 6-4**

序号	应用点	不同应用深度		
		A 级	B 级	C 级
一	施工准备阶段			
1.1	补充施工组织模型、场地布置	●	●	●
1.2	BIM 审图、碰撞检查	●	●	●
1.3	根据分包合同拆分设计模型	●	●	●
1.4	管线排布、净空优化、深化设计	●	●	●

续表

序号	应用点	不同应用深度		
		A级	B级	C级
1.5	三维交底	●	●	●
1.6	重要节点施工模拟、虚拟样板	●	●	●
1.7	工程量统计并与进度计划关联	●	●	
1.8	进度模拟(4D)	●	●	
1.9	进度、资金模拟(5D)	●		
1.10	构件编码体系建立	●		
1.11	信息平台部署	●		
二	建造实施阶段			
2.1	月形象进度报表	●	●	●
2.2	月工程量统计报表(设备与材料管理)	●	●	●
2.3	施工前模型会审、工程量分析	●	●	●
2.4	施工后模型更新、信息添加	●	●	●
2.5	分包单位模型管理	●	●	●
2.6	专项深化设计模型协同	●	●	●
2.7	阶段性模型交付	●	●	●
2.8	移动应用	●	●	●
2.9	进度跟踪管理(4D)	●	●	
2.10	安全可视化管理	●	●	
2.11	进度、资金跟踪管理(5D)	●		
2.12	三维放线、定位	●		
2.13	三维扫描	●		
2.14	信息化协同	●		
2.15	信息化施工管理	●		
三	竣工交付阶段			
3.1	竣工模型交付	●	●	●
3.2	竣工数据提取	●	●	
3.3	竣工运维平台	●		
四	其他			

(4) 供货单位与 BIM 应用

1) 供货单位项目管理的任务

供货单位项目管理的任务如图 6-9 所示。

图 6-9　供货单位项目管理的任务

2) 供货单位 BIM 项目管理的应用需求

①设计阶段

提供产品、设备全信息 BIM 数据库，配合设计样板进行产品、设备设计选型。

②招标投标阶段

根据设计 BIM 模型，匹配符合设计要求的产品型号，并提供对应的全信息模型。

③施工建造阶段

配合施工单位完成物流跟踪；提供合同产品、设备模型，配合进行产品、设备吊装或安装模拟；根据施工组织设计 BIM 指导，配送产品、设备到指定位置。

④运维阶段

配合维修保养，配合运维管控单位及时更新 BIM 数据库。

2. BIM 在项目管理中的协同

（1）协同的平台

为了保证各专业内和专业之间信息模型的无缝衔接和及时沟通，BIM 项目需要在一个统一的平台上完成。

（2）协同平台的功能

协同平台具有以下几种功能：

1）建筑模型信息存储功能。协同平台采用数据库对建筑模型信息进行存储。

2）有图形编辑的平台。在 BIM 技术的协同平台上，各个专业的设计人员可以对 BIM 数据库中的建筑信息模型进行编辑、转换、共享等操作。

3）兼容建筑专业应用软件。在 BIM 技术的协同平台中，可以兼容建筑专业应用软件，便于各专业设计人员对建筑性能的设计和计算。

4）人员管理功能。通过协同平台可以对各个专业的设计人员进行合理的权限分配，对各个专业的建筑功能软件进行有效的管理，对设计流程、信息传输的时间和内容进行合理的分配。

（3）项目各方的协同管理

项目各方协同管理如图 6-10 所示。

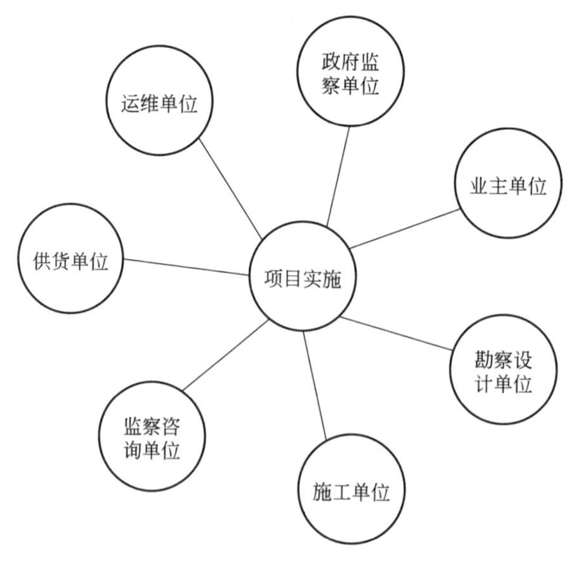

图 6-10　项目各方协同管理

1）基于协同平台的信息管理

平台化信息管理如图 6-11 所示。

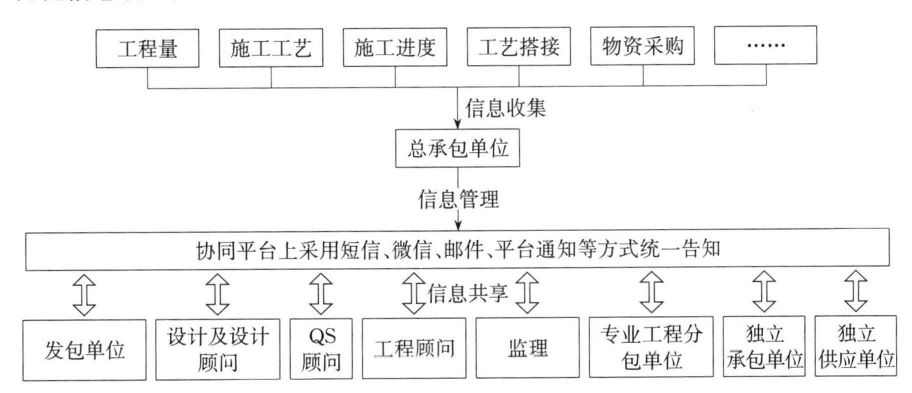

图 6-11　平台化信息管理

2）基于协同平台的职责管理

某工程各参与方职责划分见表 6-5。

某工程各参与方职责划分　　**表 6-5**

施工阶段	建设单位	设计单位	总承包单位 BIM	分包单位
低区（1～36 层）结构施工阶段 高区（36 层以上）结构施工阶段	监督 BIM 实施计划的进行	与建设单位、总承包单位配合，进行图纸深化，并进行图纸签认	模型维护，方案论证，技术重难点的解决	配合总承包单位 BIM 对各自专业进行深化和模型交底
装饰装修机电安装施工阶段	监督 BIM 实施计划的进行	与建设单位、总承包单位配合，进行图纸深化，并进行图纸签认	施工工艺模型交底，工序搭接，样板间制作	按照模型交底进行施工
系统联动调试、试运行阶段	模型交付	竣工图纸的确认	模型信息整理，模型交付	模型确认

3）基于协同平台的流程管理

基于协同平台的流程管理图如图 6-12 所示，项目质量控制流程图如图 6-13 所示。

3. BIM 技术在方案阶段的应用

（1）概念设计

1）空间设计

包括空间造型、空间功能设计。

以某体育馆概念设计为例，具体介绍 BIM 技术在概念设计阶段空间形体设计中的应用。

该体育馆以“荷”为设计概念，追寻的是一种轻盈的律动感，通过编织的概念，将原本生硬的结构骨架转化为呼应场地曲线的柔美形态，再以一种秩序将这些体态轻盈的结构系统编织起来，最终形成了体育馆的主体造型。在概念设计初期，使用 Grasshopper 编写的脚本来生成整个罩棚的形体和结构，设计师通过参数调节单元形体及整个罩棚的单元数量，在实现柔美轻盈的设计概念的同时，满足工业生产对标准化的要求。

2）饰面装饰初步设计

利用 BIM 技术，对模型进行外部材质选择和渲染，甚至还可以对建筑周边景观进行模拟。

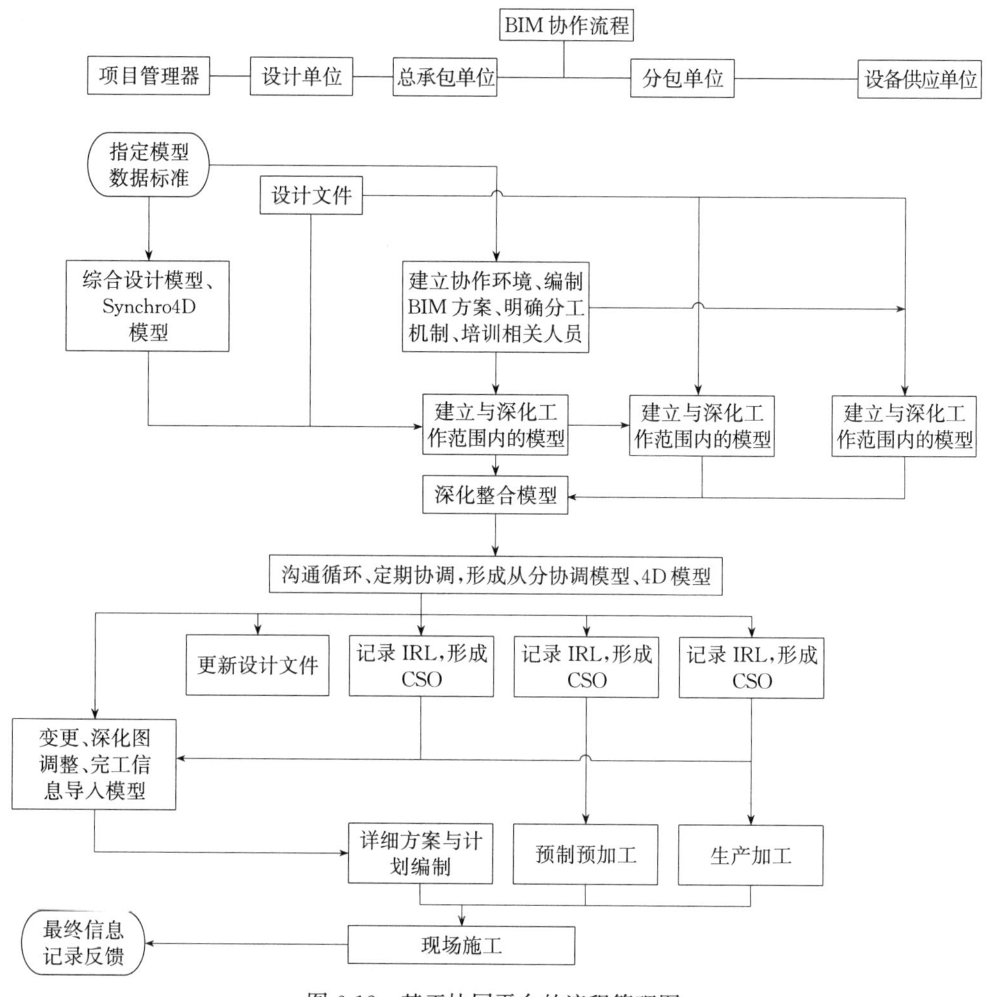

图 6-12　基于协同平台的流程管理图

3）室内装饰初步设计

利用BIM技术，对建筑模型进行高度仿真性内部渲染，包括室内材质、颜色、质感甚至家具、设备的选择和布置，从而有利于建筑设计师更好地选择和优化室内装饰初步方案。

（2）场地规划

场地规划实施管理流程见表6-6。

场地规划实施管理流程　　　　**表 6-6**

步骤	流程	实施管理内容
1	数据准备	1. 地勘报告、工程水文资料、现有规划文件、建设地块信息； 2. 电子地图(周边地形、建筑属性、道路用地性质等信息)、GIS数据
2	操作实施	1. 建立相应的场地模型，借助软件模拟分析场地数据，如坡度、方向、高程、纵横断面、填挖方、等高线等； 2. 根据场地分析结果，评估场地设计方案或工程设计方案的可行性，判断是否需要调整设计方案；模拟分析设计方案并进行调整是一个需要多次推敲的过程，直到最终确定最佳场地设计方案或工程设计方案
3	成果	1. 场地模型，模型应体现场地边界(如用地红线、高程、正北向)、地形表面、建筑地坪、场地道路等； 2. 场地分析报告，报告应体现三维场地模型图像、场地分析结果，以及对场地设计方案或工程设计方案的场地分析数据对比

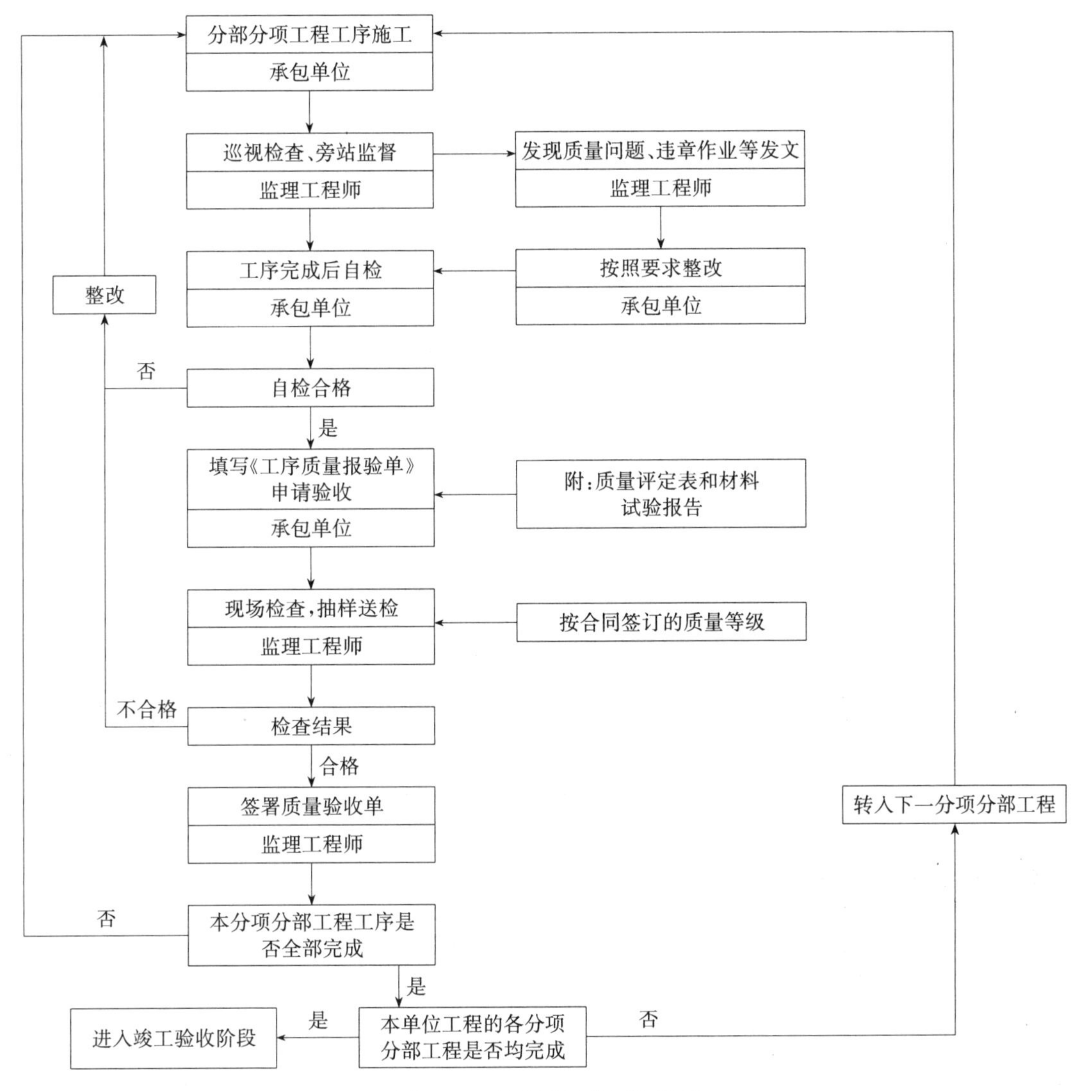

图 6-13　项目质量控制流程图

1）场地分析

通过 BIM 结合 GIS 进行场地分析模拟，得出较好的分析数据，能够为设计单位后期设计提供最理想的场地规划、交通流线组织关系、建筑布局等关键决策。利用相关软件对场地地形条件和日照阴影情况进行模拟分析，帮助管理者更好地把握项目的决策。

2）总体规划

利用 BIM 建立模型能够更好地对项目做出总体规划。通过对项目与周边环境的关系、朝向可视度、形体、色彩、经济指标等进行分析对比，化解功能与投资之间的矛盾，使策划方案更加合理，为下一步的方案与设计提供直观、带有数据支撑的依据。

（3）工程算量

1）土石方工程算量

造价人员在表单属性中设定计算公式可提取所需工程量信息。例如，利用 BIM 计算某一建筑物中条形基础的挖基槽土方量，已知挖土深度为 1.15m。按照国内工程计量规范中的计算方法，在BIM的表单属性中设置项目参数和计算公式，使用表单直接统计出建筑物挖基槽土方总量。

2）基础算量

BIM自带表单功能可以自动统计出基础的工程量，也可以通过属性窗口获取任意位置的基础工程量。

3）混凝土构件算量

对于单个混凝土构件，BIM能直接根据表单得出相应工程量。但对混凝土板和墙进行算量时，其预留孔洞所占体积均被扣除。使用BIM软件内修改工具中的连接命令，根据构件类型修正构件位置，通过连接优先顺序扣减实体交接处重复工程量，优先保留主构件的工程量，将次构件的统计参数修正为扣减后的精确数据，避免了构件工程量统计的虚增或减少。

4）钢筋算量

在BIM结构设计软件中，调入钢筋系统族或创建新的族来选择钢筋类型。

5）墙体算量

墙体有两种建模方式。一种方式是在已知结构构件位置和尺寸的情况下，以墙体实际设计尺寸进行建模，将墙体与结构构件边界线对齐。另一种方式是直接将墙体设置到楼层建筑或结构标高处。

6）门窗工程量

从BIM中可以提取门窗工程量和其他门窗构件的附带信息，包括各种型号的门窗数量、尺寸规格、板框材面积、门窗所在墙体的厚度、楼层位置，以及其他造价管理和估价所需信息。此外，还可以自动统计出门窗五金配件的数量等详细信息。

7）装饰工程量

BIM能自动计算出装饰部分的工程量。

4. BIM技术在施工阶段的应用

（1）协同设计与碰撞检查

BIM为工程设计的专业协调提供了两种途径，一种是在设计过程中通过有效的、适时的专业间协同工作，避免产生大量的专业冲突问题，即协同设计；另一种是通过对3D模型的冲突进行检查，查找并修改，即碰撞检查。

检查内容包括：

1）建筑与结构专业：标高、剪力墙、柱等位置不一致，或梁与门冲突。

2）结构与设备专业：设备管道与梁柱冲突。

3）设备内部各专业：各专业与管线冲突。

4）设备与室内装修：管线末端与室内吊顶冲突。

（2）施工图生成

理论上，基于唯一的模型数据源，软件可以依据模型的修改信息，自动更新所有与该修改相关的图纸，由模型到图纸的自动更新将为设计人员节省大量的图纸修改时间。施工图生成也是优秀建模软件多年来努力发展的主要功能之一，目前，软件的自动出图功能还在发展中，实际应用时还需人工干预，包括修正标注信息、整理图面等工作。

(3) 三维渲染图出具

Revit Architecture 软件自带的渲染引擎，可以生成建筑模型各角度的渲染图，支持三维模型导出。

Revit Architecture 软件的渲染步骤为：创建三维视图、配景设置、设置材质的渲染外观、设置照明条件、设置渲染参数、渲染并保存图像。

(4) 施工进度计划编制

主要内容包括：

1) 依据模型，确定方案，排定计划，划分流水段。

2) BIM 施工进度计划用季度卡来编制。

3) 将周和月结合在一起，假设后期需要任何时间段的计划，只需在这个计划中过滤一下。

(5) BIM 施工进度计划 4D 模拟

将空间信息与时间信息整合在一个可视的 4D 模型中。

Navisworks 模拟施工技术路线如图 6-14 所示。

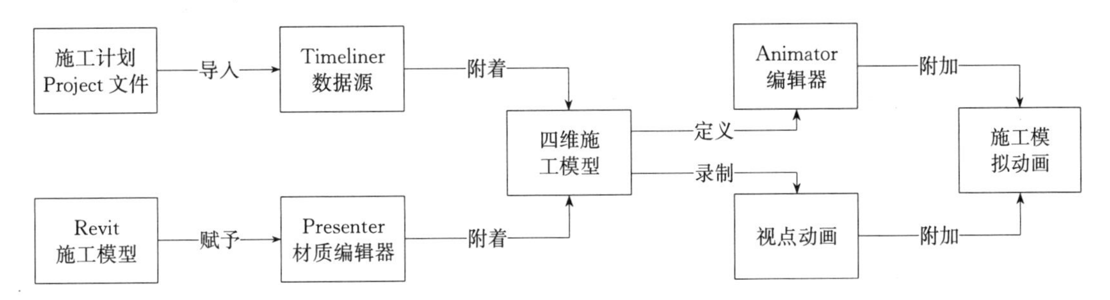

图 6-14 Navisworks 模拟施工技术路线图

某工程链接施工进度计划的 4D 施工进度模拟，在该 4D 施工进度模型中可以看出某一天某一时刻的施工进度情况，并与施工现场进行对比，对施工进度进行调控。出具施工进度模拟动画可以指导现场工人明确其当天的施工任务。

(6) BIM 建筑施工优化系统

1) 三维技术交底及安装指导

通过三维模型让工人直观地了解自己的工作范围及技术要求，主要方法有两种：一种是将虚拟施工和实际工程照片对比；另一种是将整个三维模型进行打印输出，用于指导现场施工，方便现场的施工管理人员拿图纸进行施工指导和现场管理。

2) 云端管理

在 BIM 专项应用阶段，通过广联云建立了 BIM 信息共享平台。

3) 质量管理

应用 BIM 技术建模质量控制分别按过程控制进行质量管理。

4) 绿色施工管理

① 节地与室外环境

A. 场地分析

B. 土方量计算

利用场地合并模型，在三维中直观查看场地挖填情况，对比原始地形图与规划地形图得出各区块原始平均高程、设计高程、平均开挖高程，然后计算出各区块挖、填土方量。

C. 施工用地管理

BIM 的 4D 施工模拟技术可以在项目建造过程中合理制订施工计划，精确掌握施工进度，优化使用施工资源以及科学地进行场地布置。

② 节水与水资源利用

基于 BIM 技术对现场雨水收集系统进行模拟。根据 BIM 场地模型，合理设置排水沟，对场地进行分区，放坡硬化，避免场内积水。最大化收集雨水，存于积水坑内，供洗车系统循环使用。

③ 节材与材料资源利用

A. 管线综合

基于 BIM 模型对建筑内不同功能区域的设计高度进行分析，查找不符合设计规划的缺失，将情况反馈给施工人员，以此提高工作效率，避免错、漏、碰、缺的出现，减少原材料的浪费。

B. 复杂工程预加工、预拼装

工程师可利用计算机对复杂的建筑形体进行拆分。拆分后利用三维信息模型进行解析，在电脑中进行预拼装，分成网格块编号，进行模块设计，然后送至工厂按模块加工，再送到现场拼装即可。

C. 基于物联网的物资追溯管理

④ BIM 建模流程

BIM 建模流程如图 6-15 所示。

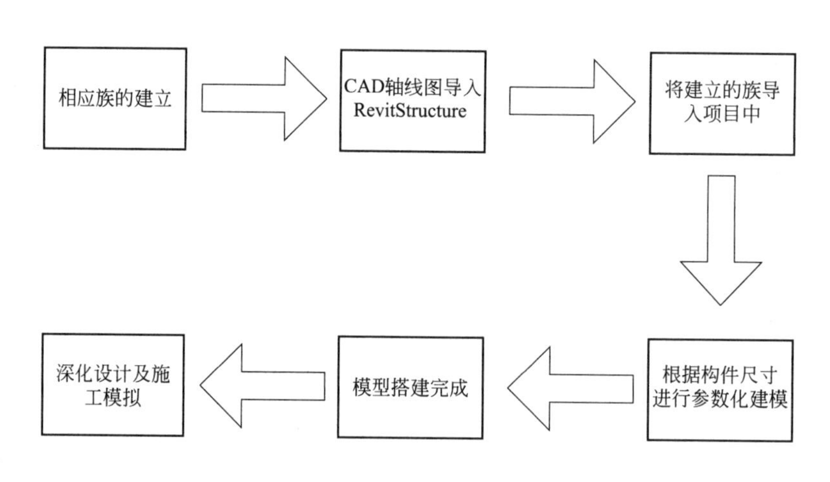

图 6-15　BIM 建模流程

⑤ 能耗管理

BIM 还可以通过与物联网、云计算等相关技术的结合，将传感器与控制器连接起来，对建筑物能耗进行诊断和分析，当形成数据统计报告后，可自动管控室内空调系统、照明系统、消防系统等所有用能系统。它所提供的实时能耗排名、能耗结构分析和远程控制服务，能使业主对建筑物达到最智能化的节能管理，摆脱传统运营管理下由建筑能耗大引起的成本增加。

A. 电量监测

基于 BIM 技术通过安装具有传感功能的电表，在管理系统中可以及时收集所有能源信息，并对能源消耗情况进行自动统计分析。

B. 水量监测

通过与水表通信，BIM 运维平台可以清楚显示建筑内水网位置信息的同时，更能对水平衡进行有效判断。

C. 温度监测

从 BIM 运维平台中可以获取建筑中每个温度测点的相关信息和数据。

D. 机械通风管理

机械通风系统通过与 BIM 技术相融合，可以在 3D 基础上更为清晰直观地反映每台设备、每条管路、每个阀门的情况，管理人员通过 BIM 运维界面的渲染可以清楚地了解系统风量和水量的平衡情况。

⑥ BIM 各专业应用点

装配式建筑的核心是集成，BIM 技术是“集成”的手段，串联起设计、生产、施工、装修和管理的全过程，服务于装配式建筑全生命周期。

BIM 技术的应用为装配式建筑设计提供了强有力的技术保障，避免了传统二维设计容易出现的问题，实现了设计三维表达，减少了图纸数量，有效地解决了专业间、预制构件间可能出现的碰撞问题。

6.3 绿色施工

6.3.1 概述

1. 绿色施工简介

绿色施工是指工程建设中，在保证质量、安全等基本要求的前提下，通过科学管理和技术进步，最大限度地节约资源与减少对环境负面影响的施工活动，实现“四节一环保”（节能、节地、节水、节材和环境保护）。

2. 绿色施工提出的背景

绿色施工是可持续发展思想在工程施工中的应用体现，是绿色施工技术的综合应用。绿色施工技术并不是独立于传统施工技术的全新技术，而是用“可持续”的眼光对传统施工技术的重新审视，是符合可持续发展战略的施工技术。

3. 绿色施工要求节水、节电、节能、节地和环保

绿色施工并不是很新的思维途径，承包单位以及建设单位为了满足政府及大众对文明施工、环境保护及减少噪声的要求，为了提高企业自身形象，一般均会采取一定的技术降低施工噪声、减少施工扰民、减少环境污染。尤其在政府要求严格、大众环保意识较强的城市进行施工时，这些措施一般会比较有效。但是，大多数承包单位在采取这些绿色施工技术时是被动的、消极的，对绿色施工的理解也是单一的，还不能够积极主动地运用适当的技术、科学的管理方法以系统的思维模式、规范的操作方式从事绿色施工。事实上，绿色施工并不仅仅是指在工程施工中实施封闭施工，做到没有尘土飞扬，没有噪声扰民，在工地四周栽花、种草，实施定时洒水等这些内容，还包括了其他大量的内容。它同绿色设计一样，涉及可持续发展的各个方面，如生态与环境保护、资源与能源利用、社会与经济发展等。真正的绿色施工应当是将“绿色方式”作为一个整体运用到施工中去，将整个施工过程作为一个微观系统进行科学的绿色施工组织设计。绿色施工技术除了文明施工、封闭施工、减少噪声扰民、减少环境污染、清洁运输等外，还包括减少场地干扰、尊重基地环境，结合气候施工，节约水、电、材料等资源或能源，运用环保健康的施工工艺，减少填埋废弃物的数量，以及实施科学管理，保证施工质量等。

大多数承包单位注重按承包合同、施工图纸、技术要求、项目计划及项目预算完成项目的各项目标，没有运用现有的成熟技术和高新技术充分考虑施工的可持续发展，绿色施工技术并未随着新技术、新管理方法的运用而得到充分的应用。施工企业更没有把绿色施工能力作为企业的竞争力，未能充分运用科学的管理方法，采取切实可行的行动，做到保护环境、节能、节地、节水、节材。

6.3.2 绿色施工的内容

（1）减少场地干扰、尊重基地环境

工程施工过程会严重扰乱场地环境，这一点对于未开发区域的新建项目尤其严重。场地平整、土方开挖、施工降水、永久及临时设施建造、场地废物处理等均会对场地上现存的动植物资源、地形地貌、地下水位等造成影响，还会对场地内现存的文物、地方特色资源等造成破坏。因此，施工中减少场地干扰、尊重环境，对于保护生态环境及维持地方文脉具有重要的意义。业主、设计单位和承包单位应当识别场地内现有的自然、文化和构筑物特征，并通过合理的设计、施工和管理工作将这些特征保存下来。可持续的场地设计对于减少这种干扰具有重要的作用。就工程施工而言，承包单位应结合业主、设计单位对使用场地的要求，制订满足这些要求的、能尽量减少场地干扰的场地使用计划。计划中应明确：

1）场地内哪些区域、哪些植物将被保护，并明确保护方法。

2）怎样在满足施工、设计和经济方面要求的前提下，尽量减少清理和扰动的区域面积，尽量减少临时设施和施工用管线。

3）场地内哪些区域将被用作仓储和临时设施建设，如何合理安排承包单位、分包单位及各工种对施工场地的使用，减少材料和设备的搬动。

4）各工种为了运送、安装和其他目的对场地通道的要求。

5）废物将如何处理和消除，如有废物回填或填埋，应分析其对场地生态、环境的影响。

6）怎样将场地与公众隔离。

（2）结合气候施工

承包单位在选择施工方法、施工机械，安排施工顺序，布置施工场地时，应结合气候特征。可以减少因为气候原因而带来施工措施的增加及资源和能源用量的增加，有效地降低施工成本；可以减少因为额外措施对施工现场及环境的干扰；有利于施工现场环境品质的改善和工程质量的提高。

承包单位要能做到结合气候施工，首先要了解现场所在地区的气象资料及特征，主要包括：降雨、降雪资料，如全年降雨量、全年降雪量、雨季起止日期、一日最大降雨量等；气温资料，如年平均气温、最高和最低气温及持续时间等；风的资料，如风速、风向和风的频率等。

结合气候施工的主要体现有：

1）承包单位应尽可能合理地安排施工顺序，使会受到不利气候影响的施工工序能够在不利气候来临时完成。如在雨期来临之前，完成土方工程、基础工程的施工，减少地下水位上升对施工的影响，减少其他需要增加的额外雨期施工保证措施。

2）安排好全场性排水、防洪，减少对现场及周边环境的影响。

3）施工场地布置应结合气候状况，符合劳动保护、安全、防火的要求。产生有害气体和污染环境的加工场（如沥青熬制、石灰熟化）及易燃的设施（如木工棚、易燃物品仓库）应布置在下风向，且不危害当地居民；起重设施的布置应考虑风、雷电的影响。

4）在冬期、雨期、风期、夏季施工中，应针对工程特点，尤其是对混凝土工程、土方工程、深基础工程、水下工程和高空作业等，选择合适的季节性施工方法或有效措施。

（3）节约资源（能源）

建设项目通常要使用大量的材料、能源和水资源。减少资源的消耗、节约能源、提高效益、保护水资源是可持续发展的基本观点。施工中资源（能源）的节约主要包括以下几个方面：

1）水资源的节约利用。通过监测水资源的使用，安装小流量的设备和器具，在可能的场所重新利用雨水或施工废水减少施工期间的用水量，降低用水费用。

2）节约电能。通过监测利用率，安装节能灯具和设备，利用声光传感器控制照明灯具，采用节电型施工机械，合理安排施工时间等减少用电量，节约电能。

3）减少材料的损耗。通过更仔细的采购，合理的现场保管，减少材料的搬运次数，减少包装，完善操作工艺，增加摊销材料的周转次数等，降低材料在使用中的消耗，提高材料的使用效率。

4）可回收资源的利用。可回收资源的利用是节约资源的主要手段，也是当前应加强的方向。主要体现在两个方面：一是使用可再生的或含有可再生成分的产品和材料，这有助于将可回收部分从废弃物中分离出来，同时减少了原始材料的使用，减少了自然资源的消耗；二是加大资源和材料的回收利用、循环利用，如在施工现场建立废物回收系统，再回收或重复利用拆除时得到的材料。减少施工中材料的消耗量或通过销售来增加企业的收入，也可降低企业运输或填埋垃圾的费用。

5）节约土地。合理布置施工场地，减少加工场地和预制构件堆放场地是节约土地的措施。

（4）减少环境污染、提高环境品质

工程施工中产生的大量扬尘、噪声、有毒有害气体、建筑垃圾、水污染和光污染等会对环境品质造成严重的影响，也将对现场工作人员、使用者以及公众的健康有损害。因此，减少环境污染、提高环境品质也是绿色施工的基本原则。提高与施工有关的室内外空气品质是该原则的最主要内容。在施工过程中，扰动建筑材料和系统所产生的扬尘，从材料、产品、施工设备或施工过程中散发出来的挥发性有机化合物或微粒，均会影响室内外空气质量。这些挥发性有机化合物或微粒会对健康构成潜在的威胁和损害，需要采取特殊的安全防护措施。这些威胁和损害有些是长期的，甚至是致命的。而且在建造过程中，这些空气污染物也可能会渗入邻近的建筑物，并在施工结束后继续留在建筑物内。常用的提高施工场地空气质量的绿色施工技术措施有：

1）制订有关室内外空气品质的施工管理计划。

2）使用低挥发性的材料或产品。

3）安装局部临时排风或局部净化和过滤设备。

4）进行必要的绿化，经常洒水清扫，防止建筑垃圾堆积在建筑物内，贮存好可能造成污染的材料。

5）采用更安全、健康的建筑机械或生产方式，如用商品混凝土代替现场混凝土搅拌，可大幅度地消除粉尘污染。

6）合理安排施工顺序，尽量减少一些建筑材料，如地毯、顶棚饰面等对污染物的吸收。

7）对于施工时仍在使用的建筑物，应将有毒的工作安排在非工作时间进行，并与通风措施相结合，在进行有毒工作时，以及工作完成以后，用室外新鲜空气对现场通风。

8）对于施工时仍在使用的建筑物，将施工区域保持负压或升高使用区域的气压，有助于防止空气污染物污染使用区域。

对于噪声的控制也是防止环境污染、提高环境质量的一个手段。当前我国已经出台了一些相应的规定，对施工噪声进行限制。绿色施工也强调对施工噪声的控制，防止施工扰民。合理安排施工时间，实施封闭式施工，采用现代化的隔离防护设备，采用低噪声、低振动的建筑机械（如无声振捣设备等）是控制施工噪声的有效手段。

（5）实施科学管理、保证施工质量

实施绿色施工，必须要实施科学管理，提高企业管理水平，使企业从被动地适应转变为主动地响应，使企业实施绿色施工制度化、规范化。这将充分发挥绿色施工促进可持续发展的作用，增加绿色施工的经济性效果，提高承包单位采用绿色施工的积极性。企业通过 ISO14001 认证是提高企业管理水平、实施科学管理的有效途径。

实施绿色施工，应尽可能减少场地干扰，提高资源和材料利用效率，增加材料的回收利用率，但采用这些手段的前提是要确保工程质量。好的工程质量，可延长项目寿命，降低项目日常运行费用，利于使用者的健康和安全，促进社会经济发展，本身就是可持续发展的体现。

6.3.3 安全文明施工

（1）在临时设施建设方面，现场搭建活动房屋之前应按规划部门的要求办理相关手续。建设单位和施工单位应选用高效保温隔热、可拆卸循环使用的材料搭建施工现场临时设施，取得产品合格证后，方可投入使用。工程竣工后一个月内，选择有合法资质的拆除公司，将临时设施拆除。

（2）在限制施工降水方面，建设单位或者施工单位应当采取相应方法，隔断地下水进入施工区域。因地下结构、地层及地下水、施工条件和技术等原因，使得采用基坑封闭降水很难实施或者虽能实施，但增加的工程投资明显不合理的，施工降水方案经过专家评审并通过后，可以采用压力回灌技术等方法。

（3）在工程土方开挖前，施工单位应按要求，做好洗车池和冲洗设施、建筑垃圾和生活垃圾分类密闭存放装置、沙土覆盖、工地路面硬化和生活区绿化美化等工作。

（4）在渣土绿色运输方面，施工单位应按照要求，选用已办理“散装货物运输车辆准运证”的车辆，持“渣土运输许可证”从事渣土运输作业。

（5）在降低声、光污染方面，建设单位、施工单位在签订合同时，应注意施工工期安排及已签合同施工延长工期的调整，尽量避免夜间施工。因特殊原因确需夜间施工的，必须到工程所在地建设行政主管部门办理夜间施工许可证。施工时要采取封闭措施降低施工噪声，并尽可能减少强光对居民生活的干扰。

6.4 技术资料与工程验收

6.4.1 装配整体式混凝土结构施工验收划分

装配整体式混凝土结构施工质量验收依据国家规范划分为单位（子单位）工程、分部（子分部）工程、分项工程和检验批来进行，装配整体式混凝土结构有关预制构件的相关工序，可作为装配式结构分项工程进行资料整理。按照国家和地方规范、规程对于工程技术资料的整理原则，预制构件的技术资料应当以体现整个生产过程中所使用材料，以及不同材料组合半成品、成品的质量过程可追溯为原则。其中涉及装配整体式混凝土结构工程特点与目前规范要求不一致之处，应当以各地区相关规定为准。

（1）检验批质量验收合格应符合下列规定：

1）主控项目的质量经抽样检验均应合格。

2）一般项目的质量经抽样检验合格；当采用计数抽样时，合格点率应符合有关专业验收规范的规定，且不得存在严重缺陷。

3）具有完整的施工操作依据、质量验收记录。

（2）分项工程质量验收合格应符合下列规定：

1）所含检验批的质量均应验收合格。

2）所含检验批的质量验收记录应完整。

（3）分部（子分部）工程质量验收合格应符合下列规定：

1）子分部工程所含分项工程的质量均应验收合格。

2）质量控制资料应完整。

3）有关安全及功能的检验和抽样检测结果应符合有关规定。

4）观感质量验收应符合要求。

（4）单位（子单位）工程质量验收合格应符合下列规定：

1）单位（子单位）工程所含分部（子分部）工程的质量均应验收合格。

2）质量控制资料应完整。

3）单位（子单位）工程所含分部工程有关安全和功能的检测资料应完整。

4）主要功能项目的抽查结果应符合相关专业质量验收规范的规定。

5）观感质量验收应符合要求。

6.4.2 预制构件进场检验和安装验收

预制构件生产企业应配备满足工作需求的质检员，质检员应具备相应的工作能力和建设主管部门颁发的上岗资格证书。预制构件在工厂制作过程中应进行生产过程质量检查、抽样检验、构件质量验收，并按相关规范的要求做好检查验收记录。

混凝土结构主体结构工程检验批汇总表见表6-7。

混凝土结构主体结构工程检验批汇总表 **表6-7**

序号	子分部工程	分项工程	检验批名称
1	混凝土结构	模板	模板安装检验批质量验收记录
2			模板拆除检验批质量验收记录
3		钢筋	钢筋原材料检验批质量验收记录
4			钢筋加工检验批质量验收记录
5			钢筋连接检验批质量验收记录
6			钢筋安装检验批质量验收记录
7		混凝土	混凝土原材料检验批质量验收记录
8			混凝土配合比检验批质量验收记录
9			混凝土施工检验批质量验收记录
10		预应力	预应力原材料检验批质量验收记录
11			预应力制作与安装检验批质量验收记录
12			预应力张拉与放张检验批质量验收记录
13			预应力灌浆与封锚检验批质量验收记录
14		现浇结构	现浇结构外观及尺寸偏差检验批质量验收记录
15			混凝土设备基础外观及尺寸偏差检验批质量验收记录
16		装配式结构	装配式结构预制构件检验批质量验收记录
17			装配式结构预制构件安装检验批质量验收记录
18			装配式结构预制构件拼缝防水节点检验批质量验收记录

预制构件进场，使用方应进行进场检验，验收合格并经监理工程师批准后方可使用。在预制构件安装过程中，要对安装质量进行检查。本节将主要介绍预制构件进场及安装过程验收的内容。

1. 预制构件进场检验

（1）预制构件应在明显部位有生产单位、构件型号、生产日期和质量验收的信息。构件上的预埋件、插筋和预留孔洞的规格、位置和数量应符合标准图或设计的要求。

检查数量：全数检查。

检验方法：观察，检查质量证明文件或质量验收记录。

（2）混凝土预制构件专业企业生产的预制构件进场时，预制构件结构性能检验应符合下列规定：

1）梁板类简支受弯预制构件进场时应进行结构性能检验。

2）对其他预制构件，除设计有专门要求外，进场时可不做结构性能检验。

3）对进场时不做结构性能检验的预制构件，应采取下列措施：施工单位（或者监理单位）代表应驻厂监督制作过程；当无驻厂监督时，预制构件进场时，应对预制构件主要受力钢筋数量、规格、间距及混凝土强度等进行实体检验。

检查数量：每批进场不超过1000个同类型预制构件为一批，在每批中应随机抽取一个构件进行检验。

检验方法：检查结构性能检验报告或实体检验报告。

注：同类型是指同一钢种、同一混凝土强度等级、同一生产工艺和同一结构形式。抽取预制构件时，宜从设计荷载最大、受力最不利或生产数量最多的预制构件中抽取。

（3）预制构件的外观质量不应有严重缺陷，对已经出现的严重缺陷，应按技术处理方案进行处理，并重新检查验收。

检查数量：全数检查。

检验方法：观察，检查技术处理方案和记录。

（4）预制构件不应有影响结构性能和安装、使用功能的尺寸偏差。对超过尺寸允许偏差且影响结构性能和安装、使用功能的部位，应按技术处理方案进行处理，并重新检查验收。

检查数量：全数检查。

检验方法：量测，检查技术处理方案和记录。

（5）预制构件的外观质量不宜有一般缺陷。对已经出现的一般缺陷，应按技术处理方案进行处理，并重新检查验收。

检查数量：全数检查。

检验方法：观察，检查技术处理方案和记录。

（6）预制构件的尺寸偏差应符合规范的规定。

检查数量：同一类型的构件，不超过100件为一批，每批应抽查5%且不少于3件。

装配式结构预制构件检验批质量验收记录表见表6-8。

装配式结构预制构件检验批质量验收记录表 **表6-8**

工程名称		检验批部位		施工执行标准 名称及编号	
施工单位		项目经理		专业工长	
执行标准	《混凝土结构工程施工质量验收规范》 GB 50204—2015			施工单位检查 评定记录	监理(建设) 单位验收记录
主控项目	1	预制构件应在明显部位标明生产单位、构件型号、生产日期和质量验收标志。构件上的预埋件、插筋和预留孔洞的规格、位置和数量应符合标准图或设计的要求	第9.2.1条		
	2	预制构件的外观质量不应有严重缺陷	第9.2.2条		
	3	预制构件不应有影响结构性能和安装、使用功能的尺寸偏差	第9.2.3条		

续表

一般项目	1	预制构件的外观质量不宜有一般缺陷			第9.2.4条						
	2	项次	项　目		允许偏差(mm)						
		1	长度	板、梁	+10，−5						
				柱	+5，−10						
				墙板	±5						
				薄腹梁、桁架	+15，−10						
		2	宽度、高(厚)度	板、梁、柱、墙板、薄腹梁、桁架	+5						
		3	侧向弯曲	梁、柱、板	$L/750$ 且≤20						
				墙板、薄腹梁、桁架	$L/1000$ 且≤20						
		4	预埋件	中心线位置	10						
				螺栓位置	5						
				螺栓外露长度	+10，−5						
		5	预留孔	中心线位置	5						
		6	预留洞	中心线位置	15						
		7	主筋保护层厚度	板	+5，−3						
				梁、柱、墙板、薄腹梁、桁架	+10，−5						
		8	对角线差	板、墙板	10						
		9	表面平整度	板、墙板、柱、梁	5						
		10	预应力构件预留孔道位置	梁、墙板、薄腹梁、桁架	3						
		11	翘曲	板	$L/750$						
				墙板	$L/1000$						
施工单位检查评定结果	项目专业质量检查员　　　　年　月　日										
监理(建设)单位验收结论	监理工程师(建设单位项目专业技术负责人)　　　　年　月　日										

注：L 是构件长度，单位是mm。

2. 预制构件安装检验批

(1) 预制梁、柱构件安装检验批

1) 预制构件安装临时固定及支撑措施应有效可靠，符合设计及相关技术标准要求。

检查数量：全数检查。

检验方法：观察检查。

2) 预制构件与预制构件、预制构件与主体结构的连接应符合设计要求。采用螺栓连接时，应符合《钢结构工程施工质量验收标准》GB 50205—2020及《混凝土用机械锚栓》

JG/T 160—2017 的要求。

检查数量：全数检查。

检验方法：观察检查。

3）预制构件与预制构件、预制构件与主体结构的连接应符合设计要求。采用埋件焊接连接时，应符合《钢筋焊接及验收规程》JGJ 18—2012 的要求。

检查数量：全数检查。

检验方法：观察检查、尺量检查、实验检验。

4）施工现场半灌浆套筒（直螺纹钢筋套筒灌浆接头）应按照《钢筋机械连接技术规程》JGJ 107—2016 制作。钢筋螺纹套筒连接接头做力学性能检验，其质量必须符合有关规程的规定。

检查数量：同种直径每完成 500 个接头时，制作一组试件，每组试件 3 个接头。

检验方法：检查接头力学性能试验报告。

5）钢筋套筒接头灌浆料配合比应符合灌浆工艺及灌浆料使用说明书要求。

检查数量：全数检查。

检验方法：观察检查。

6）钢筋连接套筒灌浆应饱满，灌浆时灌浆料必须冒出溢流口；采用专用堵头封闭后，灌浆料不应有任何外漏。

检查数量：全数检查。

检验方法：观察检查。

施工现场钢筋套筒接头灌浆料应留置同条件养护试块，试块强度应符合《水泥基灌浆材料应用技术规范》GB/T 50448—2015 的规定。

检查数量：同种直径每班灌浆接头施工时，留置一组试件，每组 3 个试块，试块规格为 40mm×40mm×160mm。

检验方法：检查试件强度试验报告。

7）预制板类构件（含叠合板构件）安装的允许偏差应符合表 6-9 的规定。

预制板类构件（含叠合板构件）安装的允许偏差　　表 6-9

项目	允许偏差(mm)	检验方法
预制构件水平位置偏差	5	基准线和钢尺检查
预制构件标高偏差	±3	水准仪或拉线、钢尺检查
预制构件垂直度偏差	3	2m 靠尺或吊锤检查
相邻构件高低差	3	2m 靠尺和塞尺检查
相邻构件平整度偏差	4	2m 靠尺和塞尺检查
板叠合面	未损害、无浮尘	观察检查

检查数量：每流水段预制板抽样不少于 10 个点，且不少于 10 个构件。

检验方法：用钢尺和拉线等辅助量具实测。

预制板类构件（含叠合板构件）安装检验批质量验收记录表见表 6-10。

预制板类构件（含叠合板构件）安装检验批质量验收记录表 **表 6-10**

<table>
<tr><td colspan="3">单位(子单位)工程名称</td><td colspan="7"></td></tr>
<tr><td colspan="3">分部(子分部)工程名称</td><td></td><td colspan="5">验收部位</td><td></td></tr>
<tr><td colspan="3">施工单位</td><td></td><td colspan="5">项目经理</td><td></td></tr>
<tr><td colspan="3">执行标准名称及编号</td><td colspan="7">《装配式混凝土结构工程施工与质量验收规程》DB11/T 1030—2021</td></tr>
<tr><td colspan="4">施工质量验收规程的规定</td><td colspan="5">施工单位检查评定记录</td><td>监理(建设)单位验收记录</td></tr>
<tr><td rowspan="3">主控项目</td><td>1</td><td>预制构件安装临时固定措施</td><td>第 9.3.9 条</td><td colspan="5"></td><td rowspan="9"></td></tr>
<tr><td>2</td><td>预制构件螺栓连接</td><td>第 9.3.10 条</td><td colspan="5"></td></tr>
<tr><td>3</td><td>预制构件焊接连接</td><td>第 9.3.11 条</td><td colspan="5"></td></tr>
<tr><td rowspan="6">一般项目</td><td>1</td><td>预制构件水平位置偏差(mm)</td><td>5</td><td></td><td></td><td></td><td></td><td></td></tr>
<tr><td>2</td><td>预制构件标高偏差(mm)</td><td>±3</td><td></td><td></td><td></td><td></td><td></td></tr>
<tr><td>3</td><td>预制构件垂直度偏差(mm)</td><td>3</td><td></td><td></td><td></td><td></td><td></td></tr>
<tr><td>4</td><td>相邻构件高低差(mm)</td><td>3</td><td></td><td></td><td></td><td></td><td></td></tr>
<tr><td>5</td><td>相邻构件平整度偏差(mm)</td><td>4</td><td></td><td></td><td></td><td></td><td></td></tr>
<tr><td>6</td><td>板叠合面</td><td>未损害、无浮灰</td><td colspan="5"></td></tr>
<tr><td colspan="2" rowspan="2">施工单位检查评定结果</td><td>专业工长（施工员）</td><td></td><td colspan="5">施工班组长</td><td></td></tr>
<tr><td>项目专业质量检查员</td><td colspan="6"></td><td>年　月　日</td></tr>
<tr><td colspan="2">监理(建设)单位验收结论</td><td>专业监理工程师(建设单位项目专业技术负责人)</td><td colspan="6"></td><td>年　月　日</td></tr>
</table>

8）预制梁、柱安装的允许偏差应符合表 6-11 的规定。

预制梁、柱安装的允许偏差 **表 6-11**

项目	允许偏差(mm)	检验方法
预制柱水平位置偏差	5	基准线和钢尺检查
预制柱标高偏差	3	水准仪或拉线、钢尺检查
预制柱垂直度偏差	3 或 $H/1000$ 的较小值	2m 靠尺或吊线检查
建筑全高垂直度偏差	$H/2000$	经纬仪检查
预制梁水平位置偏差	5	基准线和钢尺检查
预制梁标高偏差	3	水准仪或拉线、钢尺检查
梁叠合面	未损害、无浮尘	观察检查

注：H 指柱高度，单位是 mm。

检查数量：每流水段预制梁、柱构件抽样不少于 1 个点，且不少于 10 个构件。

检验方法：用钢尺和拉线等辅助量具实测。

预制梁、柱构件安装检验批质量验收记录表见表 6-12。

预制梁、柱构件安装检验批质量验收记录表 **表 6-12**

单位(子单位)工程名称					
分部(子分部)工程名称				验收部位	
施工单位				项目经理	
执行标准及编号	《装配式混凝土结构工程施工与质量验收规程》DB11/T 1030—2021				
施工质量验收规程的规定				施工单位检查评定记录	监理(建设)单位验收记录
主控项目	1	预制构件安装临时固定措施	第 9.3.9 条		
	2	预制构件螺栓连接	第 9.3.10 条		
	3	预制构件焊接连接	第 9.3.11 条		
	4	套筒灌浆机械接头力学性能	第 9.3.12 条		
	5	套筒灌浆接头灌浆料配合比	第 9.3.13 条		
	6	套筒灌浆接头灌浆饱满度	第 9.3.14 条		
	7	套筒灌浆料同条件试块强度	第 9.3.15 条		
一般项目	1	预制柱水平位置偏差(mm)	5		
	2	预制柱标高偏差(mm)	3		
	3	预制柱垂直度偏差(mm)	3 或 $H/1000$ 的较小值		
	4	建筑全高垂直度偏差(mm)	$H/2000$		
	5	预制梁水平位置偏差(mm)	5		
	6	预制梁标高偏差(mm)	3		
	7	梁叠合面	未损害、无浮灰		
施工单位检查评定结果	专业工长(施工员)			施工班组长	
	项目专业质量检查员				年 月 日
监理(建设)单位验收结论	专业监理工程师(建设单位项目专业技术负责人)				年 月 日

(2) 预制墙板构件安装检验批

预制墙板安装的允许偏差应符合表 6-13 的规定。

预制墙板安装的允许偏差 **表 6-13**

项目	允许偏差(mm)	检验方法
单块墙板水平位置偏差	5	基准线和钢尺检查

续表

项目	允许偏差(mm)	检验方法
单块墙板顶标高偏差	±3	水准仪或拉线、钢尺检查
单块墙板垂直度偏差	3	2m 靠尺检查
相邻墙板高低差	2	2m 靠尺和塞尺检查
相邻墙板拼缝空腔构造偏差	±3	钢尺检查
相邻墙板平整度偏差	4	2m 靠尺和塞尺检查
建筑物全高垂直度偏差	H/2000	经纬仪检查

注：H 指建筑物高度，单位是 mm。

检查数量：每流水段预制墙板抽样不少于 10 个点，且不少于 10 个构件。

检验方法：用钢尺和拉线等辅助量具实测。

预制墙板构件安装检验批质量验收记录表见表 6-14。

预制墙板构件安装检验批质量验收记录表 **表 6-14**

<table>
<tr><td colspan="3">单位(子单位)工程名称</td><td colspan="7"></td></tr>
<tr><td colspan="3">分部(子分部)工程名称</td><td></td><td colspan="5">验收部位</td><td></td></tr>
<tr><td colspan="3">施工单位</td><td></td><td colspan="5">项目经理</td><td></td></tr>
<tr><td colspan="3">执行标准名称及编号</td><td colspan="7">《装配式混凝土结构工程施工与质量验收规程》DB11/T 1030—2021</td></tr>
<tr><td colspan="4">施工质量验收规程的规定</td><td colspan="5">施工单位检查评定记录</td><td>监理(建设)单位验收记录</td></tr>
<tr><td rowspan="7">主控项目</td><td>1</td><td>预制构件安装临时固定措施</td><td>第 9.3.9 条</td><td colspan="5"></td><td rowspan="14"></td></tr>
<tr><td>2</td><td>预制构件螺栓连接</td><td>第 9.3.10 条</td><td colspan="5"></td></tr>
<tr><td>3</td><td>预制构件焊接连接</td><td>第 9.3.11 条</td><td colspan="5"></td></tr>
<tr><td>4</td><td>套筒灌浆机械接头力学性能</td><td>第 9.3.12 条</td><td colspan="5"></td></tr>
<tr><td>5</td><td>套筒灌浆接头灌浆料配合比</td><td>第 9.3.13 条</td><td colspan="5"></td></tr>
<tr><td>6</td><td>套筒灌浆接头灌浆饱满度</td><td>第 9.3.14 条</td><td colspan="5"></td></tr>
<tr><td>7</td><td>套筒灌浆料同条件试块强度</td><td>第 9.3.15 条</td><td colspan="5"></td></tr>
<tr><td rowspan="7">一般项目</td><td>1</td><td>单块墙板水平位置偏差(mm)</td><td>5</td><td></td><td></td><td></td><td></td><td></td></tr>
<tr><td>2</td><td>单块墙板顶标高偏差(mm)</td><td>±3</td><td></td><td></td><td></td><td></td><td></td></tr>
<tr><td>3</td><td>单块墙板垂直度偏差(mm)</td><td>3</td><td></td><td></td><td></td><td></td><td></td></tr>
<tr><td>4</td><td>相邻墙板高低差(mm)</td><td>2</td><td></td><td></td><td></td><td></td><td></td></tr>
<tr><td>5</td><td>相邻墙板拼缝空腔构造偏差(mm)</td><td>±3</td><td></td><td></td><td></td><td></td><td></td></tr>
<tr><td>6</td><td>相邻墙板平整度偏差(mm)</td><td>4</td><td></td><td></td><td></td><td></td><td></td></tr>
<tr><td>7</td><td>建筑物全高垂直度偏差(mm)</td><td>H/2000</td><td></td><td></td><td></td><td></td><td></td></tr>
<tr><td colspan="2" rowspan="2">施工单位检查评定结果</td><td>专业工长
(施工员)</td><td></td><td colspan="5">施工班组长</td><td></td></tr>
<tr><td>项目专业
质量检查员</td><td colspan="6"></td><td>年 月 日</td></tr>
</table>

续表

<table>
<tr><td>监理(建设)
单位验收结论</td><td>专业监理工程师(建设单位项目专业技术负责人)</td><td></td><td>年 月 日</td></tr>
</table>

注：H 指建筑物高度，单位是 mm。

(3) 预制构件节点与接缝防水检验批

外墙板接缝的防水性能应符合设计要求。

检查数量：按批检验。每 1000m^2 外墙面积应划分为一个检验批，不足 1000m^2 时，也应划分为一个检验批；每个检验批每 100m^2 应至少抽查一处，每处不得少于 10m^2。

检验方法：检查现场淋水试验报告。

预制构件接缝防水节点检验批质量验收记录表见表 6-15。

预制构件接缝防水节点检验批质量验收记录表 **表 6-15**

<table>
<tr><td colspan="3">单位(子单位)工程名称</td><td colspan="3"></td></tr>
<tr><td colspan="3">分部(子分部)工程名称</td><td></td><td>验收部位</td><td></td></tr>
<tr><td colspan="3">施工单位</td><td></td><td>项目经理</td><td></td></tr>
<tr><td colspan="3">执行标准名称及编号</td><td colspan="3">《装配式混凝土结构工程施工与质量验收规程》DB11/T 1030—2021</td></tr>
<tr><td colspan="4">施工质量验收规程的规定</td><td>施工单位检查评定记录</td><td>监理(建设)单位验收记录</td></tr>
<tr><td rowspan="3">主控项目</td><td>1</td><td>预制构件与模板间密封</td><td>第 9.3.19 条</td><td></td><td rowspan="7"></td></tr>
<tr><td>2</td><td>防水材料质量证明文件及复试报告</td><td>第 9.3.20 条</td><td></td></tr>
<tr><td>3</td><td>密封胶打法</td><td>第 9.3.21 条</td><td></td></tr>
<tr><td rowspan="4">一般项目</td><td>1</td><td>防水节点基层</td><td>第 9.3.22 条</td><td></td></tr>
<tr><td>2</td><td>密封胶胶缝</td><td>第 9.3.23 条</td><td></td></tr>
<tr><td>3</td><td>防水胶带粘结面积、搭接长度</td><td>第 9.3.24 条</td><td></td></tr>
<tr><td>4</td><td>防水节点空腔排水构造</td><td>第 9.3.25 条</td><td></td></tr>
<tr><td colspan="2" rowspan="2">施工单位检查评定结果</td><td>专业工长(施工员)</td><td></td><td>施工班组长</td><td></td></tr>
<tr><td>项目专业质量检查员</td><td colspan="2"></td><td>年 月 日</td></tr>
<tr><td colspan="2">监理(建设)单位验收结论</td><td>专业监理工程师(建设单位项目专业技术负责人)</td><td colspan="2"></td><td>年 月 日</td></tr>
</table>

1）预制墙板拼接水平节点钢制模板与预制构件、构件与构件应粘贴密封条，节点处模板在混凝土浇筑时不应产生明显变形和漏浆。

检查数量：全数检查。

检验方法：观察检查。

2）预制构件拼缝处防水材料应符合设计要求，并具有合格证及检测报告。与接触面材料进行相容性试验。必要时，提供防水密封材料进场复试报告。

检查数量：全数检查。

检验方法：观察检查。

3）密封胶打胶应饱满、密实、连续、均匀、无气泡，宽度和深度符合要求。

检查数量：全数检查。

检验方法：观察检查、钢尺检查。

4）预制构件拼缝防水节点基层应符合设计要求。

检查数量：全数检查。

检验方法：观察检查。

5）密封胶缝应横平竖直、深浅一致、宽窄均匀、光滑顺直。

检查数量：全数检查。

检验方法：观察检查。

6）防水胶带粘贴面积、搭接长度、节点构造应符合设计要求。

检查数量：全数检查。

检验方法：观察检查。

7）预制构件拼缝防水节点空腔排水构造应符合设计要求。

检查数量：全数检查。

检验方法：观察检查。

3. 分项工程质量验收记录

当各分项所含检验批均验收合格且验收记录完整时，应及时编制分项工程质量验收记录（表6-16）。

________ 分项工程质量验收记录 **表6-16**

<table>
<tr><td colspan="2">工程名称</td><td></td><td>结构类型</td><td></td><td>检验批数</td><td></td></tr>
<tr><td colspan="2">施工单位</td><td></td><td>项目经理</td><td></td><td>项目技术负责人</td><td></td></tr>
<tr><td colspan="2">分包单位</td><td></td><td>分包单位负责人</td><td></td><td>分包项目经理</td><td></td></tr>
<tr><td>序号</td><td colspan="2">检验批部位、区段</td><td colspan="2">施工单位评定结果</td><td colspan="2">监理（建设）单位验收结论</td></tr>
<tr><td>1</td><td colspan="2"></td><td colspan="2"></td><td colspan="2"></td></tr>
<tr><td>2</td><td colspan="2"></td><td colspan="2"></td><td colspan="2"></td></tr>
<tr><td>3</td><td colspan="2"></td><td colspan="2"></td><td colspan="2"></td></tr>
<tr><td>4</td><td colspan="2"></td><td colspan="2"></td><td colspan="2"></td></tr>
<tr><td>5</td><td colspan="2"></td><td colspan="2"></td><td colspan="2"></td></tr>
<tr><td>6</td><td colspan="2"></td><td colspan="2"></td><td colspan="2"></td></tr>
<tr><td>7</td><td colspan="2"></td><td colspan="2"></td><td colspan="2"></td></tr>
</table>

续表

8			
9			
检查结论	项目专业技术负责人： 年 月 日	验收结论	监理工程师： （建设单位项目技术负责人） 年 月 日

注：本表由施工项目专业质量检查员填写。

6.4.3 主体结构施工资料

装配整体式混凝土结构施工前，施工单位应根据工程特点和有关规定，编制装配整体式混凝土专项施工方案，并进行施工技术交底。施工现场应具有健全的质量管理体系、相应的施工技术标准、施工质量检验制度和综合施工质量控制考核制度。在施工过程中做好施工日志、施工记录、隐蔽工程验收记录及检验批、分项工程、分部工程、单位工程验收记录。

1. 预制构件进场验收资料

（1）预制构件验收资料

1）预制构件出厂交付使用时，应向使用方提供以下验收材料：

① 预制构件隐蔽工程质量验收表。

② 预制构件出厂质量验收表。

③ 钢筋进场复检报告。

④ 混凝土留样检验报告。

⑤ 保温材料、拉结件、套筒等主要材料进厂复验报告。

⑥ 产品合格证。

⑦ 产品说明书。

⑧ 其他相关的质量证明文件等资料。

2）预制构件生产企业应按照有关标准规定或合同要求，对供应的产品签发质量证明书，明确重要技术参数，有特殊要求的产品还应提供安装说明书。预制构件生产企业的产品合格证应包括下列内容：

① 合格证编号、构件编号。

② 产品数量。

③ 预制构件型号。

④ 质量情况。

⑤ 生产企业名称、生产日期、出厂日期。

⑥ 质检员、质量负责人签名。

对工厂生产的预制构件，进场时应检查其质量证明文件和表面标识。预制构件的质量、标识应符合设计要求及现行国家相关标准规定。

（2）原材料验收资料

钢筋、水泥、钢筋套筒、灌浆料、防水密封材料等需检查质量证明文件和抽样检验报告。

灌浆套筒进场时，应抽取套筒，采用与之匹配的灌浆料制作对中连接接头，做抗拉强度检验，检验结果应符合《钢筋机械连接技术规程》JGJ 107—2016 中Ⅰ级接头对抗拉强度的要求。

灌浆套筒检验批：同一原材料、同一炉（批）号、同一类型、同一规格的灌浆套筒检验批量不应大于1000 个，每批随机抽取 3 个灌浆套筒制作接头，并应制作不少于 1 组 40mm×40mm×160mm 浆料强度试件。进场时检查灌浆套筒的质量证明文件和抽样检验报告。

2. 装配整体式混凝土结构工程验收资料

（1）装配整体式混凝土结构工程验收时应提供以下资料：

1）工程设计单位已确认的预制构件深化设计图、设计变更文件。

2）装配整体式结构工程施工所用各种材料及预制构件的各种相关质量证明文件。

3）预制构件安装施工验收记录。

4）钢筋套筒灌浆连接的施工检验记录。

5）连接构造节点的隐蔽工程检查验收文件。

6）后浇筑节点的混凝土或灌浆浆体强度检测报告。

7）密封材料及接缝防水检测报告。

8）分项工程验收记录。

9）装配整体式结构实体检验记录。

10）工程重大质量问题的处理方案和验收记录。

11）其他质量保证资料。

（2）装配整体式混凝土结构工程应在安装施工过程中完成下列隐蔽项目的现场验收，并形成隐蔽验收记录：

1）混凝土粗糙面的质量，键槽的尺寸、数量、位置。

2）钢筋的牌号、规格、数量、位置、间距，箍筋弯钩的弯折角度及水平段长度；钢筋的连接方式、接头位置、接头数量、接头面积百分率、搭接长度、锚固方式及锚固长度；预埋件、预留插筋、预留管线及预留孔洞的规格、数量、位置；灌浆接头等。

3）预制混凝土构件接缝处防水、防火做法。

（3）当装配整体式混凝土结构工程施工质量不符合要求时，应按下列规定进行处理，并形成资料：

1）经返工、返修或更换构件、部件的检验批，应重新进行检验。

2）经有资质的检测单位检测鉴定达到设计要求的检验批，应予以验收。

3）经有资质的检测单位检测鉴定达不到设计要求，但经原设计单位核算并确认仍可满足结构安全和使用功能的检验批，可予以验收。

4）经返修或加固处理能够满足结构安全使用要求的分项工程，可根据技术处理方案和协商文件进行验收。

3. 结构实体检验资料

对涉及混凝土结构安全的有代表性的部位应进行结构实体检验，检验应在监理工程师见证下，由施工单位的项目技术负责人组织实施。承担结构实体检验的检测单位应具有相应资质。

结构实体检验的内容包括预制构件结构性能检验和装配整体式结构连接性能检验两部分。装配整体式结构连接性能检验包括连接节点部位的后浇混凝土强度、钢筋套筒连接或浆锚搭接连接的灌浆料强度、钢筋保护层厚度、结构位置与尺寸偏差以及工程合同规定的项目，必要时可检验其他项目。

后浇混凝土的强度检验，应以在浇筑地点制备并与结构实体同条件养护的试件强度为依据。后浇混凝土的强度检验，按国家现行有关标准的规定进行。

灌浆料的强度检验，应以在灌注地点制备并标准养护的试件强度为依据。

对钢筋保护层厚度的检验，抽样数量、检验方法、允许偏差和合格条件应符合《混凝土结构工程施工质量验收规范》GB 50204—2015 的规定。

当同条件养护的混凝土试件的强度检验结果符合《混凝土强度检验评定标准》GB/T 50107—2010 的有关规定时，混凝土强度应判定为合格。当未能取得同条件养护试件强度、同条件养护试件强度被判定为不合格或钢筋保护层厚度不满足要求时，应委托具有相应资质等级的检测机构按国家有关标准的规定进行检测复核。

6.4.4 装饰装修资料

1. 墙面装修验收资料

（1）外墙

外墙装修设计文件，外墙板安装质量检查记录，施工试验记录（包括外墙淋水、喷水试验），隐蔽工程验收记录及其他外墙装修质量控制文件；预制外墙板及外墙装修材料部品认定证书和产品合格证书，进场验收记录，性能检测报告；保温材料复试报告，面砖及石材拉拔试验等相关文件。

（2）内墙

预制内隔墙板及内墙装修材料产品合格证书、进场验收记录、性能检测报告；内墙装修设计文件、预制内隔墙板安装质量检查记录、施工试验记录、隐蔽工程验收记录及其他内墙装修质量控制文件。

2. 楼面装修验收资料

预制构件、楼面装修材料及其他材料质量证明文件和抽样试验报告，楼面装修设计文件、施工试验记录、隐蔽验收记录、地面质量验收记录及其他楼面装修质量控制文件。

3. 顶棚装修验收资料

顶棚装修材料及其他材料的质量证明文件和抽样试验报告，顶棚装修设计文件、顶棚隐蔽验收记录、顶棚装修施工记录及其他顶棚装修质量控制文件。

4. 门窗装修验收资料

门窗框、门窗扇、五金件及密封材料的质量证明文件和抽样试验报告，门窗安装隐蔽验收记录、门窗试验记录、施工记录及其他门窗安装质量控制文件。

6.4.5 安装工程资料

1. 给水排水及采暖施工验收资料

在装配整体式结构中，给水排水及采暖工程的安装形式有明装和暗装（在预制构件上留槽），根据《装配式混凝土结构技术规程》JGJ 1—2014 的要求，管道宜明装设置。根据安装形式的不同，所需要的验收资料也有所不同。明装管道按照《建筑给水排水及采暖工程施工质量验收规范》GB 50242—2020 执行，管道暗装施工的技术资料要增加一些内容。

（1）预制构件厂家应提供的资料

预埋管道的构件在构件进场验收时，构件厂家应提交管材、管件的合格证、出厂（型式）检验报告、复试报告等质量合格证明材料；管道布置图、隐蔽验收记录、管道的水压试验记录等质量控制资料。

暗装管道的留槽布置图，留槽位置、宽度、深度应有记录，并移交施工单位。

（2）进场验收实体检查项目

检查数量应符合《装配整体式混凝土结构工程施工与质量验收规程》DB37/T 5019—2014 的要求，检查项目包括管材和管件的规格型号、位置、坐标和观感质量等，包括留槽位置、宽度、深度和长度等，包括预留孔洞的坐标、数量和尺寸，包括预埋套管和预埋件的规格、型号、尺寸和位置。

所有检查项目要符合设计要求，进场时应提交相关记录，做好进场验收记录，双方签字，并经过监理工程师（建设单位代表）验收。

（3）现场施工资料要求

应有现场安装管道与预埋管道连接的隐蔽验收记录，内容应包括管材和管件的材质、规格、型号、接口形式、坐标位置、防腐、穿越等情况，包括管线穿过楼板部位的防水、防火、隔声等措施。

隐蔽工程验收应按系统或工序进行。现场施工部分检验批要与预制构件检验批分开，以利于资料的整理和资料的系统性。

（4）给水排水及采暖技术资料

1）材料质量合格证明文件。

包括管材、管件等原材料以及焊接、防腐、粘结、隔热等辅材的合格证、出厂或型式检验报告、复试报告等。

2）施工图资料。

包括深化设计图纸、设计变更，管道、留槽、预埋件、预留洞口的布置图等。

3）施工组织设计或施工方案。

4）技术交底。

5）施工日志。

6）预检记录。

包括管道及设备位置预检记录，预留孔洞、预埋套管、预埋件的预检记录等。

7）隐蔽工程检查验收记录。

包括预制构件内管道、现场安装与预制构件内管道接口、现场安装暗装管道、预埋件、预留套管等下一道工序隐蔽上一道工序的，均应做隐蔽工程检查验收记录。隐蔽工程验收应按系统、工序进行。

8）施工试验记录。

包括室内给水排水管道水压试验（预制构件内管道由构件生产厂家试验并有记录、现场安装由施工单位试验、系统水压由施工单位试验），阀门、散热器、太阳能集热器、辐射板试验，室内热水及采暖管道系统试验，给水排水管道及室内供暖管道的冲洗、灌水试验，通球试验、通水试验、卫生器具盛水试验等。

9）施工记录。

包括管道安装记录，管道支架制作、安装记录，设备、配件、器具安装记录，防腐、保温等施工记录。

10）班组自检、互检、交接检记录。

11）工程质量验收记录。

包括检验批、分项工程、分部工程、单位工程质量验收记录。

2. 建筑电气施工验收资料

建筑电气分部工程施工主要针对建筑结构阶段的电气施工进行介绍。

（1）预制构件厂家应提供的资料

预埋于构件中的电气配管，在进场验收时构件厂家应提交管材、箱盒、附件的合格证及检验报告等质量合格证明材料，以及线路布置图和隐蔽验收记录等质量控制资料。

（2）进场验收实体检查项目

检查数量应符合《装配整体式混凝土结构工程施工与质量验收规程》DB37/T 5019—2014的要求，检查项目包括：管材、箱盒及附件的规格型号、位置、坐标，线管的出构件长度、线盒的出墙高度、线管导通和观感质量等，预留箱盒、洞口的坐标、尺寸和位置。

对图纸进行深化设计，所有项目要符合设计要求。进场时应提交相关记录，做好进场验收记录，双方签字，并通过监理（建设）单位验收。

（3）现场施工资料要求

除按《装配整体式混凝土结构工程施工与质量验收规程》DB37/T 5019—2014的规定外，构件内的线管甩头位置应准确，甩头长度应能满足施工要求，便于后安装线管与其连接，线管的接头应做隐蔽验收记录。竖向电气管线宜统一设置在预制墙板内，避免后剔槽，墙板内竖向电气管线布置应保持安全间距。应对图纸进行深化设计，在PK板上合理布置管线，减少管线交叉和过度集中，避免管线交叉部位与桁架钢筋重叠，解决后浇叠合层混凝土局部厚度和平整度超标的问题。施工时，不要在PK板上随意开槽、凿洞，以免影响结构的受力。

建筑物防雷工程施工按现行国家标准《建筑物防雷工程施工与质量验收规范》GB 50601—2010和《建筑电气工程施工质量验收规范》GB 50303—2015执行。

现场施工部分检验批要与预制构件部分检验批分开，有利于资料的整理和资料的系统性。

（4）建筑电气技术资料

1）材料质量合格证明文件。

对建筑电气施工中所使用的产品，国家实行强制性产品认证，其电气设备上统一使用CCC认证标志，并具有合格证。质量合格证明材料包括：管材、箱盒及附件的合格证、CCC认证、出厂检验报告或型式检验报告等。

2）施工图资料。

深化设计图纸、设计变更，线管、箱盒、预留孔洞、预埋件布置图等。

3）施工组织设计或施工方案。

4）技术交底。

5）施工日志。

6）预检记录。

电气配管安装预检记录，开关、插座、灯具的位置、标高预检记录，预留孔洞、预埋件的预检记录等。

7）隐蔽工程检查验收记录。

预制构件内配管、现场施工与预制构件内配管接口、现场施工暗装配管、防雷接地、引下线等均应做隐蔽工程检查验收记录。

8）施工试验记录。

绝缘电阻测试记录，接地电阻测试记录，电气照明、动力试运行试验记录，电气照明器具通电安全检查记录。

9）施工记录。

电气配管施工记录，穿线安装检查记录，电缆终端头、中间接头安装记录，照明灯具安装记录，接地装置安装记录，防雷装置安装记录，避雷带、均压环安装记录。

10）班组自检、互检、交接检记录。

11）工程质量验收记录。

检验批、分项工程、分部工程、单位工程质量验收记录。

6.4.6 围护结构节能验收资料

装配式结构在外墙板保温、外墙接缝、梁柱接头、外门窗固定和接缝部位与现浇结构施工不同，在资料管理方面也要根据施工内容、施工方法和施工过程的不同，编制相应的技术资料。根据《建筑节能工程施工质量验收标准》GB 50411—2019 的规定，建筑节能资料应单独立卷，满足建筑节能验收资料的要求。

1. 外墙板保温层验收资料

装配式结构外墙板的保温层一般与结构同时施工，无法分别验收，因此，应与主体结构一同验收，但验收资料应按结构部分和节能部分分开。验收时，结构部分应符合相应的结构规范，而节能工程应符合《建筑节能工程施工质量验收标准》GB 50411—2019 的要求，并单独留存节能资料，存放到节能分部中。

（1）预制构件厂家应提供的资料

进场验收主要是对其品种、规格、外观和尺寸等“可视质量”及技术资料进行检查验收，其内在质量则需由各种技术资料加以证明。

进场验收的一项重要内容是对各种材料的技术资料进行检查。这些技术资料主要包括：质量合格证明文件、中文说明书及相关性能检测报告。进口材料和设备应按规定进行出入境商品检验。

墙体节能工程使用的保温材料的导热系数、密度、抗压强度或压缩强度、燃烧性能应符合设计要求。

夹心外墙板中的保温材料，其导热系数不宜大于 0.040W/（m·K），体积比、吸水率不宜大于 0.3%，燃烧性能不应低于《建筑材料及制品燃烧性能分级》GB 8624—2012 中 B2 级的要求。

夹心外墙板中，内外叶墙板的金属及非金属材料拉结件，均应具有规定的承载力、变形和耐久性能，并应经过试验验证。拉结件应满足夹心外墙板的节能设计要求。

对夹心外墙板，应绘制内外叶墙板的拉结件布置图及保温板排板图，并有隐蔽验收记录。

预制保温墙板产品及其安装性能应有型式检验报告。保温墙板的结构性能、热工性能及与主体结构的连接方法应符合设计要求。

（2）进场验收实体检查项目

检查数量应符合《装配整体式混凝土结构工程施工与质量验收规程》DB 37/T 5019—2014和《建筑节能工程施工质量验收标准》GB 50411—2019 的要求。检查项目包括夹心外墙板的保温层位置、厚度，拉结件的类别、规格、数量、位置等；预制保温墙板与主体结构的连接形式、数量、位置等。

进场验收必须经监理工程师（建设单位代表）核准，形成相应的质量记录。

（3）现场施工资料要求

墙体节能工程各层构造做法均为隐蔽工程，因此，对于隐蔽工程验收应随做随验，并做好记录。检查的内容主要有：墙体节能工程各层构造做法是否符合设计要求，相关施工工艺是否符合施工方案要求；后浇筑部位的保温层厚度；拉结件的位置、数量等是否符合设计要求。随施工进度及时进行隐蔽验收，即每处（段）隐蔽工程都要在对其隐蔽前进行验收，不应后补。根据《建筑节能工程施工质量验收标准》GB 50411—2019 的要求，按不同的施工方法、工序，合理划分检验批，宜按分项工程进行验收，留存节能验收资料。

2. 外墙局部保温处理资料

外墙局部保温所涉及的内容主要有外墙板的接缝、接头、洞口、造型等部位的节能保温措施，这些施工内容多为现场施工，主要是现场的一些技术资料，但个别预制构件附带的材料和包含的技术措施需要预制构件厂家提供技术资料。外墙局部保温的检查验收应随同外墙节能一起做检查验收。

（1）外墙热桥部位，应按设计要求采取节能保温等隔断热桥的措施。

（2）外墙板接缝处的密封材料应符合下列规定：

1）密封胶应与混凝土具有相容性，并具有规定的抗剪切和伸缩变形能力；密封胶尚应具有防霉、防水、防火、耐候等性能。

2）硅酮、聚氨酯、聚硫等建筑密封胶应分别符合《硅酮和改性硅酮建筑密封胶》GB/T 14683—2017、《聚氨酯建筑密封胶》JC/T 482—2003、《聚硫建筑密封胶》JC/T 483—2006 的规定。

3）夹心外墙板接缝处填充用保温材料的燃烧性能应满足《建筑材料及制品燃烧性能分级》GB 8624—2012 中 A 级的要求。

（3）采用预制保温墙板现场安装组成保温墙体，在组装过程中容易出现连接、渗漏等问题，所以预制保温墙板应有型式检验报告，包括保温墙板的结构性能、热工性能等均应合格，墙板与主体结构的连接方法应符合设计要求，墙板的板缝、构造节点及嵌缝做法应与设计一致。

（4）外墙附墙或挑出部件如梁、过梁、柱、附墙柱、女儿墙、外墙装饰线、墙体内箱盒、管线等，均是容易产生热桥的部位，对于墙体总体保温效果有一定影响，应按设计要求采取隔断热桥或节能保温措施。

（5）外墙和毗邻不采暖空间墙体上的门窗洞口四周墙面、凸窗四周墙面或地面容易出现热桥或保温层缺陷，应按设计要求采取隔断热桥或节能保温措施。当设计未对上述部位提出要求时，施工单位应与设计、建设或监理单位联系，确认是否应采取处理措施。

3. 外门窗节能验收资料

建筑外窗的气密性、保温性能、中空玻璃露点，应符合设计要求，并有试验报告。

金属外门窗隔断热桥措施，应符合设计要求和产品标准的规定。金属副框的隔断热桥措施，应与门窗框的隔断热桥措施相当，做好相应的施工记录。

外门窗应采用标准化部件，并宜采用预留副框或预埋件等与墙体可靠连接。外门窗框或副框与洞口之间的间隙，应采用弹性闭孔材料填充饱满，并使用密封胶密封。外门窗框与副框之间的缝隙，应使用密封胶密封，及时进行隐蔽验收。

4. 围护结构节能技术资料

（1）材料质量合格证明文件

包括材料和设备的合格证、中文说明书、性能检测报告，定型产品和成套技术应有型式检验报告、进口材料和设备的商检报告、材料和设备的复试报告。

（2）施工图资料

深化设计图纸、设计变更、保温板排布图、拉结件布置图、热桥部位节点措施详图。

（3）施工组织设计或施工方案

在每个工程的施工组织设计中，都应列明本工程节能施工的有关内容，以便规划、组织和指导施工。编制专门的建筑节能工程施工技术方案，经监理单位审批后实施。

（4）技术交底

作业人员的操作技能对节能工程施工效果影响很大，施工前，必须对相关人员进行技术培训和交底，并进行实际操作培训，技术交底和培训均应留有记录。

（5）施工日志

（6）预检记录

包括预制构件保温材料厚度、位置、尺寸预检记录，热桥部位处理措施预检记录，外门窗安装预检记录。

（7）隐蔽工程检查验收记录

包括夹心板保温层、拉结件、加强网、墙体热桥部位构造措施，预制保温板的接缝和构造、嵌缝做法，门窗洞口四周节能保温措施，门窗的固定。

（8）施工试验记录

墙体节能工程使用的保温隔热材料的导热系数、密度、抗压强度或压缩强度、燃烧性能，拉结件的锚固力试验，保温浆料的同条件养护试件试验，预制保温墙板的型式检验报告中应包含安装性能的检验，墙板接缝淋水试验，建筑外窗的气密性、保温性能、中空玻璃露点、现场气密性试验，外墙保温板拉结件的相关试验。

（9）施工记录

预制构件拼装施工记录、后浇筑部分施工记录、构件接缝施工记录、外门窗施工记录、热桥部位施工记录。

（10）班组自检记录

（11）工程质量验收记录

节能项目应单独填写检查验收表格，做出节能项目检查验收记录，并单独组卷。质量验收记录包括分项工程、分部工程质量验收记录，当分项工程较大时可以分成检验批验收。

6.4.7 工程验收

1. 过程验收（验收划分）

（1）地基与基础工程验收包括的内容

无支护土方、有支护土方、地基及基础处理、桩基、地下防水、混凝土基础、砌体基础、劲钢（管）混凝土、钢结构等。

（2）地基与基础工程验收所需条件

工程实体按要求完工，工程技术资料齐全，各种问题已经整改完成，相关人员与机构均签字认可。

施工单位报告应当由项目经理和施工单位负责人审核、签字、盖章。

监理单位报告应当由总监理工程师和监理单位有关负责人审核、签字、盖章。

（3）地基与基础工程验收组织及验收人员

由建设单位负责组织实施地基与基础工程验收工作，区建设工程质量监督站对地基与基础工程验收实施监督，该工程的施工、监理、设计、勘察等单位参加。

验收人员：由建设单位负责组织地基与基础工程验收组。验收组组长由建设单位法人代表或其委托的负责人担任。验收组副组长应至少由一名工程技术人员担任。验收组成员由建设单位负责人、项目现场管理人员及勘察、设计、施工、监理单位项目技术负责人或质量负责人组成。

（4）地基与基础工程验收的程序

建设工程地基与基础工程验收按施工企业自评、设计认可、监理核定、业主验收、政府监督的程序进行。

总监理工程师（建设单位项目负责人）组织对地基与基础分部工程验收时，必须有以下人员参加：总监理工程师、建设单位项目负责人、设计单位项目负责人、勘察单位项目负责人、施工单位技术质量负责人及项目经理等。

（5）地基与基础工程验收的结论

参建责任方签署的地基与基础工程质量验收记录，应在签字盖章后3个工作日内由项目监理人员报送质监站存档。

当在验收过程中参与地基与基础工程验收的建设、施工、监理、设计、勘察单位各方不能形成一致意见时，应当协商提出解决的方法，待意见一致后，重新组织验收。

地基与基础工程未经验收或验收不合格，责任方擅自进行上部施工的，应签发局部停工通知书责令整改，并按有关规定处理。

（6）主体结构验收组织及验收人员

由建设单位负责组织实施建设工程主体结构验收工作，建设工程质量监督部门对建设工程主体结构验收实施监督，该工程的施工、监理、设计等单位参加。

验收人员：由建设单位负责组建主体结构验收组。验收组组长由建设单位法人代表或其委托的负责人担任，验收组副组长应至少由一名工程技术人员担任，验收组成员由建设单位负责人、项目现场管理人员及设计、施工、监理单位项目技术负责人或质量负责人组成。

（7）主体结构验收的程序

建设工程主体结构验收按施工企业自评、勘察与设计认可、监理核定、业主验收、政府监督的程序进行。

1）施工单位完成主体结构工程施工后，向建设单位提交建设工程质量施工单位（主体）报告，申请主体结构验收。

2）监理单位核查施工单位提交的建设工程质量施工单位（主体）报告，对工程质量情况给出评价，填写建设工程主体结构验收监理评估报告。

3）建设单位审查施工单位提交的建设工程质量施工单位（主体）报告，对符合验收要求的工程，组织设计、施工、监理等单位的相关人员组成验收组进行验收。

4）建设单位在主体结构验收 3 个工作日前将验收的时间、地点及验收组名单报至质监站。

5）建设单位组织验收组成员在质监站监督下，在规定的时间内完成工程全面验收。

2. 竣工验收

（1）工程竣工验收准备工作

1）工程竣工预验收（由监理单位组织，建设单位、承包单位参加）

工程竣工后，监理工程师按照承包单位自检验收合格后提交的《单位工程竣工预验收申请表》，审查资料并进行现场检查。项目监理部就存在的问题提出书面意见，并签发《监理工程师通知书》（注：需要时填写），要求承包单位限期整改。承包单位整改完毕后，按有关文件要求编制《建设工程竣工验收报告》，交监理工程师检查。由项目监理部将竣工预验收的情况书面报告建设单位，由建设单位组织竣工验收。

2）工程竣工验收（由建设单位负责组织实施，工程勘察、设计、施工、监理等单位参加）

① 承包单位：编制《建设工程竣工验收报告》，工程技术资料（验收前 20 个工作日）。

② 监理单位：编制《工程质量评估报告》。

③ 勘察单位：编制质量检查报告。

④ 设计单位：编制质量检查报告。

⑤ 建设单位：取得规划、公安消防、环保、燃气工程等专项验收合格文件，取得主管部门出具的电梯验收准用证。提前 15 日把工程技术资料和《工程竣工质量安全管理资料送审单》交监站（质监站返回《工程竣工质量安全管理资料退回单》给建设单位），工程竣工验收前 7 天，把验收时间、地点、验收组名单，以书面形式通知质监站。

（2）工程竣工验收必备条件

1）完成工程设计和合同约定的各项内容。

2）有《建设工程竣工验收报告》。

3）有《工程质量评估报告》。

4）有勘察单位和设计单位质量检查报告。

5）有完整的技术档案和施工管理资料。

6）有工程使用的主要建筑材料、建筑构配件和设备的进场试验报告。

7）建设单位已按合同约定支付工程款。

8）有施工单位签署的工程质量保修书。

9）有市政基础设施的相关质量检测和功能性试验资料。

10）有规划部门出具的规划验收合格证。

11）有公安消防部门出具的消防验收意见书。

12）有环保部门出具的环保验收合格证。

13）有电梯验收准用证。

14）有燃气工程验收证明。

15）建设行政主管部门及其委托的质监站等部门责令整改的问题，已全部整改完成。

16）已按政府有关规定缴交工程质量安全监督费。

17）有单位工程施工安全评价书。

（3）工程竣工验收程序

验收会议上，工程施工、监理、设计、勘察等各方的工程档案资料摆好备查，并设置验收人员登记表，做好登记手续。

1）由建设单位组织工程竣工验收，并主持验收会议（建设单位应做会前简短发言、工程竣工验收程序介绍及会议结束总结发言）。

2）工程勘察、设计、施工、监理单位分别汇报工程合同履约情况和在工程建设各环节执行法律、法规和工程建设强制性标准的情况。

3）验收组审阅建设、勘察、设计、施工、监理单位的工程档案资料。

4）验收组和专业组（由建设单位组织勘察、设计、施工、监理单位、质监站和其他有关专家组成）人员实地查验工程质量。

5）专业组、验收组发表意见，分别对工程勘察、设计、施工质量和各管理环节等给出全面评价。验收组形成工程竣工验收意见，填写《建设工程竣工验收报告》并签名、盖公章。

注：参与工程竣工验收的各方不能形成一致意见时，应当协商提出解决的方法，待意见一致后，重新组织工程竣工验收。

（4）工程竣工验收监督

1）质监站在审查工程技术资料后，对该工程进行评价，并出具《建设工程施工安全评价书》（建设单位提前15日把工程技术资料送质监站审查，质监站返回《工程竣工质量安全管理资料退回单》给建设单位）。

2）质监站在收到工程竣工验收的书面通知后（建设单位在工程竣工验收前7天把验收时间、地点、验收组名单以书面形式通知质监站，另附《工程质量验收计划书》），对照《建设工程竣工验收条件审核表》进行审核，并对工程竣工验收组织形式、验收程序、执行验收标准等情况进行现场监督，并出具《建设工程质量验收意见书》。

7 现行国家、行业装配式建筑图集、规范标准举例

现行国家、行业装配式建筑图集、规范标准举例见表 7-1。

现行国家、行业装配式建筑图集、规范标准举例　　表 7-1

序号	使用范围	类型	名称	编号	适用阶段
1	国家	图集	装配式混凝土结构住宅建筑设计示例(剪力墙结构)	15J939-1	设计、生产
2	国家	图集	装配式混凝土结构表示方法及示例(剪力墙结构)	15G107-1	设计、生产
3	国家	图集	预制混凝土剪力墙外墙板	15G365-1	设计、生产
4	国家	图集	预制混凝土剪力墙内墙板	15G365-2	设计、生产
5	国家	图集	桁架钢筋混凝土叠合板(60mm厚底板)	15G366-1	设计、生产
6	国家	图集	预制钢筋混凝土板式楼梯	15G367-1	设计、生产
7	国家	图集	装配式混凝土结构连接节点构造(楼盖和楼梯)	15G310-1	设计、施工、验收
8	国家	图集	装配式混凝土结构连接节点构造(剪力墙)	15G310-2	设计、施工、验收
9	国家	图集	预制钢筋混凝土阳台板、空调板及女儿墙	15G368-1	设计、生产
10	国家	验收规范	混凝土结构工程施工质量验收规范	GB 50204—2015	施工、验收
11	国家	施工规范	混凝土结构工程施工规范	GB 50666—2011	生产、施工、验收
12	国家	评价标准	装配式建筑评价标准	GB/T 51129—2017	设计、生产、施工
13	国家	技术标准	装配式混凝土建筑技术标准	GB/T 51231—2016	设计、生产、施工
14	国家	技术标准	装配式钢结构建筑技术标准	GB/T 51232—2016	设计、生产、施工
15	国家	技术标准	装配式木结构建筑技术标准	GB/T 51233—2016	设计、生产、施工

续表

序号	使用范围	类型	名称	编号	适用阶段
16	行业	技术规程	钢筋机械连接技术规程	JGJ 107—2016	生产、施工、验收
17	行业	技术规程	钢筋套筒灌浆连接应用技术规程	JGJ 355—2015	生产、施工、验收
18	行业	技术规程	预制预应力混凝土装配整体式框架结构技术规程	JGJ 224—2010	生产、施工、验收
19	行业	技术规程	装配式混凝土结构技术规程	JGJ 1—2014	设计、施工、工程验收
20	行业	技术规程	装配式劲性柱混合梁框架结构技术规程	JGJ/T 400—2017	设计、施工、工程验收

8 装配式建筑法律法规

8.1 国务院办公厅关于大力发展装配式建筑的指导意见

国办发〔2016〕71号

各省、自治区、直辖市人民政府，国务院各部委、各直属机构：

装配式建筑是用预制部品部件在工地装配而成的建筑。发展装配式建筑是建造方式的重大变革，是推进供给侧结构性改革和新型城镇化发展的重要举措，有利于节约资源能源、减少施工污染、提升劳动生产效率和质量安全水平，有利于促进建筑业与信息化工业化深度融合、培育新产业新动能、推动化解过剩产能。近年来，我国积极探索发展装配式建筑，但建造方式大多仍以现场浇筑为主，装配式建筑比例和规模化程度较低，与发展绿色建筑的有关要求以及先进建造方式相比还有很大差距。为贯彻落实《中共中央国务院关于进一步加强城市规划建设管理工作的若干意见》和《政府工作报告》部署，大力发展装配式建筑，经国务院同意，现提出以下意见。

一、总体要求

（一）指导思想。全面贯彻党的十八大和十八届三中、四中、五中全会以及中央城镇化工作会议、中央城市工作会议精神，认真落实党中央、国务院决策部署，按照“五位一体”总体布局和“四个全面”战略布局，牢固树立和贯彻落实创新、协调、绿色、开放、共享的发展理念，按照适用、经济、安全、绿色、美观的要求，推动建造方式创新，大力发展装配式混凝土建筑和钢结构建筑，在具备条件的地方倡导发展现代木结构建筑，不断提高装配式建筑在新建建筑中的比例。坚持标准化设计、工厂化生产、装配化施工、一体化装修、信息化管理、智能化应用，提高技术水平和工程质量，促进建筑产业转型升级。

（二）基本原则。

坚持市场主导、政府推动。适应市场需求，充分发挥市场在资源配置中的决定性作用，更好发挥政府规划引导和政策支持作用，形成有利的体制机制和市场环境，促进市场主体积极参与、协同配合，有序发展装配式建筑。

坚持分区推进、逐步推广。根据不同地区的经济社会发展状况和产业技术条件，划分重点推进地区、积极推进地区和鼓励推进地区，因地制宜、循序渐进，以点带面、试点先行，及时总结经验，形成局部带动整体的工作格局。

坚持顶层设计、协调发展。把协同推进标准、设计、生产、施工、使用维护等作为发展装配式建筑的有效抓手，推动各个环节有机结合，以建造方式变革促进工程建设全过程提质增效，带动建筑业整体水平的提升。

（三）工作目标。以京津冀、长三角、珠三角三大城市群为重点推进地区，常住人口超过300万人的其他城市为积极推进地区，其余城市为鼓励推进地区，因地制宜发展装配式混凝土结构、钢结构和现代木结构等装配式建筑。力争用10年左右的时间，使装配式建筑占新建建筑面积的比例达到30%。同时，逐步完善法律法规、技术标准和监管体系，推动形成一批设计、施工、部品部件规模化生产企业，具有现代装配建造水平的工程总承包企业以及与之相适应的专业化技能队伍。

二、重点任务

（四）健全标准规范体系。加快编制装配式建筑国家标准、行业标准和地方标准，支持企业编制标准、加强技术创新，鼓励社会组织编制团体标准，促进关键技术和成套技术研究成果转化为标准规范。强化建筑材料标准、部品部件标准、工程标准之间的衔接。制修订装配式建筑工程定额等计价依据。完善装配式建筑防火抗震防灾标准。研究建立装配式建筑评价标准和方法。逐步建立完善覆盖设计、生产、施工和使用维护全过程的装配式建筑标准规范体系。

（五）创新装配式建筑设计。统筹建筑结构、机电设备、部品部件、装配施工、装饰装修，推行装配式建筑一体化集成设计。推广通用化、模数化、标准化设计方式，积极应用建筑信息模型技术，提高建筑领域各专业协同设计能力，加强对装配式建筑建设全过程的指导和服务。鼓励设计单位与科研院所、高校等联合开发装配式建筑设计技术和通用设计软件。

（六）优化部品部件生产。引导建筑行业部品部件生产企业合理布局，提高产业聚集度，培育一批技术先进、专业配套、管理规范的骨干企业和生产基地。支持部品部件生产企业完善产品品种和规格，促进专业化、标准化、规模化、信息化生产，优化物流管理，合理组织配送。积极引导设备制造企业研发部品部件生产装备机具，提高自动化和柔性加工技术水平。建立部品部件质量验收机制，确保产品质量。

（七）提升装配施工水平。引导企业研发应用与装配式施工相适应的技术、设备和机具，提高部品部件的装配施工连接质量和建筑安全性能。鼓励企业创新施工组织方式，推行绿色施工，应用结构工程与分部分项工程协同施工新模式。支持施工企业总结编制施工工法，提高装配施工技能，实现技术工艺、组织管理、技能队伍的转变，打造一批具有较高装配施工技术水平的骨干企业。

（八）推进建筑全装修。实行装配式建筑装饰装修与主体结构、机电设备协同施工。积极推广标准化、集成化、模块化的装修模式，促进整体厨卫、轻质隔墙等材料、产品和设备管线集成化技术的应用，提高装配化装修水平。倡导菜单式全装修，满足消费者个性化需求。

（九）推广绿色建材。提高绿色建材在装配式建筑中的应用比例。开发应用品质优良、节能环保、功能良好的新型建筑材料，并加快推进绿色建材评价。鼓励装饰与保温隔热材料一体化应用。推广应用高性能节能门窗。强制淘汰不符合节能环保要求、质量性能差的建筑材料，确保安全、绿色、环保。

（十）推行工程总承包。装配式建筑原则上应采用工程总承包模式，可按照技术复杂类工程项目招标投标。工程总承包企业要对工程质量、安全、进度、造价负总责。要健全与装配式建筑总承包相适应的发包承包、施工许可、分包管理、工程造价、质量安全监管、竣工验收等制度，实现工程设计、部品部件生产、施工及采购的统一管理和深度融合，优化项目管理方式。鼓励建立装配式建筑产业技术创新联盟，加大研发投入，增强创新能力。支持大型设计、施工和部品部件生产企业通过调整组织架构、健全管理体系，向具有工程管理、设计、施工、生产、采购能力的工程总承包企业转型。

（十一）确保工程质量安全。完善装配式建筑工程质量安全管理制度，健全质量安全责任体系，落实各方主体质量安全责任。加强全过程监管，建设和监理等相关方可采用驻厂监造等方式加强部品部件生产质量管控；施工企业要加强施工过程质量安全控制和检验检测，完善装配施工质量保证体系；在建筑物明显部位设置永久性标牌，公示质量安全责任主体和主要责任人。加强行业监管，明确符合装配式建筑特点的施工图审查要求，建立全过程质量追溯制度，加大抽查抽测力度，严肃查处质量安全违法违规行为。

三、保障措施

（十二）加强组织领导。各地区要因地制宜研究提出发展装配式建筑的目标和任务，建立健全工作机制，完善配套政策，组织具体实施，确保各项任务落到实处。各有关部门要加大指导、协调和支持力度，将发展装配式建筑作为贯彻落实中央城市工作会议精神的重要工作，列入城市规划建设管理工作监督考核指标体系，定期通报考核结果。

（十三）加大政策支持。建立健全装配式建筑相关法律法规体系。结合节能减排、产业发展、科技创新、污染防治等方面的政策，加大对装配式建筑的支持力度。支持符合高新技术企业条件的装配式建筑部品部件生产企业享受相关优惠政策。符合新型墙体材料目录的部品部件生产企业，可按规定享受增值税即征即退优惠政策。在土地供应中，可将发展装配式建筑的相关要求纳入供地方案，并落实到土地使用合同中。鼓励各地结合实际出台支持装配式建筑发展的规划审批、土地供应、基础设施配套、财政金融等相关政策措施。政府投资工程要带头发展装配式建筑，推动装配式建筑“走出去”。在中国人居环境奖评选、国家生态园林城市评估、绿色建筑评价等工作中增加装配式建筑方面的指标要求。

（十四）强化队伍建设。大力培养装配式建筑设计、生产、施工、管理等专业人才。鼓励高等学校、职业学校设置装配式建筑相关课程，推动装配式建筑企业开展校企合作，创新人才培养模式。在建筑行业专业技术人员继续教育中增加装配式建筑相关内容。加大职业技能培训资金投入，建立培训基地，加强岗位技能提升培训，促进建筑业农民工向技术工人转型。加强国际交流合作，积极引进海外专业人才参与装配式建筑的研发、生产和管理。

（十五）做好宣传引导。通过多种形式深入宣传发展装配式建筑的经济社会效益，广泛宣传装配式建筑基本知识，提高社会认知度，营造各方共同关注、支持装配式建筑发展的良好氛围，促进装配式建筑相关产业和市场发展。

国务院办公厅
2016 年 9 月 27 日

8.2 《关于大力发展装配式建筑的指导意见》相关政策解读——国务院新闻办公室

日前，国务院常务会议审议通过《关于大力发展装配式建筑的指导意见》，国务院办公厅于9月27日印发执行（国办发〔2016〕71号）。国务院新闻办公室9月30日举行国务院政策例行吹风会，住房和城乡建设部总工程师陈宜明、住房和城乡建设部建筑节能与科技司司长苏蕴山介绍我国发展装配式建筑有关情况，回答记者提问，对发展装配式建筑的概念、必要性、优越性、主要任务、实施步骤、需要注意和研究解决的问题等相关政策进行了解读。

党中央、国务院十分重视建筑业技术进步和健康发展

2015年12月份召开中央城市工作会之后，党中央和国务院印发了《中共中央国务院关于进一步加强城市规划建设管理工作的若干意见》（中发［2016］6号）。《若干意见》指出，力争用10年左右时间，使装配式建筑占新建建筑的比例达到30%。

2016年3月份的两会，李克强总理在《政府工作报告》中进一步强调，大力发展钢结构和装配式建筑，加快标准化建设，提高建筑技术水平和工程质量。

为了贯彻这些要求，从2016年年初开始，住房和城乡建设部集中力量，深入调研，广泛了解情况，向国务院提交了《关于大力发展装配式建筑的指导意见》，近日已由国务院常务会议审议，并印发执行。

《指导意见》规定了八项任务

一是健全标准规范体系。加快编制装配式建筑国家标准、行业标准和地方标准。逐步建立完善覆盖设计、生产、施工和使用维护全过程的装配式建筑标准规范体系。

二是创新装配式建筑设计。统筹建筑结构、机电设备、部品部件、装配施工、装饰装修，推行装配式建筑一体化集成设计。积极应用建筑信息模型技术，提高建筑领域各专业协同设计能力。

三是优化部品部件生产。引导建筑行业部品部件生产企业合理布局，提高产业聚集度，培育一批技术先进、专业配套、管理规范的骨干企业和生产基地。强调部品部件生产要解决的两个问题。要引导部品部件生产企业合理布局，包括生产规模、合理的供应半径问题，这对于降低成本、提高生产效率都有好处。

四是提升装配式施工水平。引导企业研发应用与装配式施工相适应的技术、设备和机具，提高部品部件的装配式施工连接质量和建筑整体安全性能。

五是推进建筑全装修。实行装配式建筑装饰装修与主体结构、机电设备协同施工。积极推广标准化、集成化、模块化的装修模式，提高装配化装修水平。

六是推广绿色建材。提高绿色建材在装配式建筑中的应用比例。推广应用高性能节能门窗。强制淘汰不符合节能环保要求及质量性能差的建筑材料。

七是推行工程总承包。装配式建筑原则上应采用工程总承包模式。支持大型设计、施工和部品部件生产企业向工程总承包企业转型。

八是确保工程质量安全。完善装配式建筑工程质量安全管理制度，健全质量安全责任体系，落实各方主体质量安全责任。建立全过程质量追溯制度。

另外，要大力推行人才队伍建设，人才队伍的建设还不太适应装配式建筑的发展需要。

总的来说，八项任务明确了标准体系、设计、施工、部品部件生产、装修、工程总承包、推广绿色建材、确保工程质量等八方面的要求。

什么是装配式建筑？

装配式建筑是指在工厂生产的部品部件，在施工现场通过组装和连接而成的建筑。相对于现在仍然在施工当中占主流的现浇建筑来说，就是把一部分原来通过现浇成型的构配件，比如梁、柱、板，拿到工厂去生产，生产之后再运到工地来组装，把它的节点做好，然后采用一部分的现场浇筑将这两部分结合起来，形成一个完整的建筑，我们把这个叫做装配式建筑。衡量装配式建筑的水平，还有个装配率的问题，到底有多少构件拿到工厂组装了，现场的湿作业量减少了多少，都代表了装配式建筑的技术水平。

为什么要大力推广装配式建筑？

装配式建筑是建造方式的一种改革，更是建筑业落实党中央、国务院提出的推动供给侧结构性改革的一个重要举措。目前的建筑产品，基本上是以现浇为主，形式单一，可供选择的方式不多，一定会影响产品的建造速度、产品质量和使用功能。从国际上的情况来看，装配式建筑已经是比较成熟的，第二次世界大战以后，欧洲一些国家大力发展装配式建筑，他们发展装配式建筑的背景是基于三个条件：

第一，工业化的基础比较好。

第二，第二次世界大战以后劳动力短缺。

第三，第二次世界大战以后需要建造大量房屋。

而这三个条件，也正是大力发展装配式建筑的一个非常有利的客观因素。所以，经过五六十年的发展，装配式建筑的技术从国际上看已经成熟了。而我们近几年来虽然在积极努力地探索发展装配式建筑，但是从总体上讲，装配式建筑的比例和规模还不尽如人意，这也正是在当前的形势下，为什么我们大力推广装配式建筑的一个基本考虑。

发展装配式建筑的若干好处

第一，节约资源和能源。现场浇筑生产过程中的建筑垃圾量比较大。

第二，减少污染。污染包括两部分，一部分是扬尘，另一部分是噪声，每年到了学生高考的时候，基本上各个城市的建设管理部门都限制夜间施工，以免影响孩子复习和考试期间的休息，所以就可以看出来，传统的建造方式有很多不适合现代城市生活需要。

第三，提高劳动生产效率。

第四，对提高工程质量有很积极的作用。很多构件在工厂生产，是完全按照工厂的管理体制、按照工厂建立起来的标准体系来选择生产构件的原料，对构件出厂前的质量检验进行把关。所以，对构件生产这一部分质量，增加了一些把关的环节。装配式建筑的质量从整体上会高于现浇，对建筑的质量安全有很好的保障作用。

第五，可以促进信息化、工业化深度融合。使装配式建筑的发展和工业化、信息化更尽如人意地融合。

第六，能够催生一些新的产业，使经济发展产生一些新的动能。特别是发展钢结构，对于化解当前过剩的钢产能有一定的积极作用。

第七，对化解产能有积极的促进作用。发展装配式建筑实际上是供应方式的一种变化。装配式建筑中钢结构的工程量比较大，用钢的情况就会改变，对化解产能有积极的促进作用。积极推广装配式建筑，发展钢结构建筑是一项重点工作，住房和城乡建设部和工信部已经在很多方面形成一致的意见。

发展装配式建筑需要解决的问题

一是要培育市场需求。现在的工程量很大，但是业主或者开发单位自己愿意主动采用装配式建筑这种方式来建造的意愿还不是很强烈，因此需要培育市场的需求。

二是要保障市场的供给。希望用装配式方式来建造我们的建筑，但是行业内部的生产、构配件的供应能不能满足需要，这也是一个问题。所以，一方面要培育需求，另一方面要保障供给。

三是现场的施工人员要掌握相关技能。这既是推动市场发展必不可少的因素，也是保证装配式建筑工程质量的必要条件。所以，从市场供需、企业能力、施工人员操作技能上，目前都还需要做大量的工作。

装配式建筑可缩短工期和节约材料

从施工周期上讲，有些项目可以缩短工期 1/3。另外，因为企业、工程项目所在地客观条件不同而有所差别，总体上材料、水泥、水、木材等消耗量都能够明显节约。

现代木结构建筑和传统木结构建筑的区别

推广木结构建筑有两个基本前提条件，一是在条件适宜的地方，二是倡导发展木结构。同时现代木结构建筑和传统木结构建筑相比是有很大区别的，其区别主要表现在三个基本的点上：

第一，现代木结构建筑不是简单地用原木。过去农村盖房，锯一根木头，把它锯得合适，要么做梁，要么做柱。现代木结构建筑采用的是工程木材，工程木材和原木有本质区别，它是经过现代的工业手段和先进技术，加工成适合于建筑用的梁、柱等部品部件，比如，木板和胶合板不一样，虽然它们都是以木质为原料，但是胶合板是经过加工的。

第二，木结构的连接方式发生了变化。传统的木结构是用榫卯等方式连接，现在增加了金属部件等多种连接方式。

第三，现代木结构建筑的材料回用次数比较多。从国际上一些木结构技术比较发达的国家情况看，回用次数可以达到 6～7 次，最后可以做成木球燃烧，相当于过去的煤球。

木结构的防腐防火问题已从技术上得到解决

国际上发展现代木结构已经很长时间了，它的寿命、安全性都是有保障的。我们国家这几年也在发展木结构，大型的体育场馆、游泳馆、图书馆都有木结构建筑，相应的防腐问题、防火问题都在技术上得到了解决。

人工林的蓄积量足以支撑发展木结构建筑

出台《关于大力发展装配式建筑的指导意见》时，住房和城乡建设部及国家林业局多次协商，我们国家人工林的蓄积量足以支撑我国倡导发展木结构。另外，这几年周边的一些国家也在向我们国家出口木材，在接近边境、进出口岸的地方，木结构得到了相应的发展。把人工林采伐量和木结构建筑需求量形成一个良好的产业链，也是改变不同类型建筑构成比例的重要措施。

要确保技术储备和国际水平的高起点

对于我们国家发展木结构建筑，还有进一步的考虑，就是作为一个技术储备。如果有一天，在总体或者局部上，我们国家具备了更进一步发展现代木结构建筑的条件，我们要确保技术储备与国际发展水平是相当的，那么在那个时候，我们的起点就不会低。

报道中别用钢铁企业“兴奋”这个词

要客观冷静对待。钢结构在我们国家现实条件下确实有一定的发展，但是还有很多技术问题要解决，比如说钢材本身还需要进一步提高性能，钢材的尺寸规格等更适合于建筑的需要。从目前来看，钢结构建筑中公共建筑多于居住建筑。比如说北京，像京广中心及东边建的很多高层建筑都是钢结构的，但是钢结构住宅很少。作为消费者来说，还有个接受的过程。这个过程还是需要一定时间的，比如说我们从住砖房到住混凝土房就有一个过程，开始大家不愿意住混凝土房，因为它与砖房的热工性能还是有差别的。现在要从住混凝土房到钢结构的房子，也有一个过程。现在一些有条件的省市有一些钢结构住宅，但很多地方还需要提高。所以说积极发展而不是一刀切，从某一个时刻开始，一律采用钢结构这种形式来建造居住建筑或者公共建筑，要让它健康地发展，千万别用“兴奋”这个词。

装配式建筑不是过去的大板建筑

大板建筑是从国外引进的，大概是从20世纪五六十年代就开始了，到了20世纪七八十年代，工程量已经达到一定的规模。它有几个特点，比如建造速度比较快、房型比较标准、比较规整。但是，它也有一定的不足，比如它的尺寸比较单一。住房市场化以后，它的户型难以满足不同的层次和需求。另外，在引进的基础上，也缺乏消化吸收再创新，也就是说研究开发工作没有跟上。由于这些原因，所以在实际工程当中出现了一些问题，比如说在一些接缝的地方出现渗漏问题。与此同时，20世纪80年代我国实行改革开放以后，建筑行业的劳动力得到了充足的补充，现浇这种建造方式的成本明显下降，因此现浇方式有自己快捷便捷的特点，再加上劳动力供应充足，所以现浇建筑很快就代替了大板建筑。

现在我们提到的装配式建筑，已经不是过去的大板建筑了，这两者之间有本质的不同，所以担心装配式建筑会重蹈大板建筑发展的覆辙，是没有必要的，报道中一定要把握一条，就是消除这种不必要的看法，这样更有利于推广装配式建筑。

目前装配式建筑的比例和规模还比较小

目前，我国装配式建筑有一定的基础，积累了一些有关建造技术和示范工程的经验，但进展还是比较缓慢，装配式建筑占新建建筑的比例也不高。建筑行业有一个粗略的统计，大概在5%。与国外差距还是比较大的。

装配式建筑在性价比方面具有优势

从单位造价来讲，不同的结构体系，比如说钢结构、装配式混凝土结构和木结构的造价是不一样的。总体来看，在规模比较小的情况下，它比现在的现浇混凝土这种常规体系略贵一些，但是，现在已经有一部分示范工程显示，达到一定规模之后，它们的造价持平。也有一部分示范工程显示，其造价比现浇混凝土还低。我们对装配式建筑的性价比优势有一定的信心，因为毕竟装配式建筑要走工业化之路，随着技术的成熟、产业化的形成，特别是规模达到一定程度以后，这个成本肯定要比现在低的。比如有些国家的装配式住宅成本大大低于传统建造方式，成本优势明显。

按照三个地区划分的原则和意义

推广装配式建筑按照三个地区来划分，包括重点推进地区、积极推进地区和鼓励推进地区。在《关于大力发展装配式建筑的指导意见》中有个基本原则，就是要因地制宜，因地制宜也体现在装配式建筑的结构体系方面，包括混凝土结构、钢结构、木结构，但是在发展上应该有所侧重。

第一，要根据产业基础、技术条件来决定。

第二，从推进工作角度来说，也不能一刀切、一哄而上。我们现在分析为什么提出这样三个地区的划分，主要考虑到经济社会发展和产业基础，包括它的现实条件。

第三，从规模上看，三大城市群（珠三角、长三角、京津冀）加在一起，建筑业总产值占一半左右。三大城市群都在东部地区，现实条件比较好，如果它们能够先行起步，全面推进，带动宣传装配式建筑发展，作用是非常大的。

第四，从完成的十年达到30%的目标，再加上其他鼓励推进地区，从总量上是能够实现的。

要把握这么几个基本的观点，对于一个企业来说，工程量达到一定的规模，有规范科学有序的管理，有一支比较娴熟的职工队伍，再加上配套的机具和材料，完全能够克服生产过程调整增加的一些成本因素，因此它不会转嫁到工程上。

在实现目标、推进工作中，为什么划分三个不同的地区，第一是三大城市群作为重点推进地区，第二是人口 300 万人以上的其他城市作为积极推进地区，第三是鼓励推进地区。我们有一个统计，前两个地区加起来的建筑业总产值和新建建筑竣工面积的比例都超过了 50%，也就是说，这两个地区占到了全国一半以上的规模和产值，因此这是重点要推广装配式建筑的区域。

8.3 山东省人民政府关于大力发展装配式建筑的意见

为贯彻落实《中共中央国务院关于进一步加强城市规划建设管理工作的若干意见》《国务院办公厅关于大力发展装配式建筑的指导意见》《中共山东省委山东省人民政府关于切实加强和改进城市规划建设管理工作的实施意见》，就大力发展装配式建筑提出以下意见。

一、总体要求

（一）指导思想

深入贯彻中央及省城市工作会议精神，落实“创新、协调、绿色、开放、共享”的发展理念和“适用、经济、绿色、美观”的建筑方针，以提升新型城镇化建设质量为导向，以工业化生产方式为核心，加快行业转型升级，加大科技研发力度，完善技术标准体系，创新体制机制，强化政策支持，推进产业集聚，促进规模发展，实现建造方式从传统到现代的跨越。

（二）主要目标

1. 提高装配式建筑比例。2017 年 5 月 1 日起，城市规划区内新建政府投资工程、保障性住房项目全部实施装配式建造，申报规划审批的新建住宅项目淘汰现浇楼梯、楼板，推行标准化预制楼梯、叠合楼板。到 2020 年，全省设区城市和县（市）装配式建筑占新建建筑的比例分别达到 30%和 20%以上，到 2025 年全省达到 40%以上。

2. 实行新建住宅全装修。2017 年设区城市申报规划审批的新建高层住宅实行全装修，

2018年所有新建高层、小高层住宅淘汰毛坯房，其中整体卫浴、厨房等装配式建筑装修比例达到20%以上。

3. 打造新型建筑产业。到2020年年末，创建15个国家级、50个省级装配式建筑生产基地，培育发展100个工程总承包和开发、设计、施工、装修、部品生产等龙头企业，产业集聚能力明显提升。

二、重点任务

（一）推进新型建造方式

1. 推进部品工厂生产。大力发展预制楼梯、叠合楼板等通用部品构件，建立装配式部品部件库，降低非标准构件应用比例；全面提高钢结构建筑的结构构件、连接件装配化率，减少现场焊接；提高木结构建筑构件的工业化生产水平。

2. 强化技术集成应用。在项目开发策划定位、设计任务委托书编制等阶段，应加强成套技术、部品的集成论证，积极采用适宜的装配式框架、剪力墙等结构体系和SI百年住宅建筑体系。

3. 创新工程设计模式。树立装配式建筑工业化设计的新理念，强化成套技术、通用部品、标准化功能空间的选用与集成，避免二次拆分设计。统筹装配式建筑方案设计、技术设计、施工图设计、构件加工设计的内容和深度，装修设计与建筑设计同步进行，加强建筑、结构、设备、装修等专业协同设计能力，实现专业间的数据共享。

4. 提升装配施工水平。大力发展与装配式施工相适应的运输吊装、安全防护、质量检测等设备机具；建立完善施工工法、工程组织管理制度，加强构建部品进场、施工安装、节点连接灌浆和密封防水等关键工序的质量管控，建立文档、影像资料等质量追溯机制，切实提升施工效率和质量水平。

5. 实行住宅全装修。实行装配式建筑装修与主体结构、机电设备协同施工，积极推广整体卫浴、厨房、轻质隔墙等标准化、集成化、模块化的装修集成部品，促进设备管线集成应用，提高装配化装修水平。倡导菜单式全装修，满足消费者个性化需求。

6. 深化信息技术应用。装配式建筑工程采用BIM和物联网等技术，实现设计、生产、施工、运维、管理等建筑全寿命周期内各阶段的协同应用、信息共享和质量追溯；积极开展智能化建筑、智慧住区建设，提高建设工程的信息化管理和智能化应用水平。

（二）大力提升产业能力

1. 培育发展产业园区。设区城市应当创建产业园区，引导部品生产、构件加工、设备制造、物流运输、施工机械等相关企业入驻，培育集约、高效的产业集群。提倡施工、设计、开发、技术支撑等骨干单位联合成立建筑构件部品生产企业，打造房屋工厂，组成产业联盟。统筹谋划产业布局，科学引导产能配置，集聚一批具有自主知识产权的品牌产品和重点企业。

2. 推进开发行业转型。鼓励一级资质等骨干企业设立产品研发中心，提高全装修住房开发能力和成套技术集成创新能力。鼓励中小房地产企业与大型开发企业资产融合、合资合作开发或采用项目代开发模式，打造住宅部品部件、装饰装修材料等集中供应采购的产业链条，提高开发规模化和产业集中度。

3. 推进设计行业转型。充分发挥设计先导应用，大力提升勘察设计人员建筑信息模型和模数化、标准化设计应用水平；鼓励甲级建筑设计企业设立装配式建筑设计研究机构，提升建设全过程指导和服务能力。

4. 推进建筑行业转型。积极应对新型建造方式的变化，加快装配式建筑承包模式的改革创新。支持引导特级和一级施工总承包企业发挥综合协作优势，设立装配式建筑技术研究机构，与装饰装修、部品部件等专业企业搞好战略合作，发展配套的装饰装修、部品部件生产专业队伍，培养灌浆、吊装等关键岗位技术人员。加大建设监理、质量检测、技术咨询等相关企业的服务能力。

（三）强化项目技术应用

1. 确保落实建设项目。各地应当制定装配式建筑产业发展规划和项目实施年度计划，并报省住房城乡建设厅备案。各地要加强对装配式建筑和住宅全装修项目监督管理，建立健全动态监管和行业统计制度，建立项目档案，实现信息化管理。多层、小高层住宅优先发展装配式框架结构，100m 以下高层住宅推广使用装配式剪力墙结构。

2. 加大技术研发推广力度。突出企业创新主体地位，创建 20 个左右省级工程研发中心。加大企业技术研发资金投入，列为国家、省装配式建筑基地的企业研发费用总额占同期销售收入总额的比例分别不低于 2%、1%。加快科技成果转化，明确重点推广技术领域、技术体系，编制技术导则、技术指南和技术产品目录。建立部品部件评价标识制度，开展装配式建筑评价认定。

3. 扩大试点示范项目。鼓励创建一批技术先进、引领带动作用突出的国家、省科技示范项目、生产基地、示范城市。鼓励支持申报“广厦奖”、国家康居示范工程、住宅性能认定项目和绿色建筑标识项目。

4. 健全标准化规范体系。制定和完善装配式建筑设计、生产、施工、装修、检测、验收等全过程的标准和规范。支持企业编制标准，鼓励社会组织编制团体标准，促进关键技术和成套技术研究成果转化为标准规范。强化建筑材料标准、部品部件标准、工程标准之间的衔接，编制住宅户型、厨卫、楼梯、阳台、结构构件和连接节点等标准图集，建立部品构件与建筑设计相统一的模数协调系统。

（四）创新建设监管模式

1. 严格项目前期审查。建设工程项目应严格实施建设条件意见书制度，将装配式建筑技术条件和要求作为建设条件意见书的重要内容，并纳入土地供应方案、出让合同、规划用地条件；规划建设等主管部门要在规划审批、建筑设计方案审查、施工许可、竣工验收等阶段重点把关，落实各项建设要求。

2. 推进工程总承包。装配式建筑项目应优先采用设计、生产、施工一体化的工程总承包模式，推进完善工程代建制度。政府融资的依法必须进行招标的装配式建筑项目，只有少数几家建筑工业化生产施工企业能够承建的，符合规定的由招标人申请有关行政监督部门作出认定后，允许采用邀请招标。需要专利或成套装配式建筑技术建造的装配式建筑，按规定可以依法不进行招标。积极做好装配式建筑所需的工程造价指数和指标的采集、发布工作，编制完善装配式建筑所需的工程计价定额，单列计算预制构件深化设计费用。

3. 强化质量安全保证体系。预制构件生产企业应当具备质量保证体系和生产技术能力，推行首批构件监理单位驻厂监造制度，建立部品部件验收机制。建立健全质量安全监督管理机制，落实工程五方责任主体和审图、检测、预制构件生产企业等单位的质量责任，实行工程质量终身责任制。加大生产制备和施工现场巡查、抽查、专项检查力度。推行装配式建筑、成品住宅质量担保和保险，以及住宅全装修第三方监管及物业前期介入管理等制度，鼓励多种形式购买保险产品与服务，完善工程质量追责赔偿机制。

4. 推行互联网+项目审批。完善建筑市场监管与诚信信息一体化平台，推进建设项目审批管理信息系统，优化项目审批机制，实行互联互通、数据共享、业务协同。各地在办理装配式建筑项目立项、用地审批、规划审查、施工许可、预售许可、竣工验收等手续时，实施“一窗式”“一表制”“一卡通”等工作流程和机制。对列入国家、省、市重点试点示范项目审批，开辟绿色通道，推行联合预审、并联审批、一站办结。

三、政策支持

（一）加强土地保障。各地应将装配式建筑产业纳入招商引资重点行业，并落实招商引资各项政策。根据装配式建筑发展的目标任务，在每年的建设用地计划中按下达任务确定的面积，安排专项用地指标，重点保障基地建设用地。

（二）加大财政支持。加强省级有关专项资金统筹，支持装配式建筑发展。市县政府对创建的国家、省级装配式建筑产业基地和技术创新有重大贡献的企业、机构、项目，按照相关规定可给予适当的资金奖励，对满足装配式建筑要求的农村住房整村或连片改造建设项目，给予不超过工程主体造价10%的资金补助，具体办法由各地结合实际制定。对在装配式建筑项目中使用预制的墙体部分，经相关部门认定，视同新型墙体材料，对征收的墙改基金即征即退。对购买成品住宅的契税计取基数扣除装修成本部分。

（三）落实税费优惠。符合条件的装配式建筑示范项目可参照重点技改工程项目，享受减免关税、贷款贴息等税费优惠政策。销售建筑配件适用17%的增值税率，提供建筑安装服务适用11%的增值税率。装配式建筑技术，新工艺、新材料和新设备发生的研发费用，可以按照国家有关规定享受税前加计扣除等优惠政策。

（四）加强金融服务。使用住房公积金贷款购买装配式建筑的商品房，最高贷款额度可上浮20%，具体比例由各地政府确定。鼓励金融机构加大对装配式建筑产业的信贷支持力度，拓宽抵质押物的种类和范围，对装配式构件配件生产和应用企业给予贷款贴息；将绿色装配式建筑构件评价标识信息纳入政府采购、招标投标、融资授信等环节的采信系统。

（五）加大科技扶持。将装配式建筑关键技术相关研究，根据行业需求纳入年度科技计划项目申报指南，并在同等条件下优先列入财政经费预算。支持符合条件的装配式建筑基地企业也申报高新技术企业，经认定后，按规定享受相应的税收优惠政策。

（六）加强人才培训。对开发、设计、施工、监理、部品部件生产等企业和单位的技术、管理人员开展专项培训。将装配式建筑专业工种纳入职业技能培训范围，将农民工培养成建筑产业工人，符合条件的给予培训补助。积极引导省内各有关大专院校与骨干企业合作开设装配式建筑各相关专业，建设后备人才梯队。

（七）强行行业扶持。满足装配式建筑要求的商品房项目和同时又实行住宅全装修的项目，墙体预制部分的建筑面积可不计入成交地块的容积率核算；装配式建筑项目物业质量保证金计取基数应扣除预制构件价值部分。对装配式建筑和全装修住宅可以按规定降低预售条件和预售监管资金比例、农民工工资保证金、履约保证金等，具体办法由各地另行制定。

四、保障措施

（一）加强组织领导。建立由省住房城乡建设厅牵头，省发展改革委、财政厅、国土资源厅、科技厅、经信委、质监局等部门参加的协调推进工作机制，落实部门责任。各级人民政府要建立装配式建筑发展会议制度和工作协调机制，出台政策措施，强力推进装配式建筑工作。

（二）加强宣传交流。建立政府、媒体、企业与公众相结合的推广机制，定期组织推广活动，强化业内交流与合作，向社会推介优质、诚信、放心的技术、产品和企业，提高公众对装配式建筑和成品住宅的认知度、认同度。

（三）加强监督考核。将装配式建筑工作纳入省对各设区市节能减排和新型城镇化目标责任考核体系，明确考核指标，定期进行调度通报。各市围绕本地区发展目标和任务，制定具体目标和工作方案，明确实施步骤和保障措施，并将装配式建筑发展目标纳入当地经济社会发展规划和年度工作考核内容。

8.4 济南市关于加快推进建筑（住宅）产业化发展的若干政策措施

为加快我市建筑（住宅）产业化发展，推广建筑产业化技术应用，推进建筑产业现代化，实现国家住宅产业化综合试点城市工作目标，促进建筑节能减排、建筑业转型升级和生态文明城市建设，培育实体经济新的增长点，特制定加快推进建筑产业化发展的政策措施如下。

一、总则

（一）本文所称的建筑产业化技术，是指为实现建筑产业现代化，运用现代化的管理模式，标准化的建筑设计，模数化、工厂化的部品生产，达到建筑部品（件）通用化，现场施工装配化、机械化及管理信息化的技术。

本文所称的建筑单体预制装配率，是指柱、梁、楼梯、楼板、外墙、内墙、阳台等建筑结构中，采用钢筋混凝土预制构件或钢结构构件免除现浇模板面积占现浇施工方式模板总面积的比例。采用整体装配式卫生间的按10%计算预制装配率，采用整体装配式厨房的按15%计算预制装配率。建筑单体预制装配率由市城乡建设委负责认定。

采用建筑产业化技术建造的工程项目，应根据建筑部品构件的特点，尽量减少建筑凹凸，降低体形系数，建筑单体预制装配率应不低于45%，且采用预制外墙面积不低于外墙总面积的60%。

（二）坚持政府带动的产业发展原则，政府项目带头推广应用建筑产业化技术。保障性住房、棚户区改造、城中村改造、拆迁安置房等保障性安居工程全部应用建筑产业化技术建设；各投资平台的建设项目、各县（市）区重点工程项目等政府主导项目，其应用建筑产业化技术的建筑面积不低于总建筑面积的50%。

（三）绕城高速以内地区，为我市建筑产业化技术应用的重点区域，将优先发展装配式建筑，鼓励不断提高装配式建筑的预制装配率。在该区域内的新建住宅、商业、办公、厂房、教育等民用建筑项目，落实采用建筑产业化技术建造的建筑面积比例，2014 年不低于 20%，2015 年不低于 25%，2016 年不低于 30%，2018 年不低于 50%。其他地区根据产业发展状况参照执行。

（四）按照优化资源、合理布局的原则，鼓励现有建材、建筑施工企业向建筑部品（件）生产转型，扶持本地龙头企业做大做强，建设国内一流的现代建筑产业基地。在长清区、明水经济开发区和济北开发区规划建设现代建筑产业园区，在高新区布局建设现代建筑产业技术研发中心，吸引大型建筑产业集团进驻，构建集装备制造、技术研发、输出以及建筑部品（件）生产、展示、服务、交易、集散等为一体的“三区一中心”产业空间布局。

二、建筑产业化技术应用政策

（一）保障性安居工程项目等政府投资类项目，因实施建筑产业化技术而产生的增量成本计入项目建设成本。

（二）以招、拍、挂方式供地的建设项目，市住宅产业化工作领导小组每年底提出我市下一年度的建筑产业化技术要求，市国土资源局将该技术要求列入土地出让文件和土地出让合同。

（三）本政策措施发布之前，已取得土地使用权的建设项目，项目建设符合当年建筑产业化技术要求的，预制外墙计入建设工程规划许可建筑面积，该建筑面积不超过该栋建筑地上建筑面积 3%的部分可不纳入地上容积率核算。开发企业在申请办理建设项目规划许可手续前，应当向市城乡建设委提交装配整体式建筑建设方案，建设方案应包括规划设计方案、项目建设计划、建筑结构类型、预制构件具体部位和总量、预制外墙的部位及其建筑面积等内容。市城乡建设委对建设方案出具审核意见，明确预制外墙建筑面积。开发企业在建设工程规划许可证申请表中应注明该部分面积数据。市规划局依据市城乡建设委的审核意见，在核发项目建设工程规划许可证时，对审核意见中明确为预制外墙的建筑面积按上述规定不纳入容积率核算。

（四）墙体全部采用预制墙板的民用建筑项目，全部返还墙改基金。

（五）采用建筑产业化技术开发建设的房地产项目，依据建筑部品（件）订货合同和生产进度，订货投入额计入项目总投资额，经市城乡建设委认定后，可在项目施工进度到正负零时提前申领《商品房预售许可证》。

（六）满足当年建筑产业化技术要求且建筑单体预制装配率达到 60%以上的建筑项目，可享受以下优惠政策：

1. 可申请城市建设配套费缓交半年；

2. 开发企业支付部品（件）生产企业的产品订货资金额达到项目建安总造价的 60%以上的，经市城乡建设委认定后，可提前一个节点返还预售监管资金。

三、建筑部品（件）生产安装政策

（一）符合市工业产业引导资金规定的建筑部品（件）生产企业、建筑产业化装备制造企业，可申请市工业产业引导资金。

（二）符合本文规定的建筑部品（件）生产企业，可按照《济南市节能专项资金使用管理暂行办法》申请节能专项扶持资金。

（三）具有构件生产能力且总投资达到一定规模的工程总承包企业，在招标投标时给予加分奖励；工程建设按照设计、构件生产、施工、安装一体化的总承包企业，工程招标投标时，在同等条件下优先中标。

（四）设计、施工、安装、监理等企业参与建筑产业化项目建设达到一定规模的，在招标投标时给予加分奖励。

（五）经省科技厅认定的高新技术企业，按照15%税率缴纳企业所得税。

（六）鼓励企业科技创新，加快建设工程预制和装配技术研究，并优先列入市城乡建设委科技项目专项计划，优先给予成果奖励，优先推荐上报更高层次科技计划和奖励。

（七）支持企业研发生产具有环保节能等性能的新型建筑部品材料和新型结构墙体材料，经评审立项后，市科技局以后补助方式给予扶持。

（八）2014年至2018年，每年由市城乡建设委、市经信委、市科技局认定3～5个企业为市级建筑产业化基地。2018年以前，从市级产业化基地企业中推荐3～5个优秀企业入选省级或国家级建筑产业化基地。

四、监督管理措施

（一）市住宅产业化工作领导小组对各有关部门落实建筑产业化年度实施计划和建筑面积落实比例要求的执行情况适时进行督查，并将督查情况不定期公示。

（二）市城乡建设委、市质监局根据各自职能，从部品（件）质量管理、项目报建、设计文件审查备案、施工许可、质量安全监督、商品房预售、综合验收备案等全过程实施监督管理。

（三）未按照建筑产业化技术要求实施的项目建设单位，由有关部门根据国家和省、市有关法律、法规予以处罚，并将相关责任单位和责任人依法处罚情况记入企业诚信档案。

（四）市城乡建设委通过应用装配式建筑标准化部品物联网系统，建立我市建筑部品（件）认证体系和质量追溯制度，完善部品（件）设计、制作、运输、安装、监理等单位的责任追究措施，降低监管成本，确保工程质量安全。

五、其他

（一）本政策措施具体实施细则由各有关部门另行制定。

（二）本政策措施自印发之日起实施，有效期至2018年12月31日。

参 考 文 献

[1] 本书编委会．建筑业10项新技术（2017版）应用指南［M］．北京：中国建筑工业出版社，2018.

[2] 济南市城乡建设委员会建筑产业化领导小组办公室．装配整体式混凝土结构工程工人操作实务［M］．北京：中国建筑工业出版社，2016.

[3] 宫海．装配式混凝土建筑施工技术［M］．北京：中国建筑工业出版社，2020.

[4] 济南市城乡建设委员会建筑产业化领导小组办公室．装配整体式混凝土结构工程施工［M］．北京：中国建筑工业出版社，2015.

[5] 刘占省．装配式建筑BIM技术应用［M］．北京：中国建筑工业出版社，2018.

[6] 山东省建筑工程管理局，山东建筑学会．建筑工程施工工艺规程 土建篇（上）［M］．济南：山东科学技术出版社，2005.

[7] 张希舜，荆常俊．建筑施工科技创新指南［M］．北京：中国建筑工业出版社，2016.

[8] 张希舜．建筑工程安全文明施工组织设计［M］．北京：中国建筑工业出版社，2009.

[9] 张希舜．工程建设施工工法编制［M］．济南：山东科学技术出版社，2020.